石油工程技能培训系列教材

石油钻井液工

郭良 主编

中国石化出版社

内 容 提 要

《石油钻井液工》为《石油工程技能培训系列教材》之一，与《石油钻井工》《钻井柴油机工》共为钻井专业技能培训教材。本书共9个章节，由浅及深，分别介绍了基础知识、钻井液性能、钻井液配浆材料与处理剂、常用水基钻井液体系、油基钻井液、钻井液配制及污染处理、井下复杂故障预防与处理、钻井液固相控制、现场基础操作、钻井液相关计算、钻井液方案及总结模板等内容；基础性强，语言精炼，通俗易懂，便于读者系统了解掌握钻井液相关常识性内容。

本书为钻井液技能操作人员技能培训必备教材，也可作为相关专业大中专院校师生的参考教材。

图书在版编目（CIP）数据

石油钻井液工 / 郭良主编 . —北京：中国石化出版社，2023.7

ISBN 978-7-5114-7159-8

Ⅰ. ①石… Ⅱ. ①郭… Ⅲ. ①钻井液 Ⅳ. ① TE254

中国国家版本馆 CIP 数据核字（2023）第 125525 号

中国石化出版社出版发行

地址：北京市东城区安定门外大街58号

邮编：100011　电话：(010) 57512500

发行部电话：(010) 57512575

http: //www. sinopec-press. com

E-mail: press@ sinopec. com

北京富泰印刷有限责任公司印刷

全国各地新华书店经销

*

787 毫米 ×1092 毫米　16 开本　19.5 印张　421 千字

2023 年 9 月第 1 版　2023 年 9 月第 1 次印刷

定价：78.00 元

《石油钻井液工》编审人员

主　编：郭　良

编　写：李云贵　张大力　杨世超　王东海
梅露强　逄　洁　李建峰　高　冲
池大伟

审　稿：任立伟　郭保雨　龙大清　许春田
严　波　赵素娟　孙方龙

序

PREFACE

习近平总书记指出："石油能源建设对我们国家意义重大，中国作为制造业大国，要发展实体经济，能源的饭碗必须端在自己手里。"党的二十大报告强调："深入推进能源革命，加大油气资源勘探开发和增储上产力度，确保能源安全。"石油工程是油气产业链上不可或缺的重要一环，是找油找气的先锋队、油气增储上产的主力军，是保障国家能源安全的重要战略支撑力量。随着我国油气勘探开发向深地、深海、超高温、超高压、非常规等复杂领域迈进，超深井、超长水平段、非常规等施工项目持续增加，对石油工程企业的核心支撑保障能力和员工队伍的技能素质提出了新的更高要求。

石油工程企业要切实履行好"服务油气勘探开发、保障国家能源安全"的核心职责，在建设世界一流、推进高质量发展中不断提高核心竞争力和核心功能，迫切需要加快培养造就一支高素质、专业化的石油工程产业大军，拥有一大批熟练掌握操作要领、善于解决现场复杂疑难问题、勇于革新创造的能工巧匠。

我们组织编写的《石油工程技能培训系列教材》，立足支撑国家油气产业发展战略所需，贯彻中国石化集团公司人才强企战略部署，把准石油工程行业现状与发展趋势，符合当前及今后一段时期石油工程产业大军技能素养提升的需求。这套教材的编审人员集合了中国石化集团公司石油工程领域的高层次专家、技能大师，注重遵循国家相关行业标准规范要求，坚持理论与实操相结合，既重理论基础，更重实际操作，深入分析提炼了系统内各企业的先进做法，涵盖了各相关专业（工种）的主要标准化操作流程和技能要领，具有较强的系统性、科学性、规范性、实用性。相信该套教材的出版发行，能够对推动中国石化乃至全国石油工程产业队伍建设和油气行业高质量发展产生积极影响。

匠心铸就梦想，技能成就未来。希望生产一线广大干部员工和各方面读者充分运用好这套教材，持续提升能力素质和操作水平，在新时代新征程中奋发有为、建功立业。希望这套教材能够在实践中不断丰富、完善，更好地助力培养石油工程新型产业大军，为保障油气勘探开发和国家能源安全作出不懈努力和贡献！

中石化石油工程技术服务股份有限公司

董事长、党委书记

2023 年 9 月

前言

FOREWORD

技能是强国之基、立业之本。技能人才是支撑中国制造、中国创造的重要力量。石油工程企业要高效履行保障油气勘探开发和国家能源安全的核心职责，必须努力打造谋求自身高质量发展的竞争优势和坚实基础，必须突出抓好技能操作队伍的素质提升，努力培养造就一支技能素养和意志作风过得硬的石油工程产业大军。

石油工程产业具有点多线长面广、资金技术劳动密集、专业工种门类与作业工序繁多、不可预见因素多及安全风险挑战大等特点。着眼抓实石油工程一线员工的技能培训工作，石油工程企业及相关高等职业院校等不同层面，普遍期盼能够有一套体系框架科学合理、理论与实操结合紧密、贴近一线生产实际、具有解决实操难题"窍门"的石油工程技能培训系列教材。

在中国石化集团公司对石油工程业务进行专业化整合重组、中国石化石油工程公司成立10周年之际，我们精心组织编写了该套《石油工程技能培训系列教材》。编写工作自2022年7月正式启动，历时一年多，经过深入研讨、精心编纂、反复审校，于今年9月付梓出版。该套教材涵盖物探、钻井、测录井、井下特种作业等专业领域的主要职业（工种），共计13册。主要适用于石油工程企业及相关油田企业的基层一线及其他相关员工，作为岗位练兵、技能认定、业务竞赛及其他各类技能培训的基本教材，也可作为石油工程高等职业院校的参考教材。

在编写过程中，坚持"系统性与科学性、针对性与适用性、规范性与易读性"相统一。在系统性与科学性上，注重体系完整，整体框架结构清晰，符合内在逻辑规律，其中《石油工程基础》与其他12册教材既相互衔接又各有侧重，整套教材紧贴技术前沿和现场实践，体现近年来新工艺新设备的推广，反映旋转导向、带压作业等新技术的应用等。在针对性与适用性上，既有物探、钻井、测录井、井下特种作业等专业领域基础性、通用性方面的内容，也凝练了各企业、各工区近年来摸索总结的优秀操作方法和独门诀窍，紧贴一线操作实际。在规范性与易读性上，注重明确现场操作标准步骤方法，保持体例格式规范统一，内容通俗易懂、易学易练，形式喜闻乐见、寓教于乐，语言流畅简练，符合一线员工“口味”。每章末尾还设有“二维码”，通过扫码可以获取思维导图、思考题答案、最新修订情况等增值内容，助力读者高效学习。

为编好本套教材，中国石化石油工程公司专门成立了由公司主要领导担任主任、班子成员及各所属企业主要领导组成的教材编写工作指导委员会，日常组织协调工作由公司人力资源部牵头负责，各相关业务部门及各所属企业人力资源部门协同配合。从全系统各条战线遴选了中华技能大奖、全国技术能手、中国石化技能大师获得者等担任主编，并精选业务能力强、现场经验丰富的高层次专家和业务骨干共同组成编审团队。承担13本教材具体编写任务的牵头单位如下：《石油工程基础》《石油钻井工》《石油钻井液工》《钻井柴油机工》《修井作业》《压裂酸化作业》《带压作业》等7本由胜利石油工程公司负责，《石油地震勘探工》和《石油勘探测量工》由地球物理公司负责，《测井工》和《综合录井工》由经纬公司负责，《连续油管作业》由江汉石油工程公司负责，《试油（气）作业》由西南石油工程公司负责。本套教材编写与印刷出版过程中得到了中国石化总部人力资源部、油田事业部、健康安全环保管理部等部门和中国石化出版社的悉心指导与大力支持。在此，向所有参与策划、编写、审校等工作人员的辛勤付出表示衷心的感谢！

编辑出版《石油工程技能培训系列教材》是一项系统工程，受编写时间、占有资料和自身能力所限，书中难免有疏漏之处，敬请多提宝贵意见。

编委会办公室

2023年9月

目录

CONTENTS

第一章

基础知识

PART 1

钻井液技术是钻井工程中不可或缺的一项重要技术，影响着钻完井、地层测试及采油气等重要施工环节，钻井液工须具备石油地质、钻井工程及一定的化学知识基础，才能保证钻井液体系的应用及现场维护合理、及时。

第一节　石油地质知识

石油地质知识主要包括与油气层相关的地质构造、钻井地质等内容，本节介绍了地质作用和岩石分类的简单内容，及影响钻井施工及钻井液性能的一些主要内容。

一　地质构造

（一）地质作用

在漫长的地球历史中，地壳自形成以来，一直在不停地运动、发展和变化着，人们把引起地壳的物质组成、内部结构和表面形态不断运动、变化和发展的各种自然作用称为地质作用。地质作用是一个极其复杂的过程，有些进行得很快，易于直接观察，如地震、火山爆发等，但多数地质作用进行得极其缓慢，不易察觉，如地壳运动，即使在活动强烈地区，其活动速度也不过每年几毫米。地质作用可引起海陆分布的变迁，形成千姿百态的地貌景观。地质作用也促使着各种岩石、矿物的形成与破坏，不断地对地壳进行着建造与改造。

1. 内动力地质作用

由地球内部能量引起的，发生在地球内部或地壳深部的地质作用称为内动力地质作用。此作用对油气的生成、聚集影响很大。

2. 外动力地质作用

由地球外部能量（如太阳能、日月引力能等）引起的，作用在地壳表层的地质作用叫作外动力地质作用，其作用结果是最后形成沉积岩。

（二）岩石的分类

自然界中的岩石很多，按其形成的原因可分为 3 大类，即火成岩、沉积岩和变质岩。

火成岩又称岩浆岩，是直接由岩浆形成的岩石，指由地球深处的岩浆侵入地壳或喷出地表后冷凝而形成的岩石。火成岩分布于地壳较深处，在它的上面是沉积岩。其特点是无层次、呈块状，一般致密而坚硬，如花岗岩、玄武岩等。在火成岩中极少有天然气或石油储藏。火成岩可分为侵入岩和喷出岩（火山岩）。

沉积岩是由沉积作用形成的岩石，指暴露在地壳表层的岩石在地球发展过程中遭受各种外力的破坏，破坏产物在原地或者经过搬运沉积下来，再经过复杂的成岩作用而形成的岩石。沉积岩所占体积虽然小，但分布很广，占地壳表面积的75%，对石油与天然气有着重大的意义。沉积岩的特点是有层理、有化石（各种古代动植物的残骸遗迹）。石油生成在沉积岩中，大多储存在沉积岩的孔隙、裂缝及溶洞里。

变质岩是经历过变质作用形成的岩石，指地壳中原有的岩石受构造运动、岩浆活动或地壳内热流变化等内应力影响，使其矿物成分、结构组成发生不同程度的变化而形成的岩石。变质岩又可分为正变质岩和副变质岩。

三大类岩石是可以通过各种成岩作用相互转化的，这也就形成了地壳物质的循环。

在地下，凡是能够使油气在其中储存和流动的岩层都叫作储集油气岩层，简称储集层。油气存在于储集层岩石的孔隙、裂缝或溶洞内。因此，凡是具备孔隙性和渗透性的岩石层均有形成储集层的可能。从我国目前找到的石油储量的分布来看，99%的石油分布在沉积岩内，如大庆油田、胜利油田等。实践证明，岩浆岩内也有油气的存在。

（三）沉积岩的组成

1. 石灰岩

石灰岩的主要成分是碳酸钙，大多是由于化学沉积作用，在海洋或陆地湖泊内生成。由于地壳的力量和地下水的侵蚀，常有裂缝、溶洞，是石油与天然气的良好储存地。

2. 砾岩

颗粒直径大于2 mm的岩石称为砾石，一般把呈磨圆状的砾石叫作砾岩，而把呈棱角状的砾石叫作角砾岩。砾岩中含有很多重要的矿产，特别是金矿，最大、最富集的金矿多产于砾岩中。

3. 沙岩

颗粒直径为0.01~2mm的碎屑颗粒胶结在一起称为沙岩。沙岩按大小可分为粗沙岩（1~2mm）、中沙岩（0.5~1mm）、细沙岩（0.1~0.5mm）、粉沙岩（0.01~0.1mm）。

根据胶结物的不同，沙岩又可分为硅质、钙质、泥质等。沙岩一般都具有孔隙，可以储存石油和天然气等流体。

4. 泥页岩

黏土类的沉积物经成岩作用而形成泥岩，泥岩一般呈块状，也有的呈薄片状。呈薄片状的泥岩称为页岩。页岩中石油、沥青含量丰富，可提炼石油的页岩叫作油页岩。

5. 黏土岩

黏土岩又称为泥质岩，主要是指由粒径小于0.005mm的细颗粒组成，并含大量黏土矿物（高岭石、蒙脱石、水云母等）的沉积岩。疏松的称为黏土，固结的称为泥岩、页岩。黏土岩是沉积岩中分布最广的岩石，占沉积岩总量的45%以上，并且大都分布在地层表面。

常见黏土矿物有伊利石、蒙脱石、高岭石、绿泥石、伊利石—蒙脱石等。

（四）地质构造

岩层变形的各种形态统称为地质构造。地质构造是在地壳运动力的作用下，使岩层发生变形的结果。地质构造条件的好坏，是决定能否形成油气藏的重要因素。地质构造类型较多，在此只介绍与油气勘探关系较为密切的几种。

1. 褶皱构造

地壳表面沉积的水平岩层在地壳运动过程中受构造力的作用发生弯曲，这种弯曲的岩层叫作褶皱构造。褶皱构造按外表形态分为 2 类。

①背斜构造：岩层向上弯曲的褶皱，其核部的地层要比外围的地层老。

②向斜构造：岩层向下弯曲的褶皱，其核部的地层要比外围的地层新。

2. 断层

在地质构造中，岩层在构造力的作用下沿破裂面发生显著位移，产生断层。断层一方面可以使油气藏遭到破坏，另一方面形成断层封闭类型的油气藏。根据断裂面发生相对位移的不同，断层可分为 3 类。

①正断层：上盘相对下降、下盘相对上升的断层。

②逆断层：上盘相对上升、下盘相对下降的断层。

③平推断层：岩层沿断层面做水平错位，而无明显的上升或下降的断层。

3. 单斜构造

岩层向单一方向倾斜，且倾角各处大致相同的构造称为单斜构造。

4. 裂缝

就其成因而言，裂缝可分为成岩裂缝和构造裂缝。由于裂缝的存在，地下水沿裂缝进行溶蚀并发生次生变化，使缝洞在原来的基础上进一步扩大和相互连通，产生了形成油气藏的有利地质条件——储集空间。油气在运移过程中大量富集于这些缝洞之中，形成裂缝油气藏。

（五）石油、天然气储集的条件

当地层同时满足以下 4 个条件时，就可能形成有工业价值的油气藏。

1. 生油层

根据石油有机生成的概念，石油的生成必须在沉积岩内完成，因此生油层就是能够生成一定数量石油且生成的石油能从中运移出来的岩层。生油层内的岩石称为生油岩。在沉积剖面上，生油层和非生油层叠加在一起的以生油层为主包括非生油层在内的一套连续沉积的地层组合称为生油层系。

2. 储集层

储集层包括具有连通的孔隙、裂缝或溶洞的沙岩岩层和石灰岩岩层等。储集层岩石不仅要具有储集油气的空间条件，而且必须相互连通使油气能够流通。概括地说，储集层岩石必须具有孔隙性及渗透性。

储集层岩石孔隙性和渗透性的好坏，通常用孔隙度和渗透率来表示。孔隙度大，则储集油气的空间也大，储集油气的数量就多；反之，孔隙度小，则储集油气的数量就少。渗透率的高低决定了油气在岩石内流动的难易程度。渗透率高，油气在岩石内容易流动；渗透率低，则不易流动。

3. 盖层

盖层是盖在生油层和储集层上的防止油气向上散失的不渗透岩层，从岩性来看，有石膏、盐岩、泥岩、页岩和致密的石灰岩，有时生油层本身也是很好的盖层。

4. 圈闭

圈闭是油气聚集的场所，是油气藏形成的重要条件。有了背斜等储油气的构造，再加上圈闭条件的存在，就使油气的储存形成一个封闭系统，不会继续向四周运移。在石油勘探中所谓的找构造，实际上就是找背斜圈闭。

圈闭有不同的类型，但其基本组成条件是一致的，共包括储集层、盖层和遮挡物 3 个部分。

储集层是圈闭的重要组成部分。储集层厚度的大小和岩石储集油气物性的好坏是评价圈闭的重要条件之一。

遮挡物是从各方面阻止油气继续运移的不渗透的封闭条件。它可以是盖层本身的弯曲变形，也可以是封闭的断层面、不整合面以及岩性和沥青封闭等。在一定条件下水动力也可以起到遮挡作用。

只有上述 3 个条件都具备时，油气才可能在其中聚集。如果这 3 个条件中缺少任何一个条件，油气就无法聚集和保存，也就失去了圈闭的作用。在地下，储集层和盖层还是较普遍存在的，但是一般并没有形成油气聚集，其原因就是它没有形成圈闭条件。

二 钻井地质

（一）地质录井

钻井过程中收集地下地质资料的工作就是地质录井工作。

1. 岩屑录井（又称沙样录井）

地下的岩石被钻头钻碎后，随钻井液被带到地面上，这些岩石碎块就叫作岩屑，又称为“沙样”。在钻井过程中，地质人员按照一定的取样间距和迟到时间，连续收集与观察岩屑并恢复地下地质剖面的过程，称为岩屑录井。

一般规定新探区每米进尺取沙样一次，生产井可在地层分界的地方或标准层，油、气、水层取样。取样地点在振动筛或振动筛前面的钻井液槽挡板处。沙样取好后用水洗净晒干或烘干，不能用火烤，以免变质。含油的沙样不要水洗，应立即进行化验。整理好的沙样用布袋或纸袋包好，逐袋注明井号、井深、取样日期，并依次编号，妥善保管。

2. 岩芯录井

沙样录井取到的是很小的岩屑，而且精密度不高，不能真实反映地下情况。因此，在生产及其他关键层位，要用取芯工具取出整块岩芯，将外部钻井液洗去（有油的岩芯不要用水洗，要用刀具刮去钻井液），用蜡封好，按顺序排列放入岩芯盒中。

地质人员通过岩芯分析，可研究钻遇地层的岩性、物性、电性及含油气性；掌握生油层特征及其地球化学指标；考察古生物分布和沉积构造，判断沉积环境；了解构造和断裂情况，如地层倾角、地层接触关系、断层位置等；查明开发过程中所必需的资料和数据，检查开发效果，为制定增产措施提供较可靠的地质依据。

3. 钻时录井

钻进速度的快慢通常用钻时表示。所谓钻时，是指每钻进一米进尺所需要的纯钻井时间，单位为 min/m。它既取决于地下岩石的可钻性（岩层的软硬程度），又取决于钻井参数（如钻压、转速、排量等）的配合，钻井液性能、钻头类型及其磨损情况等。因此，钻时的大小可以帮助判断地下岩层的岩性变化和缝洞发育情况，帮助工程人员掌握钻头使用情况，提高钻头使用率，改进钻进措施，提高钻速，降低成本。

4. 钻井液录井

在钻遇油、气、水层和特殊岩性地层时，钻井液性能将发生不同的变化。例如钻至盐膏层，钻井液黏度会增大，滤失量增大，钙离子及硫酸根离子含量大幅度增加；钻至油气层时，钻井液槽和钻井液池上会出现大量油花和气泡，黏度上升，密度下降。因此，根据钻井液性能的变化，可以判断井下是否钻遇油、气、水层和特殊岩性岩层，这种方法称为钻井液录井。

5. 地球物理测井

不同的岩石导电能力不同，自然电位不同，自然伽马射线强度不同，受中子作用放出的伽马射线强度不同，再者用同一尺寸钻头钻出的井眼直径也不相同，所以要沿井眼从上而下连续地测量地层的视电阻率、自然电位、自然伽马、中子伽马和井径曲线。根据这些曲线，再加上其他录井资料综合分析，便能正确地分辨地层，了解地层含油、气、水的情况和地层的物理性质。

（二）岩层性质对钻井的影响

岩层性质与钻井的关系密切而复杂，主要表现在：影响钻井速度与钻头进尺；使钻井过程出现复杂情况，如井漏、井塌、井喷、卡钻等；使钻井液性能发生变化；影响井眼质量，如井斜、井径不规则等。

1. 黏土和泥岩岩层对钻井的影响

泥岩岩层极易吸收钻井液中的自由水而膨胀，使井径变小，容易造成起钻遇卡、下钻遇阻。随着被钻井液浸泡时间的延长，这种地层又会产生剥蚀掉块，严重时可造成井塌。

2. 沙岩层对钻井的影响

沙岩层的性质依沙岩颗粒的大小、成分、胶结物的不同而有很大差别。颗粒越细，石英颗粒越多，硅质和铁质胶结物越多则沙岩层越硬，越易磨损钻头，如石英沙岩；泥质胶结物越多，云母和长石的成分越多，则地层越软、越易钻；沙岩颗粒越粗，胶结物越少，渗透性越好，就越容易产生钻井液的渗透性漏失，并在井壁上形成较厚的滤饼，严重时易引起滤饼黏附卡钻等复杂情况。这种孔隙度较大的沙岩层是油、气、水的良好储集层。在含有高压油、气、水的沙岩层钻井，要注意保护油、气层和严防井喷。

3. 砾岩层对钻井的影响

在砾岩层钻进时，会产生跳钻、蹩钻和井壁坍塌等问题。当泵排量小或钻井液黏度低时，不易将钻碎的砾石颗粒携带到地面上来。

4. 石灰岩层对钻井的影响

石灰岩层一般较硬，钻速慢，钻头进尺少。有的石灰岩缝洞发育比较好，会引起蹩钻、放空、钻井液漏失等情况；有的缝洞生有油、气、水，这时在井漏后还会接着发生井喷，应引起足够的重视。

当地层软硬交错时，易产生井斜；当地层倾角较大时，也易产生井斜；当岩层中含有可溶性岩类，如石膏层、岩盐层等时，会破坏钻井液性能，盐溶后形成盐腔或引起夹层垮塌。

（三）影响钻井液性能的地质因素

1. 地温

地层的温度随井深的增加而升高，用地温梯度表示。地温梯度每加深 100 m，温度增加 3℃左右。井越深，温度越高。当井底温度过高时，可引起某些钻井液处理剂的分解，降低了黏土与处理剂的水化作用，使钻井液性能显著变差。

2. 沙侵

沙侵主要是由黏土中原来含有的沙子和钻屑中的沙子侵入钻井液而地面净化系统没有全部消除所致。含砂量大，钻井液密度、黏度和切力增大，钻井液流变性变差，同时使钻井泵及循环系统磨损加剧。

3. 黏土侵

钻进黏土层或页岩层时，因地层造浆能力强而使钻井液密度、黏度升高，容易造成钻头泥包、泵压升高、钻速降低等一系列的钻井问题。

4. 盐侵

在钻井过程中，若钻遇盐水层或可溶性盐类［如岩盐（$NaCl$）、芒硝（Na_2SO_4）、石膏（$CaSO_4$）等］地层，这些盐水或盐类侵入或溶解于钻井液中，增加了钻井液中的无机盐含量，使钻井液性能发生变化。

5. 油、气侵

当钻穿高压油、气层时，油和气侵入钻井液中，造成钻井液密度下降、黏度上升，这就是常说的油、气侵。油、气侵严重至液柱压力不能平衡油、气层压力时，易发生井喷，故在钻开油、气层特别是高压油、气层时应密切注意，提高警惕。

6. 漏失层

当钻遇裂缝发育的地层、溶洞发育的碳酸盐岩地层及不整合面、断层破碎带、疏松的沙砾岩地层时，常易发生井漏。井漏对安全钻井影响很大，当钻井液密度高且钻至低压油气层时，钻井液大量漏入地层，会把气体的通道堵死或压死油气层，对油气田勘探开发极为不利。当漏失量过大，钻井液来不及补充时，容易发生井喷或井壁坍塌。因此，当漏失严重时，应根据漏失发生的地质条件采取适当的堵漏措施，以避免井漏造成更大的故障。

（四）钻进油、气、水层时钻井液录井资料的收集

1. 油、气、水各种显示资料的收集

在设计的主要油、气、水层和目的层井段，每隔 2m 进行一次钻井液性能观察与测定，了解其性能变化，以判断是否钻到油、气、水层。

经常注意钻井液池面的升降情况和钻井液池、槽液面是否有油、气、水侵，即注意液面有无油膜、油花、气泡等显示，是否有油、气味或盐水味及硫化氢味等；注意观察出口处钻井液流出时，是否时快时慢、忽大忽小等；注意观察岩屑、钻时的变化等。

2. 井喷资料的收集

在油、气层压力大大超过钻井液液柱压力时，易发生井喷。实践证明，井喷前有许多征兆，如黏度迅速上升，密度下降，流速不正常，时快时慢，出口处钻井液流量时大时小，或一股一股外涌；液面明显上升，且幅度越来越大，或液面有油、气显示；泵压增高，悬重下降，停泵后钻井液外溢；起钻时灌不进钻井液，起钻后外溢比较明显；钻时加快，岩屑中方解石晶体增多；等等。所以要注意各种显示，做好资料的收集和分析工作，防患未然。

3. 井漏资料的收集

当钻井液液柱压力大于地层压力（或是钻井液加重后液柱压力大于地层压力），钻井液漏入地层就叫作井漏。在地层轻微漏失时，钻井液进多出少，从液面下降的高度可简单计算出单位时间内的漏失量。漏失严重时，只进不出，甚至把钻井液全部漏光。漏失对油气层影响很大。漏失时，要记录漏失起止层位及深度、漏失量、漏失前后钻井液性能变化、漏失速度、漏失过程中有无油气显示以及堵漏情况等。

（五）钻井液录井资料的应用

1. 确定钻井液密度

根据钻井液性能的变化，及时提高或降低钻井液密度，调整黏度和滤失量，做好防喷防漏工作，维持钻井液性能。

2. 帮助判断油、气、水层位置

钻井液在不断循环时，各种不同的流体侵入钻井液中都会使钻井液性能发生变化，根据钻遇不同流体的岩层时钻井液性能的变化，可以判断出钻遇了何种地层。

3. 计算油、气上窜速度

在钻井过程中，当钻穿油、气层后，因某种原因起钻，而到下钻到底循环时，常有油、气侵现象，这就是在压差作用下的油、气上窜。单位时间内油、气上窜的距离称为油、气上窜速度。

第二节 钻井工程知识

钻井工程知识主要介绍了钻井设计与工艺、钻井设备和钻井工具，以及钻井的特殊工序，让读者对钻井工程有一个基础性的认识。

一 钻井设计与工艺

（一）钻井的过程

油气田的勘探开发是通过钻井来实现的。一口井从施工到交井要通过科学运筹、精心组织、合理施工等多个过程才能顺利完成。一口井的施工分钻前准备、钻井作业、完井作业 3 个阶段。

1. 钻前准备

钻前准备主要包括：定井位、道路勘测、平整井场、基础施工、钻井设备搬迁与安装、工程设计、主要消耗材料的储备、钻具准备、设备的检修及工具的准备等。

2. 钻井作业

钻井作业是指一开、下表层套管、二开或多开次到完钻整个过程，主要包括钻进作业、起下钻和接单根等。

3. 完井作业

完井作业主要包括电测、下套管、固井与设备拆卸及装好井口等。

（二）钻井设计

钻井设计是一口井施工的依据，包括地质设计和钻井工程设计。

1. 地质设计

地质设计主要包括区域地质概况、地理及环境资料、设计依据及钻井目的、预计钻遇的地层及岩性、地层压力预测、完井要求、取资料要求、技术说明及要求、地质附图等。

2. 钻井工程设计

钻井工程设计主要包括钻井主要设备、井身结构、井身质量、钻具组合、钻井液、钻井参数、地层压力监测、地层漏失试验、防止油气层损害要求、油气层压力控制、固井设计、各次开钻或分井段（包括取芯）施工重点要求、完井井口装置、环保要求、钻井进度设计及成本预算等。

二 钻井设备和钻井工具

（一）钻井工艺对钻井设备的要求

目前我国石油钻井设备以机械钻机和电动钻机为主。一般来说，钻井设备是指钻井中所需各种机械设备的总称。钻井工艺对钻井设备的要求如下：

一是具有一定的提升能力和提升速度。

二是具有一定的旋转钻进能力，即为钻具提供一定的扭矩和转速。

三是具有一定的洗井能力，即能够提供一定的泵压和排量，能够将井底破碎的岩屑顺利携带到地面及冲蚀井底和提高钻速。

（二）钻井设备

钻井设备主要是指钻机及其配套设备，主要包括以下几部分。

1. 旋转设备

旋转设备包括转盘（顶驱）、水龙头、钻具自动给进装置。旋转钻井就是通过转盘或顶驱旋转钻具，将动力传递到井底，以达到破碎岩石、连续钻井的目的。

2. 提升系统

提升系统包括主、辅绞车，刹车装置，游动系统，天车和井架。

3. 循环系统

循环系统指全套钻井液循环设备，包括钻井泵，地面高、低压管汇，循环罐，循环槽，泥浆枪，搅拌机，钻井液净化设备和钻井液的配制处理设备。

4. 动力驱动设备

动力驱动设备包括柴油机组或交、直流电动机组及其相应辅助设备，以保证地面旋转设备、起升设备和循环系统设备三大工作机组的正常运转，达到旋转钻具、不断钻井的目的。

（三）主要设备简介

（1）绞车

绞车是一部钻机的核心组成部件，与井架、天车、游动滑车、大钩、钢丝绳等组成提升系统，其功能有：起下钻柱、下套管、钻进时悬吊钻具、送钻加压等。绞车能提供几种不同的起升速度和起升重力，满足起下管柱的需要。它是转盘的变速机构和中间传动机构，是钻机的主要工作设备之一。

（2）转盘（顶驱）

转盘（顶驱）是旋转钻机的关键设备，利用转盘（顶驱）旋转来带动钻具旋转钻进。它在井下动力钻井中用来承受动力钻具的反向扭矩。

（3）钻井泵

钻井泵被称为钻机的心脏。在钻井时，钻井泵用于循环钻井液，将井底被钻头破碎的岩屑带到地面，并在井中对井壁产生回压和对钻头进行冷却，也可以充分利用水功率提高钻速。在涡轮钻井中，它还起着将动力传递给井下涡轮钻具的作用。所以，钻井泵工作的好坏对钻井速度有直接影响。

（4）动力系统

目前，我国石油矿场多采用柴油机、柴油发电机组或高压电网来提供动力。绞车、钻井泵和自动压风机的驱动是由柴油机、柴油发电机组或高压电网来提供动力的。

（5）控制系统

钻机的控制系统是为保证钻机各部分协调、准确、迅速地完成钻井的各个工艺过程而设置的。钻机的控制方式有机械控制、气动控制、液压控制、电动控制和综合控制等几种，目前石油矿场是以气动控制和电动控制为主的综合控制。

（6）联动机

在机械钻机中，联动机组成了传动系统，柴油机的动力是通过它来减速后输送给钻机的。它能灵活地把各柴油机的输出动力合并与分离，并能将能量分配，完成钻井的各种作业。电动钻机以电机直接驱动各相应系统，不再使用联动机。

（7）底座

底座是为钻井设备的安装、校正、固定方便、平衡牢固、保持一定距离及形成一体而设置的。它适用于钻井设备频繁拆装的情况，避免了施工中基础受震动下沉的位移现象。

（8）指重表

指重表是钻井的重要仪表，主要用于测量钻具悬重和钻压的大小变化。根据悬重和钻压的大小及变化，可掌握钻头、钻柱的工作情况，指导钻进、打捞作业和井下复杂情况的判断与处理。

（四）钻具与钻头

1. 钻具

钻具是指水龙头以下钻头以上所连接的整个系统的总称。它是由方钻杆（顶驱）、钻杆、钻铤、安全接头、稳定器、井下动力钻具、震击器、减振器等各部件按规定组成的。根据需要可组成各种不同的钻具组合，在大多数普通钻井中，某些辅助性或有特殊作用的部件无须加入钻具中。钻具是中空的，担负着输送钻井液、传递水力功率和传递扭矩的作用。方钻杆起到将转盘扭矩转变为钻具扭矩的作用，钻杆起到为井眼逐步加深的连接作用或者由顶驱带动钻杆提供扭矩的作用。钻铤因为尺寸大、壁厚、刚性大、单位长度质量比钻杆大得多的特点，是下部钻具组合的主体；其作用是向钻头提供钻压，保持钻头工作稳定，并有利于控制井斜。

2. 钻头

钻头是旋转钻井必不可少的破岩工具，在钻井施工经济效益中起关键作用。钻头破碎岩石靠的是钻具给的一定压力和旋转力及水力功率实现的。钻头的工作是对岩层进行冲击、挤压、剪切和水力冲蚀而形成井眼。钻头按结构分为刮刀钻头、牙轮钻头、PDC 钻头、金刚石钻头和各种取芯钻头。刮刀钻头的结构简单，机械钻速高，用于上部软地层；牙轮钻头工作平稳，齿轮的滚动冲击适用于破碎硬地层；PDC 钻头是目前最常用的钻头，脆性强，不宜承受冲击载荷，适用于岩性均一、较硬且研磨性强的地层。钻头的选择情况一般为：上部软地层使用机械钻速高的钻头；下部地层使用工作时间长、进尺高的钻头，可减少起下钻次数；易斜井段可选择滑动小、工作平稳的钻头；研磨性地层可选择纯滚动性的球齿保径钻头。

三 钻井的特殊工序

（一）下套管

一口井下入的套管，根据其功能不同，可分为表层套管、技术套管和油层套管。

①表层套管的作用是封隔地表部分的易塌、易漏地层和水层，安装二开井口装置，支撑技术套管和油层套管的部分重力。

②技术套管用于钻井液难以控制的复杂地层，严重漏失层以及多套压力系统并存的地层。

③油层套管的作用是将不同压力和不同性质的油、气、水层分割开来，建立一条油、气、水流至地面的通道，保证长期生产，满足合理开采和增产措施的要求。

套管柱是按套管的钢级、壁厚与井眼内相应的拉力和压力要求的安全强度设计而下入的。套管柱下部的结构由引鞋、套管鞋、旋流套管、承托环、回压阀、扶正器和油层定位短节组成。

（二）固井

向井内下入一定尺寸的套管柱，并在其周围注入水泥浆，将套管与井壁封固起来的工作叫作固井。其目的是：封隔疏松、易塌、易漏的地层，封隔油、气、水层防止互相串通，有利于安全施工和合理开发生产。固井要求水泥浆具有一定的水灰比，水泥胶结性好。固井结束要求候凝时间不低于 24h。

（三）完井

完井是将井眼与油、气储集层（产层、生产层）连通的工序。完井工艺包括：钻开生产层、确定完井的井底结构、安装井底（下套管固井或下入筛管）、将井眼与产层连通并安装开口装置等工序。

完井的基本要求：

①最大限度保护储集层，防止对储集层造成伤害。

②减少油气流进入井筒时的流动阻力。

③封隔油、气、水层，防止各层之间的互相干扰。

④克服井塌或产层出水，保证油气井长期稳产，延长油气井的使用寿命。

⑤可以实施注水、压裂、酸化等增产措施。

⑥工艺简单、成本低。

第三节　无机化学知识

本节介绍的无机化学知识主要为酸、碱、盐的定义和通性。为后续讲述钻井液配制、使用维护及性能检测提供基础知识背景。

一　酸

（一）定义

化合物的分子是由一个或几个能被金属原子置换的氢原子和一个酸根组成的，在水溶液中能电离生成氢离子和酸根离子的化合物叫作酸。如盐酸（HCl）、硫酸（H_2SO_4）、硝酸（HNO_3）、碳酸（H_2CO_3）等。

（二）通性

酸类都具有一些相似的性质，主要表现在以下几个方面：

①酸与酸碱指示剂起反应。紫色石蕊试纸、试液遇酸变红色。

②酸能和许多活泼金属反应，生成盐和氢气。如：$Zn+H_2SO_4 = ZnSO_4+H_2\uparrow$

③酸能和一些金属氧化物反应，生成盐和水。如：$CaO+2HCl = CaCl_2+H_2O$

④酸能和某些盐反应生成另一种酸和另一种盐。如：$Na_2CO_3+2HNO_3 = 2NaNO_3+H_2O+CO_2\uparrow$

⑤酸能和碱反应，生成盐和水，这种反应叫中和反应。如：$2KOH+H_2SO_4 = K_2SO_4+2H_2O$

（三）常用无机酸的性质

① HCl 的水溶液称为盐酸。常用的浓盐酸密度为 $1.19g/cm^3$，溶质的质量分数约为

37%，有刺激性气味，易挥发，挥发出的 HCl 气体与空气中水蒸气相遇形成酸雾。盐酸能腐蚀皮肤、衣物等。

②硝酸是有刺激性气味的无色液体，易挥发。常用的浓硝酸密度为 $1.50g/cm^3$，溶质的质量分数约为 69%，对皮肤、衣物等有强烈腐蚀作用，故溅到皮肤上应立即用清水或稀 Na_2CO_3 溶液冲洗。硝酸还是一种强氧化剂，和绝大部分金属反应生成硝酸盐，但即使和很活泼的金属反应也无氢气放出。

③硫酸是无色、黏稠的油状体，不易挥发，可以任意比例溶于水。常用的浓硫酸密度为 $1.84g/cm^3$，溶质的质量分数约为 98%。浓硫酸具有强吸水性和脱水性。

a. 吸水性。浓硫酸很易吸收空气中的水蒸气，很易溶于水，并同时放出大量的热。若把水倒入浓硫酸中，水浮于上面，溶解放出的热立刻使水沸腾，致使硫酸液滴四溅而造成危害。故稀释时要将浓硫酸沿器壁慢慢倒入水中，并不断搅拌，使产生的热量迅速扩散。切忌直接把水倒入浓硫酸中。

b. 脱水性。浓硫酸可夺取纸张、木材、皮肤、衣物等由碳、氢、氧组成的材料中的水分，使之留下碳而变黑，故使用时应注意安全。若溅到皮肤或衣物上，则应立刻用大量清水冲洗，再用稀 $NaHCO_3$ 溶液冲洗。

二 碱

（一）定义

由金属和类似金属的基团与 OH^- 组成的化合物。在水溶液中能电离生成金属离子和 OH^-。因碱在水中能电离生成自由移动的 OH^-，故可提高溶液的 pH 值。

（二）通性

①能使石蕊试纸变蓝色，酚酞变红色。

②能和许多非金属氧化物反应，生成盐和水。如：$2NaOH+CO_2 = Na_2CO_3+H_2O$

③能和某些盐反应，生成新盐、新碱。如：$2NaOH+MgCl_2 = 2NaCl+Mg(OH)_2\downarrow$

④能和酸反应生成盐和水。如：$NaOH+HCl = NaCl+H_2O$

⑤不溶于水的碱经加热可得到金属氧化物和水。如：$Ca(OH)_2 \overset{\triangle}{=} CaO+H_2O$

⑥有些氧化物既可与酸及酸性氧化物反应，又可与碱及碱性氧化物反应，这种氢氧化物称为两性氢氧化物。最典型的是 $Zn(OH)_2$ 和 $Al(OH)_3$，比如 $Zn(OH)_2$ 有如下反应：

$$Zn(OH)_2+2HCl = ZnCl_2+2H_2O$$

$$Zn(OH)_2+2NaOH = Na_2ZnO_2+2H_2O$$

（三）命名及分类

1. 命名

根据碱的组成：$M(OH)_x$，一般称为“氢氧化某”。当变价金属元素形成碱时，有如下情况：

①高价态的碱称为“氢氧化某”，如 $Cu(OH)_2$ 称为氢氧化铜，$Fe(OH)_3$ 称为氢氧化铁。

②低价态的碱称为“氢氧化亚某”，如 CuOH 称为氢氧化亚铜，$Fe(OH)_2$ 称为氢氧化亚铁。

常见的碱有氢氧化钠 (NaOH)、氢氧化钾 (KOH)、氢氧化钡 [$Ba(OH)_2$]、熟石灰 [$Ca(OH)_2$]、氢氧化铝 [$Al(OH)_3$] 等。

氢氧化钠俗称烧碱，水溶液呈强碱性。烧碱容易吸收空气中的水分和二氧化碳，并与二氧化碳作用生成碳酸钠。

氢氧化钾又称苛性钾，有极强的碱性和腐蚀性，其性质与烧碱相似。

2. 分类

根据碱在水中的溶解性，可以把常见的碱做如下分类：

①可溶性碱：KOH、$Ca(OH)_2$、NaOH、$Ba(OH)_2$ 等。

②难溶性碱：$Cu(OH)_2$、$Mg(OH)_2$、$Fe(OH)_3$、$Al(OH)_3$ 等。

三 盐

（一）定义

盐是由金属离子或类似金属离子的基团同酸根离子组成的化合物。如 $ZnSO_4$、NaCl 等。盐可电离生成金属离子和酸根离子。可溶性盐类在水中是以离子状态存在的，如：

$NaCl = Na^+ + Cl^-$

（二）通性

盐于常温下大多为晶体。盐在水中的溶解度各不相同，一般钾、钠和硝酸盐都溶于水，而碳酸盐、氢硫酸盐（硫化物）大多不溶于水。

盐主要有如下几个性质：

1. 置换反应

盐溶液中较不活泼金属的阳离子被更活泼金属原子置换。如

$CuSO_4 + Zn(Fe) = ZnSO_4(FeSO_4) + Cu\downarrow$

2. 复分解反应

盐与酸、盐与碱、盐与盐在反应中都是两种化合物交换离子，生成另外两种化合物的过程，这种反应叫作复分解反应。具备下列条件之一者就可发生复分解反应：

①生成物中有难溶物出现。如

$$NaCl+AgNO_3 = NaNO_3+AgCl(白色)\downarrow$$

②生成物中有气体放出。如

$$CaCO_3+2HCl = CaCl_2+H_2O+CO_2\uparrow$$

③有难电离的物质（如水等）生成。如

$$NaOH+HCl = NaCl+H_2O$$

（三）分类

1. 正盐

由金属离子（包括铵根离子）和非金属离子构成。正盐是酸跟碱完全中和的产物，如 NaCl、纯碱 (Na_2CO_3)、重晶石 ($BaSO_4$)。

2. 酸式盐

由金属离子（包括铵根离子）、氢离子和酸根离子构成。酸式盐是酸中的氢部分被中和的产物，如 $NaHCO_3$、$KHSO_4$。

3. 碱式盐

由金属离子（包括铵根离子）、氢氧根离子和酸根离子构成，碱式盐是碱中的氢氧根离子部分被中和的产物，如 $Cu_2(OH)_2CO_3$。

4. 复盐

由不同金属离子（包括铵根离子）和酸根离子构成。复盐又叫作重盐，是由两种或两种以上的简单盐类组成的同晶型化合物。复盐中含有大小相近、适合相同晶格的一些离子，如明矾 $[KAl(SO_4)_2\cdot 12H_2O]$。

第四节　有机化学知识

本节介绍了有机物的特点和分类，让读者对什么是有机物、有机物的种类有一个大概的认识。

一　有机物的特点

一般来说，有机物主要具有以下特点：

①大多数有机物难溶于水，易溶于汽油、酒精、苯等有机溶剂。

②绝大多数有机物受热容易分解，而且容易燃烧。

③绝大多数有机物不易导电，熔点低。

④有机物所起的化学反应比较复杂，一般比较慢，有的需要几小时甚至几天或更长的

时间才能完成，并且还常伴有副反应发生。所以许多有机化学反应常常需要加热或使用催化剂以促进反应的进行。

有机化合物的上述许多物理性质和化学性质的特点，也是与有机物的结构密切相关的。大多数有机物分子里的碳原子同其他原子通常以共价键形式结合，同时这些分子聚集时，又是分子晶体。许多无机物的原子之间是以离子键形式结合的，并形成离子晶体。这些结构上的不同，就会在其物理性质和化学性质方面表现出来。当然，严格来讲，有机物和无机物在性质上的区别并不是绝对的。

二 有机物的分类

有机物的种类繁多，其分类方法一般有 3 种，即按元素组成分类、按碳链骨架（碳原子的结合方法）分类和按分子中含有的官能团分类。

（一）按元素组成分类

1. 烃类化合物

（1）烃类化合物的定义

分子中只含有碳 (C) 和氢 (H) 两种元素的化合物叫作烃类化合物。烃又可分为烷烃、烯烃、炔烃、芳烃等。

烷烃中碳与碳、碳与氢之间只以单键一种方式连接，也叫饱和链烃，通式用 C_nH_{2n+2} 表示，如甲烷 CH_4、乙烷 C_2H_6 等。

烯烃和炔烃中碳与碳之间有双键和三键，是不饱和烃类，可与氢发生加成反应。通式分别为烯烃 C_nH_{2n}、炔烃 C_nH_{2n-2}。

（2）烷烃、烯烃、炔烃的性质

①烷烃：常温下熔点、沸点随碳原子数的增加而逐渐升高。常温下，$C_1 \sim C_4$ 的烷烃是气体，$C_5 \sim C_{15}$ 的烷烃是液体，C_{16} 及以上的烷烃是固体。

②烯烃：物理性质一般随分子中碳原子数的增加而改变，呈现出由量变到质变的规律；化学性质是能发生氧化反应、加成反应、聚合反应等。

③炔烃：物理性质一般随分子中碳原子数的增加而递变，化学性质是能够发生氧化反应、加成反应、聚合反应等。

2. 非烃类化合物

非烃类化合物是指分子中除含碳、氢元素之外，还含有氧 (O)、氮 (N)、硫 (S)、磷 (P) 等元素的有机化合物。

（1）醇与酚

①醇和酚的定义。

脂肪烃或芳烃侧链上的氢原子被羟基（—OH) 取代后生成的产物叫作醇。如果芳烃苯环上的氢被羟基取代，则生成酚。

根据被取代氢的数目不同，可分为一元或多元醇和酚。如乙醇是一元醇，甘油则是三元醇。依据母链烃的不同又可分为饱和醇、饱和酚和不饱和醇、不饱和酚。

②醇和酚的性质。

物理性质：相对分子质量大，挥发性低，熔点及沸点高。主要原因是羟基上氧的电负性较大。如甲烷、乙烷是气体，而甲醇、乙醇是液体。

酚类多数是固体，如苯酚，俗称石炭酸，为无色针状晶体，熔点是 43℃，微溶于冷水，能溶于热水。苯环上羟基越多，水溶性就越强，反之则水溶性越差。

化学性质：醇和酚的化学性质主要由羟基上的取代反应决定。醇分子中的氢，一种是与氧直接相连的氢—羟基氢，另一种是与碳原子直接相连的氢—烃基氢。两者的化学性质不同，羟基氢可被金属钠取代放出氢气，而烃基氢不能；醇酚与无机酸、有机酸作用的产物称为酯，命名为某酸某酯；醇在一定条件下可发生氧化反应。根据氧化程度不同，可生成醛或有机酸，即一步氧化成醛，进一步氧化成酸。

（2）醚

如果水中的两个 H 全部被烃基取代，生成的有机物就是醚，表示为 $R_1—O—R_2$，命名为某烃某烃醚。醚的结构特点是一个 O 直接和两个 C 相连。醚类中应用最多的是二乙醚，简称乙醚。它是一种挥发性大、沸点 (35℃) 低的液体，不溶于水，本身分子之间不能形成氢键。

（3）醛与酮

具有不同结构的醇，氧化时可得到醛 ($R—CH{=\!=}O$) 与酮 ($R_1—\overset{\overset{\displaystyle O}{\|}}{C}—R_2$)。有机化学中把 $—\overset{\overset{\displaystyle O}{\|}}{C}—$ 称为羰基，羰基中的碳原子与一个氢原子和一个烃基（或与两个氢原子）相连的化合物叫作醛。羰基和两个烃基相连的化合物叫作酮。最简单的醛是甲醛 ($HCH{=\!=}O$)，最简单的酮是丙酮 ($H_3C—\overset{\overset{\displaystyle O}{\|}}{C}—CH_3$)。质量分数为 35%～40% 的甲醛水溶液称为福尔马林，常在钻井液中用作防腐杀菌剂。

（二）按碳链骨架分类

根据有机物分子碳链的形成和组成碳链的原子的特征，有机物可分为以下三类。

①开链化合物：在这类化合物中，碳原子互相连接成为两端张开的链。由于这类化合物最初是在脂肪中发现的，因此又叫作脂肪族化合物。

②碳环化合物：在这类化合物的分子中，碳原子互相连接而呈环状。碳环化合物又可分为脂环族化合物和芳香族化合物。

③杂环化合物：这类化合物也具有环状结构，但环上的原子不完全是碳原子，还有其他原子存在。

（三）按官能团分类

所谓官能团，是指能反映出某类有机化合物特性的原子或原子团（包括双键和三键）。因此，含有相同官能团的化合物其化学性质基本相似，可以归于一类，见表 1–4–1。

表 1-4-1　主要官能团及其所属化合物的类别

化合物类别	官能团	化合物类别	官能团
烯烃	双键 >C=C<	醛和酮	羰基 —C(=O)—
炔烃	三键 —C≡C—	羧酸	羧基 —COOH
卤代烃	卤素 X（F、Cl、Br、I）	胺	氨基 —NH_2
醇和酚	羟基—OH	磺酸类	磺（酸）基 —SO_3H
醚	醚链 —C—O—C—	硝基化合物	硝基 —NO_2
		腈	氰基 —CN

第五节　分析化学基础

在钻井液工作中，广泛应用分析化学知识来进行钻井液用水、钻井液滤液的分析。一般所采用的分析方法是定量分析法。

一　化学分析的分类

定量分析法分为两大类，即化学分析法和仪器分析法。仪器分析法是借助光电仪器测量试样溶液的光学性质（吸光度或谱线强度）、电学性质来求出待测组分含量的方法，也称物理及物理化学分析法，此法在钻井液工作中不普遍使用。这里主要讨论化学分析法。

以化学反应为基础的分析方法，如重量分析法和滴定分析法，称为化学分析法。

（一）重量分析法

通过化学反应及一系列操作步骤使试样中的待测组分转化为另一种纯粹的、固定化学组成的化合物，再称量该化合物的质量（重量），从而计算出待测组分的含量，这样的分析方法称为重量分析法。

（二）滴定分析法

将已知浓度的试剂溶液滴加到待测物质溶液中，使其与待测组分发生反应，而加入的试剂量恰好为完成反应所必需的，根据加入试剂的准确体积计算出待测组分的含量，这样的分析方法称为滴定分析法（旧称容量分析法）。根据反应的不同类型，滴定分析法又可分为以下4种：

酸碱滴定法（又称酸碱中和法）

这是以质子传递反应为基础的一种滴定分析法，可用来测定酸和碱，其反应实质可用下式表示：

$$H^{+}+B^{-}=HB$$

沉淀滴定法（又称容量沉淀法）

这是以沉淀反应为基础的一种滴定分析法，可用对来 Ag^{+}、CN^{-}、SCN^{-} 及卤素离子等进行测定，如银量法，其反应式如下：

$$Ag^{+}+Cl^{-}=\!=\!=AgCl\downarrow$$

络合滴定法

这是以络合反应为基础的一种滴定分析法，可用来对金属离子进行测定，如用 EDTA 作络合剂，反应式如下：

$$M^{2+}+Y^{4-}=\!=\!=MY^{2-}$$

上式中 M^{2+} 表示二价金属离子，Y^{4-} 表示 EDTA 的阴离子。

氧化还原滴定法

这是以氧化还原反应为基础的一种滴定分析法，可用来对具有氧化还原性质的物质及某些不具有氧化还原性质的物质进行测定，如高锰酸钾（$KMnO_4$）法，其反应式如下：

$$MnO_4^{-}+5Fe^{2+}+8H^{+}=\!=\!=Mn^{2+}+5Fe^{3+}+4H_2O$$

二 误差及有效数字

（一）分析误差

分析方法越准确，则分析结果的误差就越小。所谓误差，就是由实验所得到的数值（测定值）和真实准确的数值（真正值）之间的差值。分析误差分两类，一类是系统误差（非随机性的），另一类是偶然误差（随机性的）。

1. 系统误差

系统误差是测量方法的某些原因造成的。系统误差的主要原因有：①仪器（天平、砝码、量具等）和使用的方法所引起的经常误差；②试剂中可能含有杂质，或是分析过程中不可避免地丢失和玷污等。无论分析重复多少次，系统误差经常重复着，而且有同一符号和差不多同样大小。系统误差可以估计出来，并且可以用适当的措施（如砝码和量具的校准等）使其减小或引用校正值。

2. 偶然误差

偶然误差是人为的，不是由一定的原因所造成的，而是由可改变的原因所引起的，所以误差的大小和符号都可以改变。产生偶然误差的原因主要有：砝码的偶然缺陷，测量时温度的改变，工作不够细心，偶然的丢失和玷污，错加试剂，看错读数等。由于产生偶然误差，就会使几次重复的结果不相符合。为减少偶然误差的影响，可以重复分析几次，然后求出几个结果的算术平均值。如果在分析中有显著的错误，应把该数值弃去，不能把该结果当作偶然误差。

（二）准确度和精密度

一个分析结果的准确度就是所测得的数值（称测定值）和真实数值（真正值）相符合的程度，通常以误差的大小表示，误差越大，准确度越小。误差又分为相对误差和绝对误差。

相对误差表示误差在真实值中所占的百分率。例如，分析天平称量两物体的质量各为1.6380g 和 0.1637g，假定两者的真实质量为 1.6381g 和 0.1638g，则两者称量的绝对误差分别为：

$$\begin{cases} 1.6380-1.6381=-0.0001(g) \\ 0.1637-0.1638=-0.0001(g) \end{cases}$$

两者称量的相对误差分别为：

$$\frac{-0.0001}{1.6381}\times100\%=-0.006\%$$

$$\frac{-0.0001}{0.1638}\times100\%=-0.06\%$$

由此可知，绝对误差相同，相对误差并不一定相同，上例中第一个称量结果的相对误差为第二个称量结果的相对误差的十分之一。也就是说，同样的绝对误差，当被测定的量较大时，相对误差就比较小，测定的准确度也就比较高。因此，用相对误差来表示各种情况下测定结果的准确度更为精确些。

绝对误差和相对误差都有正值和负值，正值表示分析结果偏高，负值表示分析结果偏低。

在实际工作中，为了使分析结果更可靠，通常重复测定几次，然后取算术平均值。几次测得结果彼此相近的程度称为精密度，精密度的大小由个别测定结果之间的偏差来判断。例如，用分析天平对某物质两次称量结果分别为 0.0527g 和 0.0523g，其算术平均值为0.0525g，则数值 0.0527 和 0.0523 的偏差为：

$$\frac{0.0527-0.0523}{0.0525}\times100\%=0.76\%$$

准确度是表示测定结果与真实值符合的程度，而精密度是表示测定结果的重现性。一般来说，测定结果的准确度大，则精密度也大；但精密度大的，其准确度不一定大，因为几次测定可能发生同样性质大小相近的误差。因此在生产工作中，常常插入标准样品或管理样品（特别用作检查含量准确可靠的样品），使分析样品在同一条件下进行分析。从实际分析标准样品所得的结果与标准结果的误差，可以检查其他样品的分析准确度。

（三）有效数字

为了得到准确的分析结果，不仅要准确地测量，而且要正确地记录和计算，即记录的数字不仅表示数量的大小，而且要正确地反映测量的精确程度。例如，用一般的分析天平称得某物质的质量为 0.5180g，这一数值中的 0.518 是准确的，最后一位数字“0”是可疑的，可能有上下一个单位的误差，即其实际质量是在（0.5180 ± 0.0001）g 范围内的某一数值。此时称量的绝对误差为 ± 0.0001g，相对误差为：

$$\frac{\pm 0.0001}{0.5180}\times 100\% = \pm 0.02\%$$

若将上述称量结果写成 0.518g，则意味着该物质的实际质量将是 (0.518 ± 0.001)g 范围内的某一数值，即绝对误差为 ± 0.001g，而相对误差则为 ± 0.2%。可见，记录时在小数点后多写或少写一位“0”，从数学角度看关系不大，但是记录所反映的测量精确程度无形中被夸大或缩小了 10 倍。所以在数据中代表着一定的量的每一个数字都是重要的。这种在分析工作中实际上能测量到的数字称为有效数字。

数字“0”在数据中具有双重意义。若作为普通数字使用，它就是有效数字；若它只起定位作用，就不是有效数字。例如在分析天平上称取碳酸钠的质量为 0.0538g，此数据具有三位有效数字。数字前面的“0”只起定位作用，不是有效数字。又如某氢氧化钠溶液的浓度为 0.2600mol/L，后面的两个“0”表示该溶液的浓度准确到小数点后第三位，第四位可能有 ± 1 的误差，所以这两个“0”是有效数字，即数据 0.2600 有四位有效数字。改变单位，并不改变有效数字的位数，如滴定管读数为 10.80mL，两个“0”都是测量数据，因此该数据有四位有效数字。若该读数改用升为单位，则是 0.01080L，这时前面的两个“0”仅起定位作用，不是有效数字，数据 0.01080 仍是四位有效数字。当需要在数的末尾加“0”做定位用时，最好采用指数形式表示，否则有效数字的位数含混不清。例如质量为 32.0g，若以毫克为单位，则可表示为 3.20×10^4mg；若表示为 32000mg，就容易误解为五位有效数字。有效数字是分析化学中的特殊使用形式。

（四）有效数字的运算规则

在有效数字的运算中，应考虑分析结果的准确度，使计算结果与分析结果的准确度相一致。计算时必须遵守下列规则：

①几个数据加减时，其和或差的有效数字的保留应以小数点后位数最少的数据为依据，即取决于绝对误差最大的数据。例如将 0.0121、25.64 及 1.05782 三数相加，其中 25.64 为绝对误差最大的数据，即相加结果为 26.71。

②在几个数据的乘除运算中，所得结果的有效数字的位数取决于相对误差最大的那个数。例如下式：

$$\frac{0.0325\times 5.103\times 60.06}{139.8} = 0.0713$$

各数的相对误差分别为：

$$0.0325：\frac{\pm 0.0001}{0.0325}\times 100\% = \pm 0.3\%$$

$$5.103：\frac{\pm 0.001}{5.103}\times 100\% = \pm 0.02\%$$

$$60.06：\frac{\pm 0.01}{60.06}\times 100\% = \pm 0.02\%$$

$$139.8：\frac{\pm 0.1}{139.8}\times 100\% = \pm 0.07\%$$

可见，四个数中相对误差最大即准确度最差的是 0.0325，是三位有效数字，因此计算结果也应取三位有效数字 0.0713。

③在分析化学计算中，经常会遇到一些分数，如 NaOH 与 H_2SO_4 反应，其物质的量之比为 1∶2，因此 n（NaOH）=1/2n（H_2SO_4），这里的 2 可视为足够有效，它的有效数字不是 1 位，即不能根据它来确定计算结果的有效数字的位数。又如从 250mL 容量瓶中吸取 25mL 试液时，也不能根据 25 或 250 只有二位或三位数来确定分析结果的有效数字的位数。

④若某一数据第一位有效数字大于或等于 8 时，则有效数字的位数可多算一位，如 8.47 虽只有三位，但可看作四位有效数字。

⑤在计算过程中，可以暂时多保留一位数字，得到最后结果时，再根据“四舍五入”原则弃去多余的数字。

⑥有关化学平衡的计算（如求平衡状态下某离子的浓度），一般保留两位或三位有效数字。

⑦大多数情况下，表示误差时，取一位有效数字即已足够，最多取两位。

三 滴定分析

（一）概念

滴定分析法。使用滴定管将一种已知准确浓度的试剂溶液（标准溶液），滴加到待测物的溶液中直到待测组分恰好完全反应（这时加入标准溶液的物质的量与待测组分的物质的量符合反应式的化学计量关系），然后根据标准溶液的浓度和所消耗的体积计算出待测组分的含量，这一类分析方法统称为滴定分析法。

滴定。滴加标准溶液的操作过程。

化学计量点（旧称等当点）。滴加的标准溶液与待测组分恰好反应完全的这一点。

滴定终点。在化学计量点时，反应往往没有容易为人察觉的任何外部特征，因此通常是在待测溶液中加入指示剂，利用指示剂颜色的突变来判断，在指示剂变色时停止滴定，这一点称为滴定终点。

终点误差。实际分析操作中滴定终点与理论上的化学计量点往往不能恰好符合，它们之间常存在很小的差别，由此而引起的误差称为终点误差。

（二）滴定反应的条件

化学反应很多，但是适用于滴定分析法的化学反应必须具备下列条件：

①反应必须定量地完成，即反应按一定的反应式进行，无副反应发生，而且进行完全（达 99.9%以上），这是定量计算的基础。

②反应速度要快。对于速度慢的反应，应采取适当措施提高其反应速度。

③能用比较简便的方法确定滴定的终点。

（三）标准溶液

滴定分析中必须使用标准溶液，最后要通过标准溶液的浓度和用量来计算待测组分的含量。因此正确地配制标准溶液，准确地标定标准溶液的浓度以及对有些标准溶液进行妥善保存，对于提高滴定分析的准确度具有重大意义。

1. 标准溶液浓度的表示法

在无机化学知识一节中已讨论过，物质的量浓度（简称浓度）是指单位体积溶液所含溶质的物质的量 (n)。如 B 物质的浓度以符号 $c(B)$ 表示，即

$$c(B)=\frac{n(B)}{V}$$

式中 V——溶液体积，L。

n——物质的量，mol。

c——物质的量浓度，mol/L。

摩尔 (mol) 是一系统的物质的量，该系统中所包含的基本单元数与 0.012kg^{12}C 的原子数目相等。基本单元可以是原子、分子、离子、电子及其他粒子，或是这些粒子的某种特定组合。例如硫酸的基本单元可以是 H_2SO_4，也可以是 $1/2H_2SO_4$。当用 H_2SO_4 作基本单元时，98.08g 的硫酸，其基本单元数与 0.012kg^{12}C 的原子数目相等，因而 $n(H_2SO_4)$ 为 1mol；而用 $1/2H_2SO_4$ 作基本单元时，98.08g 的硫酸，其基本单元数是 0.012kg^{12}C 的原子数目的两倍，因而，$n(1/2H_2SO_4)$ 为 2mol。可见，同样质量的物质，其物质的量随所选用的基本单元的不同而不同。因此在谈到系统中物质 B 的物质的量 n(B) 和使用单位摩尔时，必须注明基本单元，否则就没有明确的意义。同样在讲到物质的量的导出量时，例如浓度、摩尔质量等，也必须指出基本单元。

物质 B 的物质的量 n(B) 与物质 B 的质量 m(B) 的关系为：

$$n(\mathrm{B})=\frac{m(\mathrm{B})}{M(\mathrm{B})}$$

式中 M(B)——物质 B 的摩尔质量，g/mol。

n(B)——物质 B 的物质的量，mol。

m(B)——物质 B 的质量，g。

2. 滴定度

滴定度是指与每毫升标准溶液相当的待测组分的质量，用 $T_{待测物/滴定剂}$表示。例如 HCl 的原标准溶液的浓度可用 T_{HCl/Na_2CO_3}来表示。若 T_{HCl/Na_2CO_3}=0.005300，则表示 1mL HCl 标准溶液能够中和 0.005300g Na_2CO_3。在生产实际中，常常需要对大批试样测定其中同一组分的含量，这时若用滴定度来表示标准溶液所相当的被测物质的质量，那么计算待测组分的含量就比较方便。如果已知滴定中消耗 HCl 标准溶液的体积为 V，则被测定 Na_2CO_3 的质量 $m(Na_2CO_3)=TV$。

浓度 c 与滴定度 T 之间存在如下关系：

$$c(10^3)=\frac{T}{M}$$

有时滴定度也可以用每毫升标准溶液中所含溶质的质量来表示，如 T_{HCl}=0.00364g/mL，即表示每毫升 HCl 标准溶液含有纯 HCl 0.00364g，但是，这种表示方法的应用范围不及上一种表示方法广泛。

3. 标准溶液的配制

①直接法配制。准确称取一定量的物质，溶解后，在容量瓶内稀释到一定体积，然后计算出该溶液的准确浓度。标准溶液可按下式计算：

$$c=\frac{m}{VM}$$

式中 c——标准溶液浓度，mol/L。

m——物质的质量，g。

V——溶液体积，mL 或 L。

M——物质的摩尔质量，g/mol。

用直接法配制标准溶液的物质，必须具备下列条件：

a. 物质必须具有足够的纯度，即含量≥ 99%，其中杂质的含量应在滴定分析所允许的误差限度以下。一般可用基准试剂或优级纯试剂。

b. 物质的组成与化学式应完全符合。若含结晶水，其含量也应与化学式相符。

c. 性质稳定。

d. 参加反应时，应按反应式定量地进行，没有副反应。

e. 要有较大的摩尔质量，以减小称量时的相对误差。

能具备上述条件的物质如 $AgNO_3$、Na_2CO_3、$K_2Cr_2O_7$ 等都可以直接配制。但是，用来配制标准溶液的物质大多不能满足上述条件。如最浓的盐酸溶液也是水溶液，不知其精确浓度，即使称量很准，其中有多少 HCl 还是未知的。又如 NaOH 虽是固体试剂，本身也能制得纯品，但在称量过程中极易吸收空气中的 CO_2 和水分，质量在不断改变，无法称准。因此，对这类物质，不能用直接法配制标准溶液，而要用间接法配制。

②间接法配制。该方法是先将试剂配成与需要配制的浓度相近似的粗略浓度，然后用基准物（极纯的稳定的固体）来测定它的准确浓度。这种确定准确浓度的操作称为标定。

四 酸碱滴定终点的指示方法

在酸碱滴定中一般利用酸碱指示剂颜色的突然变化来指示滴定终点。酸碱指示剂一般是有机弱酸和弱碱，当溶液的 pH 改变时，指示剂由于结构的改变而发生颜色的改变。

根据实际测定，对于酚酞，当溶液的 $pH < 8$ 时，呈无色；当溶液的 $pH > 10$ 时，呈红色。pH 从 8 到 10 是酚酞逐渐由无色变为红色的过程，称为酚酞的变色范围。甲基橙则是当溶液的 $pH < 3.1$ 时，呈红色；$pH > 4.4$ 时，呈黄色。pH 从 3.1 到 4.4 是甲基橙的变色范围。

由于指示剂具有一定的变色范围，因此只有当溶液的 pH 改变超过一定数值，也就是说只有在酸碱滴定的化学计量点附近 pH 发生突跃时，指示剂才能从一种颜色突然变为另一种颜色。

五 滴定分析结果计算

滴定分析是用标准溶液去滴定被测物质的溶液，由于对反应物选取的基本单元不同，可以采用两种不同的计算方法。

假如选取分子、离子或原子作为反应物的基本单元，此时滴定分析结果计算的依据为：当滴定到化学计量点时，它们的物质的量之间的关系恰好符合其化学反应所表示的化学计量关系。

1. 被测物的物质的量 $n(\mathrm{A})$ 与滴定剂的物质的量 $n(\mathrm{B})$ 的关系

在直接滴定法中，设被测物 A 与滴定剂 B 之间的反应为：

$$a\mathrm{A}+b\mathrm{B}=\!=\!=c\mathrm{C}+d\mathrm{D}$$

当滴定到达化学计量点时，a mol A 恰好与 b mol B 作用完全，即

$$n(\mathrm{A}):n(\mathrm{B})=a:b$$

故

$$n(\mathrm{A})=\frac{a}{b}n(\mathrm{B})$$

$$n(\mathrm{B})=\frac{b}{a}n(\mathrm{A})$$

例如，用 Na_2CO_3 作基准物标定 HCl 溶液时，其反应式为：

$$2\mathrm{HCl}+\mathrm{Na_2CO_3}=\!=\!=2\mathrm{NaCl}+\mathrm{H_2CO_3}$$

则

$$n(\mathrm{HCl})=\frac{a(\mathrm{HCl})}{b(\mathrm{Na_2CO_3})}\cdot n(\mathrm{Na_2CO_3})=\frac{2}{1}n(\mathrm{Na_2CO_3})=2n(\mathrm{Na_2CO_3})$$

若被测物是溶液，其体积为 $V(\mathrm{A})$，浓度为 $c(\mathrm{A})$；到达化学计量点时用去浓度为 $c(\mathrm{B})$ 的滴定剂的体积为 $V(\mathrm{B})$，则：

$$c(A)\cdot V(A)=\frac{a}{b}c(B)\cdot V(B)$$

例如用已知浓度的 NaOH 标准溶液测定 H_2SO_4 溶液的浓度，其反应式为

$$H_2SO_4+2NaOH = Na_2SO_4+2H_2O$$

滴定到达化学计量点时

$$c(H_2SO_4)\cdot V(H_2SO_4)=\frac{1}{2}c(NaOH)\cdot V(NaOH)$$

$$c(H_2SO_4)=\frac{c(NaOH)\cdot V(NaOH)}{2V(H_2SO_4)}$$

上述关系式也能用于有关溶液稀释的计算中。因为溶液稀释后，浓度虽然降低了，但所含溶质的物质的量没有改变，所以

$$c_1V_1=c_2V_2$$

式中　c_1V_1——稀释前溶液的浓度和体积之积。

c_2V_2——稀释后溶液的浓度和体积之积。

在间接法滴定中涉及两个或两个以上反应时，应从总的反应中找出实际参加反应的物质的物质的量之间的关系。例如用 $KMnO_4$ 法测定 Ca^{2+}，经过如下几步：

$$Ca^{2+}+C_2O_4^{2-} = CaC_2O_4\downarrow$$

$$5C_2O_4^{2-}+2MnO_4-+16H^+ = 2Mn^{2+}+10CO_2\uparrow+8H_2O$$

此处 Ca^{2+} 与 $C_2O_4^{2-}$ 反应的物质的量之比是 1∶1，而 $C_2O_4^{2-}$ 与 MnO_4^- 是按 5∶2 的比互相反应的，因此

$$n(Ca^{2+}) = \frac{5}{2}n(MnO_4^-)$$

2. 被测物质量分数的计算

若称取试样的质量为 G，测得被测物的质量为 m，则被测物在试样中的质量分数 w 为

$$w=\frac{m}{G}\times 100\%$$

在滴定分析中，被测物的物质的量 $n(A)$ 是由滴定剂的浓度 $c(B)$、体积 $V(B)$ 以及被测物与滴定剂反应的物质的量之比 $a:b$ 求得的，即

$$n(A)=\frac{a}{b}n(B)=\frac{a}{b}c(B)\cdot V(B)$$

即可求得被测物的质量：

$$m(A)=\frac{a}{b}c(B)\cdot V(B)\cdot M(A)$$

于是得到滴定分析中计算被测物质量分数的一般通式：

$$w=\frac{\frac{a}{b}c(B)\cdot V(B)\cdot M(A)}{G}\times 100\%$$

式中 w——被测物质量分数。

a——被测物反应的物质的量，mol。

b——滴定反应的物质的量，mol。

$c(B)$——滴定剂的浓度，mol/L。

$V(B)$——滴定剂体积，L。

$M(A)$——被测物的摩尔质量，g/mol。

G——试样的质量，g。

第六节　黏土胶体化学知识

黏土作为钻井液的重要成分，其晶体构造与性质对钻井液性能有十分重要的影响。钻井过程中井眼的稳定性、油气层的保护均与地层中黏土矿物的类型和特性密切相关。黏土主要是由黏土矿物和少量非黏土矿物组成的细粒黏滞土状物质。

一　黏土矿物

（一）黏土矿物的组成

黏土矿物是指具有层状构造的含水铝硅酸盐矿物。黏土矿物颗粒一般很细，粒径在1~5μm，多数小于2μm，大多数是结晶质，具有层状结构，呈片状或板状，少数为链状结构、纤维状或棒状形态。黏土的化学成分主要有二氧化硅（SiO_2）、三氧化二铝（Al_2O_3）和水（H_2O），还含有少量氧化铁（Fe_2O_3）、氧化钠（Na_2O）、氧化钾（K_2O）、氧化镁（MgO）、氧化钙（CaO）等。

（二）黏土矿物的基本构造单元

黏土矿物主要由两种基本构造单元组成，即硅氧四面体和铝氧八面体。

1. 硅氧四面体与硅氧四面体片

硅氧四面体：如图1-6-1所示，由 Si^{4+} 为中心、O^{2-} 在四周构成的立体几何图形，又称Si–O四面体。四面体片（晶片）是在一个平面上的四面体以3个顶点相连接，此时4个顶点都朝同一个方向，这样连续形成一系列六边网面，用符号T

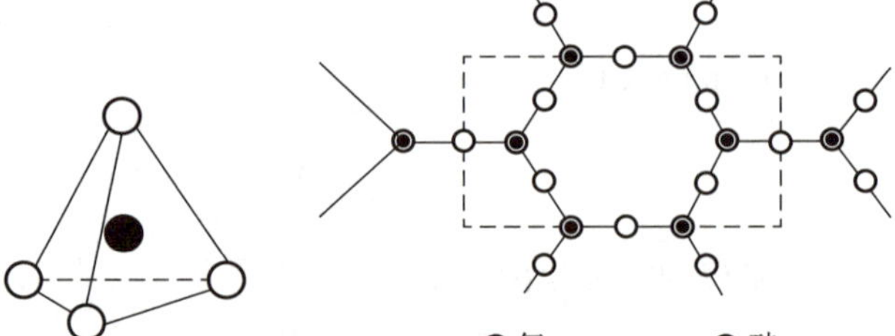

图1-6-1　硅氧四面体与硅氧四面体片示意图

表示。

四面体片中每个 Si—O 四面体都有 3 个顶点是公用的，一个没有公用。四面体中的 Si^{4+} 电价分配给每个顶点各 +1 价。位于公用顶点处的 O^{2-} 的负价被邻接的两个四面体中的 Si^{4+} 完全平衡，没有剩余的负价来结合其他的阳离子，是惰性氧。位于没有公用的顶点处的 O^{2-} 仅与一个 Si^{4+} 结合，尚余 –1 价来与其他阳离子结合，是活性氧。同一层硅氧四面体片中的氧一般均指向一个方向。在活性氧组成的六方环中心总是有一个 OH^- 和活性氧共同组成一个阴离子层，层状硅酸盐的络合阴离子化学组成式为 $[Si_4O_{10}(OH)_2]^{6-}$，其中 $(OH)_2$ 为络合阴离子不可缺少的一部分，如图 1–6–2 所示。

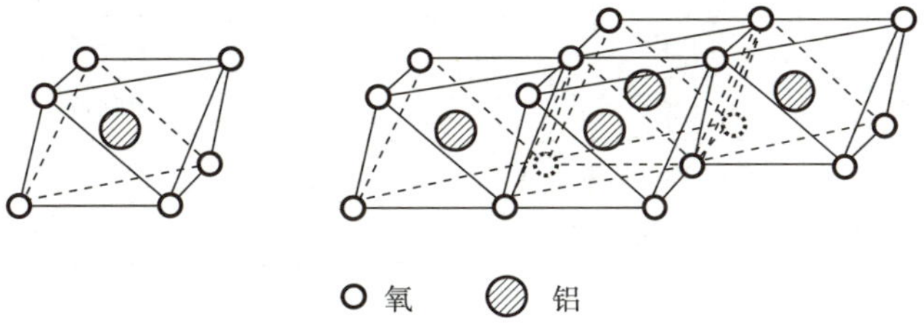

图 1–6–2　铝氧八面体与铝氧八面体片示意图

2. 铝氧八面体与铝氧八面体片

铝氧八面体：由 Al^{3+}（或 Mg^{2+}）为中心，四周有 6 个阴离子 O^{2-}（或 OH^-）构成的立体几何图形，因其由 Al^{3+} 与 O^{2-} 组成，故又称 Al–O 八面体。八面体片：由八面体沿一个平面互相连接而成，在 Si–O 四面体晶片的每个六方网孔的范围内有 3 个八面体中心，根据晶体结构的电荷中和法则，它们只充填 2/3 的八面体孔隙，即 3 个八面体孔隙中只充填了 2 个八面体孔隙，故称二八面体结构层。这样的八面体晶格具有三水铝石（$Al_2O_3·3H_2O$）的结构式。

如果是 Mg^{2+}、Fe^{2+} 等进入八面体中心，则可以将 3 个八面体孔隙全部充填，称为三八面体结构层，类似水镁石的结构形式。因此，又有二八面体和三八面体黏土矿物之分。

3. 晶片的结合

四面体片和八面体片按一定比例相互重合，通过共用氧原子连接形成电中性的统一结构层，即晶层。由硅氧四面体片与铝氧八面体片组成的在 c 轴方向上能重复再现的最小单位，称单位晶层或基本结构层，也称单位晶胞。单元晶层面一面堆叠在一起形成晶体。一个单元晶层到相邻的单元晶层的垂直距离 c 称为晶层间距。

（三）黏土矿物的分类

由于基本结构层、层间物质、层间电荷、补偿阳离子等的不同，加上结晶学上的有序无序和多型等现象，使得自然界黏土矿物的种类繁多。

黏土矿物的分类方法有很多，根据黏土中矿物含量的不同大体分为 3 类：高岭石黏土、蒙脱土和伊利石黏土。

黏土矿物按单元晶层构造的特征分类情况资料说明，黏土矿物按两种晶片的配合比例可分为 1:1 型（一层硅氧四面体晶片与一层铝氧八面体晶片相结合构成单元晶层）、2：1 型（两层硅氧四面体晶片中间夹一层铝氧八面体晶片构成单元晶层）、2：2 型［硅氧四面体晶片与铝（镁）氧八面体晶片交替排列的四层晶片构成单元晶层］以及层链状结构（硅氧四面体组成的六角环依上下相反方向对列）等几类。黏土矿物的晶体构造分类见表 1-6-1。

表 1-6-1　黏土矿物的晶体构造分类

单元晶层构造特征	黏土矿物族	黏土矿物
1:1	高岭石族	高岭石、地开石、珍珠陶土等
	埃洛族	埃洛石等
2:1	蒙皂石族	蒙脱石、拜来石、囊脱石、皂石、蛭石等
	水云母族	伊利石、海绿石等
2:2	绿泥石族及其他	各种绿泥石等
层链状结构	海泡石族	海泡石、凹凸棒石、坡缕缟石

（四）几种主要黏土矿物

1. 高岭石

高岭石的单元晶层构造由一层四面体片和一层八面体片组成，所有硅氧四面体的尖顶都朝向八面体，故也称为 1：1 型黏土矿物。若干个晶层在 c 轴方向上层层重叠，在 a、b 轴方向上连续延伸。

高岭石单元晶层，一面为 OH^- 层，另一面为 O^{2-} 层，晶层之间容易形成氢键，故晶层连接紧密，水分子不易进入晶层间；从高岭石的单位晶胞来看，高岭石是电中性，即高岭石很少有晶格取代，晶体表面可交换的阳离子很少，不易形成扩散双电层而引起层间距增大，因此高岭石是非膨胀性黏土矿物。水化性能差，造浆性能不好，一般不用作钻井液的配浆黏土。

2. 蒙脱石

蒙脱石是 2：1 型层状构造硅酸盐，由两层四面体片中间夹一层八面体片组成。每个四面体尖顶均指向中央的八面体，通过共用的氧连接成晶层。蒙脱石矿物的结晶构造天然具有晶格取代的现象，晶格取代多发生在八面体片中间，即由低价的 Fe^{2+}、Mg^{2+} 等取代高价的 Al^{3+}，构造单元层剩余电荷为 0.2 ~ 0.6。单位层间含有水分子和补偿性阳离子 Na^+ 和 Ca^{2+}，这些补偿性阳离子是可以被溶液中其他阳离子替换的。

蒙脱石单位晶层两面均为 O^{2-} 层，晶层间依靠分子间引力连接，引力小，连接不紧密，水分子容易进入晶层之间而发生膨胀，水化分散性好，造浆能力强，是配制钻井液的好材料。

3. 伊利石

伊利石也称为水云母，是 2：1 型黏土矿物，其晶体构造与蒙脱石类似，不同之处在于伊利石的硅氧四面体中有较多的硅被铝取代，因取代所缺的正电荷由处在相邻两个硅氧层

之间的 K^+ 补偿，而 K^+ 存在于晶层之间并进入相邻氧原子网格形成的孔穴中，使各晶胞间拉得较紧，水分不易进入层间，因此它是不易膨胀的黏土矿物。三种常见黏土矿物的晶体构造和主要特点见表 1–6–2。

表 1-6-2 三种常见黏土矿物的晶体构造和主要特点

黏土矿物	晶体类型	层间距 /nm	层间引力	电荷来源	晶格取代	补偿阳离子	膨胀率 / %	钻井液配浆土
高岭石	1 ∶ 1	0.72	氢键力，强	晶体边缘断键	无	无	＜ 5	否
蒙脱石	2 ∶ 1	0.96 ~ 4	分子间力，弱	Mg^{2+} 或 Fe^{2+} 取代 Al^{3+}	有	Na^+、Ca^{2+}	90~100	是
伊利石	2 ∶ 1	1.0	静电力、分子间力，较强	Al^{3+} 取代 Si^{4+}	有	K^+	2.5	否

二 黏土的性质

黏土在水中极易分散成细小颗粒，形成黏土—水的悬浮体，使黏土颗粒具有较强的带电性、水化分散性、离子交换性和表面吸附性。

（一）黏土颗粒的粒度分布

据美国石油学会（API）规定，黏土分以下 3 类：

黏土（胶体）：粒度小于 2μm。

泥质：粒度为 2 ~ 74μm。

沙质：粒度大于 74μm。

（二）黏土的电性

黏土通常带有电荷，这是其具有电化学性质的根本原因，并影响黏土的各种性质。如黏土吸附阳离子的多少取决于其所带电荷的数量。带同样电荷的黏土吸附钠离子的数量比吸附钙离子多，从而致使吸附钠离子的黏土——钠土就比钙土水化膜厚，水化作用较强。此外，钻井液中有机、无机处理剂的作用以及胶体的分散絮凝等性质，都受黏土电荷的影响。黏土正电荷与负电荷的代数和即是黏土的净电荷数。因黏土的负电荷一般多于正电荷，故黏土一般带负电荷。

黏土晶体的电荷可分为永久负电荷、可变负电荷、正电荷 3 种，它们产生的原因如下：

1. 永久负电荷

永久负电荷是由于黏土在自然界形成时发生晶格取代作用所产生的。例如，黏土的硅氧四面体中 Si^{4+} 被 Al^{3+} 取代，或者铝氧八面体中 Al^{3+} 被 Mg^{2+}、Fe^{2+} 等取代，黏土就产生了过剩的负电荷。这种负电荷的数量取决于晶格取代作用的多少，而不受 pH 的影响。因此，这种电荷被称为永久负电荷。不同的黏土矿物晶格取代情况是不相同的。蒙脱石的永久负电荷主要来源于铝氧八面体中的一部分 Al^{3+} 被 Mg^{2+}、Fe^{2+} 所取代，仅有少部分永久负电荷是由硅氧四面体中的 Si^{4+} 被 Al^{3+} 取代所造成的，一般不超过 15%。蒙脱石的每个晶胞有 0.25 ~ 0.6 个永久负电荷。伊利石和蒙脱石不同，它的永久负电荷主要来源于硅氧四面体晶片中的 Si^{4+} 被 Al^{3+} 取代，大约有 1/6 的 Si^{4+} 被 Al^{3+} 取代，每个晶胞中有 0.6 ~ 1 个永久负电荷。高岭石的晶格取代很微弱，由此而产生的永久负电荷少到难以用化学分析法来证明。由此看出，伊利石的永久负电荷最多，高岭石的永久负电荷最少，蒙脱石居中。黏土的永久负电荷大部分分布在黏土晶层的层面上。

2. 可变负电荷

黏土所带电荷的数量随介质 pH 的改变而改变，这种电荷叫作可变负电荷。产生可变负电荷的原因比较复杂，可能有以下几种原因：在黏土晶体端面上与铝连接的—OH 中的 H^+ 在碱性或中性条件下解离；黏土晶体的端面上吸附了 OH^-、SiO_3^{2-} 等无机阴离子或吸附了有机阴离子聚电解质等。黏土永久负电荷与可变负电荷的比例与黏土矿物的种类有关，蒙脱石的永久负电荷最高，约占负电荷总和的 95%，伊利石约占 60%，高岭石只占 25%。

3. 正电荷

不少研究者指出，当黏土介质的 pH 低于 9 时，黏土晶体端面上带正电荷。兹逊（P.A.Thiessen）用电子显微镜照相观察到高岭石边角上吸附了负电性的金溶胶，由此证明了黏土端面上带有正电荷。多数人认为黏土端面上带正电荷的原因是裸露在边缘上的铝氧八面体在酸性条件下从介质中解离出 OH^-。

黏土的正电荷与负电荷的代数和即为黏土晶体的净电荷数。由于黏土的负电荷一般多于正电荷，因此，黏土一般都带负电荷。

（三）黏土的吸附性

黏土表面浓集某物质分子（或离子）的现象称为黏土的吸附作用。吸附达到饱和后，就是再增加浓度也不再吸附时的吸附数量叫最大吸附量。因此，吸附现象在钻井的吸附性溶液中经常发生。一是通过吸附黏土颗粒的表面，改变黏土的性质，从而改变钻井液性能。值得注意的是，吸附达到最大吸附量时吸附与脱附形成动态平衡。二是黏土颗粒由粗变细的过程叫作分散。分散度越高，分散越细，颗粒交换量就越大，反之则越小。黏土的吸附根据原因不同又分为物理吸附、化学吸附、离子交换吸附 3 种。

1. 物理吸附

物理吸附是靠吸附剂与吸附质分子间引力的相互作用而产生的吸附。吸附是可逆的，在一定条件（温度、浓度）下达到动态平衡。吸附是多层的，一般情况下，温度升高，吸附下降。物理吸附是由表面分子具有表面能引起的。黏土在钻井液中的分散度高，表面能大，所以吸附现象很明显。在配制钻井液时，为改善其性能，常加入各种处理剂，使之吸附于黏土颗粒表面，降低体系表面能使之稳定，从而降低钻井液的滤失量和黏度，改善其润湿性等。

2. 化学吸附

化学吸附是靠吸附剂与吸附质之间的化学键力而产生的吸附。钻井液中的某些处理剂就是靠化学键力吸附于黏土上而起作用的。

3. 离子交换吸附

在黏土形成过程中，黏土晶体产生电荷，一般来说是负电荷。由于电中性的原理，即有等当量的反号离子（阳离子）吸附在黏土表面上，吸附的阳离子可以和溶液中的阳离子发生交换作用，这种交换作用称为离子交换吸附。最常见的交换性阳离子为钠、钙、镁等。交换性阳离子以钠为主称为钠土，以钙为主称为钙土。如硬水软化就是利用了这一性质：加一些化学处理剂（无机、有机）与水中的钙、镁离子交换，吸附以后放出钠离子，使硬度下降，这时钙、镁离子沉淀。钻井液中的黏土颗粒吸附的离子与溶液中的离子之间所进行的当量交换作用，即为黏土的离子交换吸附。交换的原因有两条：一是离子的晶格取代作用；二是黏土矿物裸露在外面的—OH 中 H^+ 发生解离，使黏土颗粒带负电。

（1）离子交换吸附的特点

黏土矿物通常是带负电荷的，但是在一定条件下也可带正电荷。还有不少的固体的表面上本身吸附一层离子，当外加离子进入溶液时，固体离子本身与溶液离子能进行交换。一般天然的黏土都是自然的离子交换吸附，由于本身有硅氧四面体和铝氧八面体结构，使剩余的价键（一般都有负电）有可能吸附阳离子，它们与外界离子也有相互交换作用。其特点有以下 3 条：

①同号离子相互交换。

②等电量或等当量交换（如一个钙离子可与两个钠离子交换）。

③离子交换吸附的反应是可逆的，吸附和脱附的速度受离子浓度影响。

例如，钻井液中的黏土吸附了钠离子，当遇到钙侵时，钙与黏土表面吸附的钠进行等当量交换，使性能变坏，这时加入纯碱，即增加溶液中的钠离子浓度，同时钙离子与纯碱生成碳酸钙沉淀，减少了钙离子的浓度，钠又把黏土表面吸附的钙离子交换下来，使钻井液的性能得到改善。

以上情况说明，黏土分散得越细，比表面积就越大，吸附能力就越大，消耗处理剂一般也越多，阳离子交换的容量也越大。吸附量的大小取决于比表面积的大小：比表面积越大，吸附的离子就越多；比表面积越小，吸附的离子就越少。

（2）离子交换吸附强弱的影响因素

①离子价数影响：一般在溶液中浓度相差不大时，离子价数越高，黏土表面的吸附能力就越强，即离子交换到黏土表面的能力越强。

②离子半径的影响：同价数的不同离子浓度相近时，离子半径小的，水化半径大，离子中心离黏土表面远，吸附就弱；反之则强。K^+ 和 H^+ 除外。

③离子浓度的影响：离子浓度受每一相中不同离子相对浓度的制约。如用膨润土配制钻井液时，加入纯碱就可以转变为钠土。这是因为当提高了溶液中钠离子浓度时，钠离子与黏土上原来吸附的高价钙、镁离子发生了置换反应。

（3）黏土的阳离子交换容量（也叫吸附容量）

黏土的阳离子交换容量是指在分散介质的 pH 为 7 的条件下，黏土所能交换下来的阳离子总量，包括交换性盐基和交换性氢。阳离子交换容量以100g黏土所能交换的阳离子的量（摩尔数）来表示，符号为CEC(Cation Exchange Capacity)。

黏土矿物因种类不同，其阳离子交换容量有很大差别，例如，蒙脱石的阳离子交换容量一般为70～130mmol/100g黏土，伊利石为20～40 mmol/100g黏土。上述两种矿物的阳离子交换现象80%以上发生在层面上。高岭石的阳离子交换容量仅为3～15 mmol/100g黏土，而且大部分发生在晶体的端面上。各种黏土矿物的阳离子交换容量见表1-6-3。

表1-6-3 各种黏土矿物的阳离子交换容量

矿物名称	蒙脱石	蛭石	伊利石	高岭石	绿泥石	凹凸棒石、海泡石	钠膨润土（夏子街）
CEC/（mmol/100g黏土）	70～130	100～200	20～40	3～15	10～40	10～35	82.3

影响黏土阳离子交换容量大小的因素：黏土矿物的本性、黏土的分散度和溶液的酸碱度。

①黏土矿物的本性。

若黏土矿物的化学组成和晶体构造不同，那么阳离子交换容量会有很大差异。因为引起黏土阳离子交换的因素是晶格取代和氢氧根中的氢的解离所产生的负电荷，其中晶格取代愈多的黏土矿物，其阳离子交换容量也愈大。

②黏土的分散度。

当黏土矿物化学组成相同时，其阳离子交换容量随分散度（或比表面积）的增加而变大。特别是高岭石，其阳离子交换主要是由裸露的氢氧根中氢的解离产生电荷所引起的，因而颗粒愈小，裸露在外面的氢氧根愈多，交换容量也愈大。蒙脱石的阳离子交换主要是由于晶格取代所产生的电荷，而裸露的氢氧根中氢的解离所产生的负电荷所占比例很小，因而受分散度的影响较小。

③溶液的酸碱度。

在黏土矿物化学组成和其分散度相同的情况下，在碱性环境中，阳离子交换容量变大，随介质pH增高，阳离子交换容量增加的原因是：铝氧八面体中Al—O—H键是两性的，在强酸性环境中氢氧根易解离，土表面可带正电荷；在碱性环境中氢易解离，使土表面负电荷增加；此外，溶液中氢氧根增多，它以氢键吸附于黏土表面，使土表面的负电荷增多，从而增加黏土的阳离子交换容量。

黏土的阳离子交换容量及吸附的阳离子种类对黏土的胶体活性影响很大。例如，蒙脱石的阳离子交换容量大，膨胀性也大，在低浓度下就形成稠的悬浮体，特别是钠蒙脱石，水化膨胀性更厉害，而高岭石的阳离子交换容量很低，惰性较强。

三 黏土的水化作用

黏土的水化作用是影响水基钻井液的重要因素。黏度、切力和滤失在很大程度上取决于黏土的水化作用。

（一）黏土矿物的水分

1. 化学结合水（晶格水）

黏土矿物中铝氧八面体的氧和羟基层，在高温 300℃时，其结晶水会受到破坏而失去。

2. 自由水（液态水）

水分不受黏土颗粒的束缚，在重力作用下可在黏土颗粒之间自由移动。当加入絮凝电解质后，黏土颗粒形成局部网状结构，包住了一部分自由水，这部分水不能自由移动，必须和网状结构一起运动，相当于增加了钻井液中的固相含量，减少了自由水，从而使钻井液变稠。

3. 吸附水（束缚水）

因分子间引力和静电引力的作用，具有极性的水分子可被吸附到带电的黏土表面上，在黏土颗粒周围形成一层水化膜，这部分水随黏土颗粒一起运动。

（二）黏土水化膨胀作用机理

各种黏土都会吸水膨胀，只是不同的黏土矿物水化膨胀的程度不同而已。黏土水化膨胀受三种力制约：表面水化力、渗透水化力和毛细管作用。下面着重分析表面水化和渗透水化。

1. 表面水化

表面水化是由黏土晶体表面（膨胀性黏土表面包括外表面和内表面）吸附水分子与交换性阳离子水化而引起的。表面水是多层的。第一层水是水分子与黏土表面的六角形网格的氧原子形成氢键而保持在表面上。水分子也通过氢键结合为六角环，第二层也以类似情况与第一层以氢键连接，以后的水层照此继续。氢键的强度随离开表面的距离增加而降低。

表面水化水的结构带有晶体性质，比如，黏土表面上 10×10^{-1}nm 以内的水的比容比自由水小 3%，其水的黏度比自由水大。交换性阳离子以两种方式影响黏土的表面水化。第一，许多阳离子本身是水化的，即它们本身有水分子的外壳。第二，它们与水分子竞争，键接到黏土晶体表面上，并且倾向于破坏水的结构，但 Na^+ 和 Li^+ 例外，它们与黏土键接很松弛，倾向于向外扩散，当干的蒙脱石暴露在水蒸气中时，水在晶层间凝结，引起晶格膨胀。第一层水的吸附能很高，除去第一层水所需要的压力估计高达 4000Pa 外，相继的水层吸附能迅速降低。

2. 渗透水化

由于晶层之间的阳离子浓度大于溶液内部的浓度，因此，水发生浓度差扩散进入层间，由此增加晶层间距，从而形成扩散双电层。渗透膨胀引起的体积增加比晶格膨胀大得多。例如，在晶格膨胀范围内，每克干黏土大约可吸收 0.5g 水，体积可增大一倍。但是，在渗透膨胀的范围内，每克干黏土大约可吸收 10g 水，体积可增大 20 ~ 25 倍。

黏土为什么会产生渗透水化呢？根据杜南 (Donnan) 的平衡理论，当一个容器中有一个半透膜，膜的一边为胶体溶液，另一边为电解质溶液时，如果电解质的离子能够自由地透过此膜，而胶粒不能透过，则在达到平衡后，离子在膜的两边的分布将是不均等的。整个体系称作杜南体系。膜两边称作两个“相”，含胶体的一边称为“内相”，仅含自由溶液的一边称为“外相”。在这种情况下，胶粒不能透过此膜的原因是孔径较小的半透膜对粒径较大的胶粒存在机械阻力。后来发现，形成杜南体系并不一定需要半透膜的存在，只要设法使胶体相与自由溶液相分开即可。当黏土表面吸附的阳离子浓度高于介质中的浓度时，便会产生渗透压，从而使水分向黏土晶层间扩散，水的扩散程度受电解质的浓度差控制，这就是渗透水化膨胀的机理。早在1931年，这一理论就应用于钻井液，使用溶解性盐以降低钻井液和坍塌页岩中液体之间的渗透压，后来进一步发展了饱和盐水钻井液、氯化钙钻井液等。

（三）黏土水化作用的影响因素

①黏土晶体的部位不同对黏土水化作用的影响

黏土晶体所带的负电荷大部分集中在层面上，于是吸附的阳离子也多。黏土的表面水化膜主要是阳离子水化造成的。在黏土晶体的端面上带电量较少，故水化膜较薄。总之，黏土晶体表面的水化膜厚度是不均匀的，其层面上厚，端面上薄。

②不同阳离子对黏土水化作用的影响

黏土一般带负电，能将各种阳离子和一些吸附状态的水化阳离子吸附到黏土表面上，在黏土表面形成水化膜。所以，黏土吸附的阳离子不同，形成的水化膜的厚薄也不同。

③黏土矿物本身性质对水化膜的影响

黏土矿物的构造不同，水化作用的差别很大。由于晶格间靠分子引力联系，键能的强弱、晶格间距离的大小、取代位置和阳离子交换容量的不同使黏土水化膨胀程度不同。如钙蒙脱石水化后其晶层间距最大为 17×10^{-1}nm，钠蒙脱石水化后其晶层间距可达 $17\times10^{-1}\sim40\times10^{-1}$nm，所以为了提高膨润土的水化性能，一般都需将其预水化。使钙膨润土转变为钠膨润土。不同的交换性阳离子所引起水化程度不同的原因是：黏土单元晶层间存在着两种力，一种是层间阳离子水化产生的膨胀力和带负电荷的晶层之间的斥力；另一种是黏土单元晶层—层间阳离子—黏土单元晶层之间的静电引力。黏土膨胀分散程度取决于这两种力的比例关系。如果黏土单元晶层—层间阳离子—黏土单元晶层之间的静电引力大于晶层间的斥力，黏土就只能发生晶格膨胀（如钙土）；与此相反，如果晶层之间产生的斥力大到足以破坏黏土单元晶层—层间阳离子—黏土单元晶层之间的静电引力，黏土便发生渗透膨胀，形成扩散双电层，双电层斥力使单元晶层分离开，如钠土。因此，钠土是配制钻井液的理想材料。

四　黏土—水界面的双电层

（一）黏土—水界面双电层的特点

黏土颗粒遇水后，表面带负电，在它周围必然吸附正离子。黏土颗粒表面的负电荷

（负离子）称为定势离子。吸附在定势离子周围的阳离子（正离子）由于带电性相反，称为反离子。在黏土颗粒表面上的定势离子与反离子这两层离子电荷相反，带电量相等，故黏土颗粒在静止时是电中性的。

吸附在定势离子周围的反离子，一方面受黏土颗粒表面定势离子的吸引要靠近黏土表面，另一方面这些反离子本身又互相排斥。此外，还有其本身的热运动使它自身扩散，远离黏土表面。这两种力同时作用使反离子在黏土颗粒周围一定距离内呈打散分布状态。在任意瞬间，部分反离子以单离子层紧紧地吸附在黏土颗粒表面，随黏土颗粒一起运动，称为吸附层。其余部分反离子呈扩散状态分布，不随黏土颗粒一起运动，称为扩散层。吸附层和扩散层称为双电层。这样，黏土—水界面上就形成了扩散双电层。取黏土颗粒表面的一部分来看，黏土颗粒表面有多少个负电荷，那么在其周围必然吸附同样多的带正电荷的离子（也叫水化离子）。随着与黏土颗粒表面的距离增大，正电荷的分布也由多到少在外围扩散。因为反离子平衡了黏土颗粒的负总电荷，所以反离子电荷等于负离子的电荷，又等于吸附层电量和扩散层电量的总和，可以表示为：

$$E_{定}=E_{反}=E_{吸}+E_{扩}$$

式中 $E_{定}$——黏土颗粒表面定势离子的总电荷；

$E_{反}$——黏土颗粒表面吸附反离子的总电荷；

$E_{吸}$——吸附层电荷；

$E_{扩}$——扩散层电荷。

（二）黏土颗粒表面电动电势及其影响因素

在黏土颗粒处于静电场或剧烈运动的情况下，吸附层的反离子由于离黏土颗粒表面较近，与定势离子吸引力较强，故可随黏土颗粒一起运动；而扩散层的反离子由于离黏土颗粒表面较远，与定势离子的吸引力较弱，故不随黏土颗粒一起运动，容易被甩掉。吸附层和扩散层的交界面称为滑动面。这样，黏土颗粒就在运动中丢掉了扩散层的反离子而显示出一定的电势，这个电势就称为黏土颗粒表面的电动电势（或叫电动电位），用符号 ζ 表示，又可称为 ζ 电势（或 ζ 电位）。所谓 ζ 电势就是指从滑动面到溶液内部过剩负电荷为零处的电位差，可用下式表示：

$$\zeta=E_{扩}=E_{定}-E_{吸}=E_{反}-E_{吸}$$

一般来讲，黏土颗粒表面的定势离子的总电势是不变化的，所以 ζ 的大小取决于吸附层电量 $E_{吸}$ 的大小。$E_{吸}$ 越大，ζ 就越小。黏土颗粒的扩散双电层和电动电势受黏土水溶液中电解质的影响。溶液中提供的阳离子的浓度和类型变化时，会使扩散双电层和电动电势发生变化。因此，影响电动电势 ζ 的主要因素有：

1. 吸附反离子的价数

黏土颗粒表面吸附反离子的价数越高，吸附层正电荷越多，吸附层电量 $E_{吸}$ 增加，则 ζ 越小，双电层厚度减小。

2. 吸附反离子的水化半径

在同价离子中，离子半径越小，水化越好（H^+ 除外），水化离子的体积越大，吸附层内能容纳的离子数目相对越少，吸附层电量 $E_{吸}$减小，则 ζ 越大，双电层厚度增大。

3. 溶液中反离子的浓度

对于同价同种离子来说，溶液中反离子浓度越大，进入吸附层的反离子数目越多，吸附层电量 $E_{吸}$增大，则 ζ 越小，双电层厚度减小。这种现象称为黏土颗粒表面的挤压双电层现象。

由以上分析可以看出，黏土颗粒在不断地运动中甩掉了扩散层的反离子从而使表面带负电荷。因同种电荷相斥，黏土颗粒间产生静电斥力，当黏土颗粒靠近时相互排斥而不聚结，从而保持了钻井液的聚结稳定性。另外，带电量越大，即 ζ 越大，颗粒间斥力越大，钻井液的聚结稳定性就越高。

五 黏土在钻井液中的存在状态

黏土在钻井液中通常以分散、絮凝和聚结 3 种状态存在，不同的存在状态对钻井液性能的影响很大。

（一）分散状态

钻井液中的黏土颗粒带电量大，水化性好，吸附水化膜厚，黏土颗粒与颗粒之间的静电斥力和水化膜斥力大，致使它们不可能接近和相互连接，黏土呈高度分散状态，胶体含量高。这时，钻井液具有较高的黏度，而结构性不强，切力不大，滤饼薄而致密，失水量小。钻井液比较稳定，长时间静止也不会析出自由水而使水土分层。这种状态称为黏土的分散状态。

（二）絮凝状态

钻井液中的黏土颗粒带电量较弱，水化性也不太好，静电斥力和水化膜斥力都不甚强，黏土颗粒的边—边、棱角处水化也很差，这时黏土颗粒就可能以边 – 边和边 – 面相连接，容易形成空间网架结构，黏土颗粒呈絮凝状态。这时钻井液有较高的黏度和切力，滤饼比较厚而且松散，失水量较高，钻井液的稳定性变差，胶体含量减少，钻井液静止一段时间后呈冻胶状。

（三）聚结状态

钻井液中的黏土颗粒表面呈等电态，水化性非常差，除边 – 边、棱角处以外，几乎没有水化膜，层面上的水化膜也变得很薄，黏土颗粒之间的静电斥力和水化膜斥力变得极弱，造成黏土颗粒以面 – 面相结合而形成一层层的重叠的大颗粒。这时，钻井液的黏度和切力很低，滤饼非常疏松，失水量特别大，钻井液稳定性变坏，胶体含量降得很低，严重时胶体含量几乎等于零。于是黏土颗粒变粗变大而且很快沉淀，水土很快分层。这种现象称为聚结。

黏土在钻井液中的状态对钻井液性能的影响很大，从维护钻井液的稳定性来看，黏土颗粒呈分散状态时较好，但其抗污染等能力较差；絮凝状态虽要形成空间网架结构，但若适度絮凝，就是一种较好的钻井液类型。

六 黏土的造浆率

根据上述分析知道，要使钻井液稳定性好，就需要黏土呈分散状态，胶体颗粒含量高。由于黏土种类不同，其分散性也不同。为了获得具有良好稳定性的钻井液，最好选用含砂量小、造浆性能好、容易接受处理剂处理以及蒙脱石含量高的黏土，即所谓膨润土或优质土。黏土分散性的好坏通常以造浆能力来衡量，造浆能力的大小又以造浆率为标准来判断。

（一）黏土造浆率的概念

黏土的造浆率是指 1t 干黏土能配制表观黏度为 15mPa·s 钻井液的体积（m^3）。造浆率越高，黏土的水化分散性越好。因此，黏土的造浆率大小也就是黏土分散为胶体的能力大小，钻井液中胶体的含量越高，稳定性也越好。

实验资料表明，1t 优质膨润土可配制表观黏度为 15mPa·s 的土浆 15m^3 左右，选用优质膨润土配制钻井液，对提高钻井速度、保持钻井液的良好稳定性起着十分重要的作用。

（二）黏土造浆率的影响因素

黏土造浆率的大小主要受黏土的带电性质、吸附阳离子的类型、水化性、分散性等因素的影响。

1. 盐对黏土造浆率的影响

钠土带电性强、水化性好、水化膜厚，故造浆率高；钙土水化性差，水化膜薄，故造浆率低。因此，为了提高黏土的造浆率，在配制黏土浆时加入适量纯碱，其目的是除去钙离子增加钠离子，将少数造浆不好的钙质土转变为造浆性好的钠质土，从而提高黏土的造浆能力。若在黏土浆中加入适量氯化钙，则黏土造浆能力显著下降，可见不同盐类对黏土造浆率的影响不同。

同种黏土和同浓度的食盐溶液中膨润土的加入方式不同，则膨润土浆黏度也不同，把定量的干膨润土直接加入盐溶液中，所得土浆的黏度先随含盐量的增加而降低，降到一定程度后，黏度随含盐量的增加而升高但并不显著，若先把等量黏土加水和化学分散剂使之充分水化，然后在这个细分散体系中加入盐，由于盐的去水化作用而使黏度下降，但最后总要保持一定的黏度值。因此，为了充分发挥膨润土的作用，使土浆保持分散状态，在配制钻井液时应尽量采用膨润土预水化加盐的方法。

2. pH 对黏土造浆率的影响

pH 对于黏土造浆率的影响很大。pH 大于 9 以后，膨润土浆的黏度随 pH 的增加而快速上升。这是因为 OH^- 浓度比较大，增加了膨润土表面的负电荷，并使钠质土的含量增大，水化性、分散性增强，胶体含量增加，故使黏度上升。pH 越大，这种现象越明显。因此，pH 增大，黏土分散性增强，造浆率提高，这就是细分散钻井液的 pH 大都控制在 9 以上的原因之一。

七 钻井液的稳定性

钻井液是复杂的胶体体系，用各种方法调整钻井液性能，如加入各种处理剂，其目的就是调整胶体的稳定性。

（一）沉降稳定性

1. 概念

沉降稳定性（或动力稳定性）是指在重力作用下，分散相颗粒是否容易下沉的性质。一般用分散相下沉速度的快慢来衡量沉降稳定性的好坏。例如，在一个玻璃容器中注满钻井液，静止 24h 后，分别测定上部与下部的钻井液密度。其差值愈小，则沉降稳定性愈强，这说明粒子沉降速度很慢。

2. 影响因素

（1）重力的影响

在黏土—水分散体系中，较大较粗的颗粒易下沉，且下沉速度快；而较小较细的颗粒不易下沉，即使下沉，其速度也较慢。颗粒分散越小越细，则沉降稳定性越好。因此，胶体颗粒本身所受重力的大小是沉降稳定性的决定性因素，所以需首先分析重力的影响。若把颗粒看作球形，设其半径为 r，同时令分散相密度为 ρ，分散介质密度为 ρ_0，则分散相颗粒受重力作用所产生的沉降力为：

$$F_{沉}=4/3\pi r^3(\rho-\rho_0)g \quad (1\text{–}6\text{–}1)$$

由式（1–6–1）可见，分散相颗粒在胶态体系中所受的沉降力主要取决于颗粒半径 r 的大小，其次是分散相与分散介质的密度之差 $(\rho-\rho_0)$，分散度越高，密度差越小，颗粒所受沉降力越小，则颗粒越不易下沉，沉降稳定性越好。

（2）布朗运动的影响

布朗运动是指胶体粒子在各个方向上进行的频繁而无序的运动。它是分散体系中分散介质分子和分散相粒子处于热运动状态，并且分散相粒子又受到周围介质不断地撞击而引起的。布朗运动是影响胶体体系沉降稳定性的主要因素。由于布朗运动的存在，胶粒不会停留在某一固定位置上，故胶粒不因重力而沉降。布朗运动越剧烈，沉降稳定性越好。

（3）分散介质黏度的影响

胶粒受重力作用下沉，其沉降速度可由下式求出：

$$u=\frac{2r^2(\rho-\rho_0)g}{9\eta} \tag{1-6-2}$$

式中 u——沉降速度；

r——胶粒的半径；

η——分散介质的黏度；

$\rho-\rho_0$——胶粒和分散介质的密度差；

g——常数。

由式（1–6–2）可知，在其他条件相同时，颗粒的沉降速度与介质的黏度成反比。因此，提高介质黏度也是提高沉降稳定性的重要手段。这也是钻井液要求有一定黏度的一个重要原因。

（4）钻井液切力的悬浮作用

钻井液具有一定强度的网状结构，这种结构对下沉粒子的阻碍作用称为切力悬浮作用。由于这种悬浮作用能悬浮比胶体颗粒大得多的分散相颗粒，因此一般不作为胶体稳定性的内容进行讨论。

（二）聚结稳定性

1. 概念

聚结稳定性是指分散相颗粒是否容易自动聚结变大的性质。若分散相颗粒容易合并变大，则聚结稳定性就差，沉降稳定性也不好。因此聚结稳定性对钻井液来说具有重要意义，是钻井液能否稳定的主要因素。钻井液中的黏土颗粒是分散还是聚结，主要与其受力状况有关。若颗粒聚结，则黏土颗粒间的吸引力占主导地位；若颗粒分散，则黏土颗粒间的排斥力占主导地位。

2. 阻止黏土颗粒聚结的因素

①双电层斥力：由于黏土颗粒周围有扩散双电层，黏土颗粒在运动中因丢失扩散层的反离子而显示出一定的电动电势，电动电势越高，颗粒间的静电斥力越大，黏土颗粒就越难聚结。

②水化膜阻力：黏土颗粒在水中带负电，必然吸附水化正离子和极性水分子定向排列于黏土颗粒表面，形成黏土颗粒周围的吸附水化膜，并且双电层越厚水化膜越厚，颗粒间越不容易聚结。

③引起黏土颗粒聚结的因素。

a. 黏土颗粒的分子间引力（范德华力）：无论是黏土－水溶胶，还是其他胶体，它们引起的颗粒都会自动聚结合并。这一事实说明颗粒间存在着数量上足以和双电层斥力相抗衡的吸力，这个吸力就是范德华力。由理论推知，在作用力的范围内，颗粒之间的吸力比单个分子之间的吸力强得多，并且颗粒越大，相互间的距离越近，吸力越大。所以，当黏土颗粒相互靠近到吸力作用范围内且吸力大于斥力时，黏土颗粒就会发生聚结（或叫絮凝）。

b. 电解质的聚结作用：当电解质中加入钻井液后，电离出的阳离子进入吸附层，使 ζ 电势降低，当 ζ 电势降低到一定程度时，其静电斥力和吸附溶剂化层的阻力减小到不足以阻止胶粒聚结时，钻井液就会发生明显聚结。聚结作用常以分散相颗粒的沉淀告终。

电解质的聚结作用主要包括吸附作用、离子交换吸附作用、压缩双电层作用。钻井液开始明显聚结时所加电解质的最低量浓度称为聚结值。一般以“10^{-3}mol/L”为单位。电解质的聚结值越小，其聚结能力越强；反之，则越弱。引起钻井液聚结的电解质不仅与聚结值有关，还与加入浓度、离子价数、离子大小有关。

①电解质的浓度。钻井液中加入同种电解质的浓度越大，进入吸附层的反离子越多，ζ 电位越小，越易发生聚结。

②电解质的离子价数。钻井液中加入的电解质，其离子的价数越高，与黏土表面定势离子的吸引力越强，吸附层电势 $E_{吸}$ 越大，ζ 电位越小，越易发生聚结。实验证明，一价、二价、三价离子对同种钻井液的聚结值之比为（25 ~ 100）:（0.2 ~ 2）:（0.01 ~ 0.1），即价数升高一价，聚结能力可增加若干倍。

③电解质离子的半径（大小）。在离子浓度相同、价数相同的条件下，电解质离子半径越大，对极性分子吸引力越小，水化膜越薄，越易进入吸附层内。吸附层内离子数相对较多，水化膜变薄，从而降低了 ζ 电势和水化膜斥力，颗粒易发生聚结。

常见一价阳离子的聚结能力顺序见表 1–6–4。

表 1-6-4　常见一价阳离子聚结能力顺序

离子符号	Li^+	Na^+	K^+	Rb^+	Ca^{2+}
聚结能力顺序	从左向右，依次增强				
离子半径 / Å(10^{-10} m)	0.78	0.98	1.33	1.49	1.65
离子当量水化数	120	66	17	14	13

常见二价阳离子的聚结能力顺序为：

$Mg^{2+} < Ca^{2+} < Sr^{2+} < Ba^{2+}$

常见三价阳离子的聚结能力顺序为：

$Al^{3+} < Fe^{3+}$

由此可以看出，钻井液中加入的电解质浓度越大，离子价数越高，离子半径越大，对钻井液的聚结作用越明显，越剧烈。

八 黏土颗粒的连接方式及对钻井的影响

（一）黏土颗粒的连接方式

加入电解质后，反离子浓度随之增大，反离子扩散进入吸附溶剂化层的机会增加，胶粒电荷减少，扩散双电层变薄，ζ电势降低，这就是电解质压缩双电层的作用。电解质压缩双电层影响黏土颗粒的连接方式有 3 种。

①边—边相连接

当电解质加入一定程度时，黏土电动电势下降，黏土颗粒边角的水化变差，水化膜变薄，黏土层面影响不严重，此时颗粒接近到一定距离就以边—边连接起来。几个或许多个黏土颗粒以边—边相连接，形成网架结构，使钻井液呈半絮凝半分散状态。

②边—面相连接

若继续加入电解质，反离子扩散进入吸附层的数目增多，电动电势ζ降低，黏土层面和边角的水化程度更差，水化膜更薄，黏土颗粒就可能以边—面相连接形成网架结构。不过这种连接形成的网架结构比边—边相连接形成的网架结构更紧密、更牢固。这时钻井液处于絮凝状态。

絮凝作用是黏土颗粒边—边或边—面相连接，形成网状结构，使黏度增加。无论是降低颗粒间斥力，还是减薄水化膜，还是加入 +2 价阳离子或升温，都会促进絮凝作用。钻井液中加入的某些处理剂，因其在黏土表面优先吸附，使黏土颗粒不再形成边—边或边—面连接，具有解絮凝作用，这些处理剂就是我们常说的降黏剂。

③面—面相连接

若再增加电解质浓度，反离子全部压入吸附层内，黏土颗粒在运动中不再带电，电动电势等于零，此时称为等电态。这时黏土失去电性质，水化性很差，水化膜极薄，黏土颗粒间吸引力占优势，它们将以面—面相连接，形成层状大颗粒。于是钻井液聚结稳定性破坏，呈聚结状态。

聚结作用是黏土颗粒面—面相连接，形成较厚的“层”或“束”，从而减少了黏土颗粒的数目，使黏度下降。

分散作用是聚结作用的逆过程，可形成较多的颗粒数目和较高的黏度。黏土通常是在水化之前聚结，水化时发生分散，分散程度取决于水化电解质的种类、含量、时间、温度、黏土的交换性、阳离子的种类和黏土的浓度等。

当然这 3 种形式不是截然分开的，有时 3 种形式同时存在。

（二）黏土颗粒大小对钻井液性能的影响

黏土颗粒大小对钻井液性能的影响主要取决于颗粒面积的大小。表面积大，吸附的水就多，尤其是当大颗粒分散成小颗粒后，体积虽然没有改变，但表面积增加了，就会使吸附的水增多，钻井液性能变坏，不利于钻进。例如，一粒直径 100μm 的钻屑被携带到地面后，未被清除而留在钻井液中，经过多次循环和钻头多次切削，就会变成12.5万个直径为2μm的小颗粒，不但增加了清除困难，还使表面积增加了50倍。这就需要用50倍的水来覆盖其表面，这会使钻井液的塑性黏度、屈服值、静切力大大提高，流动性变差，直接影响钻进速度。因此，在钻进时，第一次循环就必须采取有效措施，将井底返到地面的钻屑尽可能多地清除掉，以提高机械钻速，减少对油气层的损害。

第七节　钻井液功用与类型

本节介绍了钻井液的基本功用与种类，让读者对钻井液的作用及分类方法具有一定的认识。

一　钻井液的功用

钻井液是指钻井过程中以其携带和悬浮钻屑、稳定井壁和平衡地层压力、冷却和润滑钻头与钻具以及传递水动力等多种功能满足钻井需要的各种循环流体的总称。钻井液又称作钻井泥浆，或简称为泥浆。

钻井液工艺技术是油气钻井工程的重要组成部分。随着钻井难度的逐渐增大，该项技术在确保安全、优质、快速钻井中起着越来越重要的作用。钻井液最基本的功用有以下几点：

①携带和悬浮岩屑。

②稳定井壁和平衡地层压力。

③冷却和润滑钻头、钻具。

④传递水动力。

⑤保护油气层。

⑥形成一层薄的泥饼从而封住所钻开地层的孔隙和裂缝。

⑦帮助收集与解释从钻屑、岩芯与测井所得到的信息。

但是，钻井实践表明，作为一种优质的钻井液，仅做到以上几点是不够的。为了防止和尽可能减少对油气层的损害，现代钻井技术还要求钻井液必须具备以下几点：

①钻井液对人和环境无损害。

②对所钻井眼，不需要特别和昂贵的完井方法。

③不能干扰生产井的正常生产。

④不能腐蚀钻井设备。

一般情况下，钻井液成本只占钻井总成本的7%～15%，然而先进的钻井液技术往往可以成倍地节约钻时，从而大幅度地降低钻井成本，带来十分可观的经济效益。

二 钻井液的类型

随着钻井液工艺技术的不断发展，钻井液的种类越来越多。目前，国内外对钻井液有各种不同的分类方法。较简单的分类方法主要有以下几种：按其密度大小可分为非加重钻井液和加重钻井液；按与黏土水化作用的强弱可分为非抑制性钻井液和抑制性钻井液；按其固相含量的不同，将固相含量较低的叫作低固相钻井液，基本不含固相的叫作无固相钻井液。事实上，一般所说的分类方法是指按钻井液中流体介质和体系的组成特点来进行分类的方法。根据流体介质的不同，总体上分为水基钻井液、油基钻井液和气体型钻井流体等三种类型。

（一）水基钻井液

由于水基钻井液在实际应用中一直占据着主导地位，根据体系在组成上的不同又将其分为若干种类型。下面是在参考国外钻井液分类标准的基础上，在国内得到认可的各种钻井液类型。

1. 分散钻井液

分散钻井液是指用淡水、膨润土和各种对黏土与钻屑起分散作用的处理剂（简称为分散剂）配制而成的水基钻井液。它是一类使用历史较长、配制方法较简单、配制成本较低的常用钻井液。其主要特点是：

①可容纳较多的固相，较适于配制高密度钻井液。

②容易在井壁上形成较致密的泥饼，故其滤失量一般较低。

③某些分散钻井液，如以磺化栲胶、磺化褐煤和磺化酚醛树脂作为主处理剂的三磺钻井液具有较强的抗温能力，适于在深井和超深井中使用。

2. 钙处理钻井液

水化作用很强的钠膨润土发生离子交换，使一部分钠膨润土转变为钙膨润土，从而减弱水化的程度。分散剂的作用是防止 Ca^{2+} 引起体系中的黏土颗粒絮凝过度，使其保持在适度絮凝的状态，以保证钻井液具有良好、稳定的性能。这类钻井液的特点是：抗盐、钙污染的能力较强，对所钻地层中的黏土有抑制其水化分散的作用，因此可在一定程度上控制页岩坍塌和井径扩大，同时能减轻对油气层的损害程度。

3. 盐水钻井液

盐水钻井液是用盐水（或海水）配制而成的。在含盐量从 1%（Cl^- 质量浓度为 6000mg/L）至饱和（Cl^- 质量浓度为 189000mg/L）的整个范围内都属于这种类型。盐水钻井液也是一类对黏土水化有较强抑制作用的钻井液。

4. 饱和盐水钻井液

常温下氯化钠含量达到饱和的水基钻井液。它可以用饱和盐水配成，亦可先配成钻井液再加盐至饱和。

5. 聚合物钻井液

聚合物钻井液是以某些具有絮凝和包被作用的高分子聚合物作为主处理剂的水基钻井液。由于这些聚合物的存在，体系所包含的各种固相颗粒可保持在较粗的粒度范围内，与此同时，所钻出的岩屑也因及时受到包被保护而不易分散成微细颗粒。其优点主要表现在以下几个方面：

①钻井液密度和固相含量低，因而钻进速度可明显提高，对油气层的损害程度也较小。

②钻井液剪切稀释性强。在一定泵排量下，环空流体的黏度、切力较高，因此具有较强的携带岩屑的能力；而在钻头喷嘴处的高剪切速率下，流体的流动阻力较小，有利于提高钻速。

③聚合物处理剂具有较强的包被和抑制分散的作用，有利于保持井壁稳定。因此，自20世纪70年代以来，该类钻井液一直在国内外得到十分广泛的应用，并且其工艺技术不断得到完善和发展。

6. 钾基聚合物钻井液

钾基聚合物钻井液是一类以各种聚合物的钾（或铵、钙）盐和KCl为主处理剂的防塌钻井液。在各种常见无机盐中，以KCl抑制黏土水化分散的效果最好，而聚合物处理剂的存在使该类钻井液具有聚合物钻井液的各种优良特性。因此，在钻遇泥页岩地层时，使用它可以取得比较理想的防塌效果。

（二）油基钻井液

油基钻井液是以油为连续相，水为分散相形成稳定油包水乳液，再加上降滤失剂、有机土、乳化剂、润湿剂、封堵剂和加重剂等材料形成的钻井液，通常油相为柴油和矿物油，近期又出现了合成基钻井液。

1. 常规油基钻井液

以油（通常使用柴油或矿物油）作为连续相的钻井液称作油基钻井液。目前含水量在5%以下的普通油基钻井液已较少使用，而主要使用油水比在（50~80）:（20~50）范围内的油包水乳化钻井液。与水基钻井液相比，油基钻井液的主要特点是能抗高温，有很强的抑制性、抗盐、抗钙污染的能力，润滑性好，并可有效地减轻对油气层的损害等。

2. 合成基钻井液

合成基钻井液是以合成的有机化合物作为连续相，盐水作为分散相，并含有乳化剂、降滤失剂、流型改进剂的一类新型钻井液。由于使用无毒并且能够生物降解的非水溶性有机物取代了油基钻井液中通常使用的柴油，因此这类钻井液既保持了油基钻井液的各种优良特性，又能大大减轻或者避免类似于油基钻井液对环境造成的不良影响，尤其适用于海上钻井。

（三）气体型钻井流体

气体型钻井流体主要适用于钻低压油气层、易漏失地层以及某些稠油油层。其特点是密度低，钻速快，可有效保护油气层，并能有效防止井漏等复杂情况的发生。通常又将气体型钻井流体分为以下 4 种类型：

1. 空气钻井流体

即钻井中使用干燥的空气作为循环流体。

2. 雾状钻井流体

即少量液体分散在空气中所形成的雾状流体。它是空气钻井流体与泡沫钻井流体之间的一种过渡形式。

3. 泡沫钻井流体

钻井中使用的泡沫是一种将气体（一般为空气）分散在液体中，并添加适量发泡剂和稳定剂而形成的分散体系。

4. 充气钻井液

有时为了降低钻井液密度，将气体（一般为空气）均匀地分散在钻井液中，便形成充气钻井液。显然，混入的气体越多，钻井液密度越低。

思考题

1. 在无机化学中，对酸、碱、盐的定义分别是什么？
2. 主要的黏土矿物的组成有哪些，主要的黏土矿物有哪几种？
3. 黏土矿物的基本构造单元是什么？
4. 简述黏土的水化机理。
5. 影响黏土造浆率的因素有哪些？
6. 影响钻井液沉降稳定性的因素有哪些？
7. 钻井液的主要功能是什么？
8. 钻井液按照主要成分可分为哪些类型？
9. 聚合物钻井液的优点是什么？
10. 油基钻井液的定义是什么？
11. 气体型钻井流体可细分为哪些类型？

第二章

钻井液性能

PART 2

目前的油气资源勘探已经从赋存良好的地层走向了更加复杂的深部地层，随着深井超深井、水平大位移井技术的不断提高，不可避免对钻井液的性能提出了更高的要求，钻井液性能的优劣以及配伍性的好坏都是影响钻井质量的重要因素。以下将重点介绍钻井液需要关注的性能、维护及调整方法和检测方法。

第一节　钻井液常规性能

钻井液的常规性能主要是指密度、黏度及切力、滤失量、润滑性、固相含量、含砂量、pH 值及碱度、破乳电压等，这些性能检测方法简单、可在现场随时检测的性能。

一　密度

钻井液的密度是指一定体积的钻井液质量与其体积的比值。密度一般用符号“ρ”表示，常用单位是 g/cm^3。公式表达为：

$$钻井液密度(\rho)=\frac{钻井液质量(m)}{钻井液体积(V)} \tag{2-1-1}$$

钻井液密度是由地层孔隙压力、坍塌压力、破裂压力等来决定的。

钻井液密度对钻井的影响，总的来说有以下四点：一是平衡地层压力。钻井液液柱压力可以平衡地层及油、气、水层压力，防止井喷，同时也防止地层中的高压油、气、水侵入钻井液而破坏钻井液性能。二是平衡坍塌压力。钻井液液柱压力可以平衡地层应力支撑井壁，保护和巩固井壁。三是对钻速的影响。钻井液密度大，产生的液柱压力就大，钻具在井中转动的摩擦阻力就大，从而增加了动力消耗，加重了钻头研磨新地层的负担，致使钻速降低。四是保护油气层。密度过大易压漏地层，破坏油层渗透率，或把油、气层压死，增加了发现油气藏的困难。

二　黏度及切力

钻井液黏度及切力是钻井液在流变性能方面的指标，表示钻井液在流动和静止状态下的特征，具体内容见本章第二节。

三 滤失量

在压差作用下，钻井液中的自由水向井壁岩石的裂隙或孔隙中渗透，称为钻井液的滤失作用。滤失的多少叫作滤失量，即钻井液滤液进入地层的多少。

四 润滑性

钻井液的润滑性能通常包括滤饼的润滑性能和钻井液自身的润滑性能两方面。钻井液的极压润滑系数和滤饼的摩阻系数是评价钻井液润滑性能的两个主要技术指标。

润滑性是钻井液的重要性能之一。特别是钻超深井、大斜度井、水平井、大位移井和丛式井时，钻柱的旋转阻力和提拉阻力会大幅度提高。由于影响钻井扭矩和阻力以及钻具磨损的主要可调节因素是钻井液的润滑性能，因此润滑性对减少卡钻等井下复杂情况，保证安全、优质、快速钻进起着至关重要的作用。

五 固相含量

钻井液的固相含量是指钻井液中除液体以外的全部固体占钻井液总体积的百分数，用“%”表示，包含有用固相和无用固相。

六 含砂量

钻井液含砂量是指钻井液中不能通过 200 目筛网的沙粒，也可说成直径大于 0.074mm 的沙粒占钻井液总体积的百分数，用符号“*N*”表示，无单位。

含砂量高时，钻井液密度升高，钻速降低，滤饼质量变差，滤失变大，滤饼摩擦系数变大，影响固井质量，电测遇阻，地质资料不准，对设备的磨损严重。所以，钻井要求钻井液含砂量越小越好，一般控制在 0.5% 以下。降低含砂量方法：

①机械除沙。利用振动筛、除砂器、除泥器、离心机等设备除沙。

②化学除沙。通过加入化学絮凝剂，将细小沙粒由小变大，再配合机械设备除之。

七 pH 值及碱度

1. 概念

钻井液的酸碱值代表钻井液含酸、碱的程度。即钻井液中的氢离子（H^+）或氢氧根离子（OH^-）的浓度，用字母“pH”表示。

溶液的酸度指溶液中 H^+ 浓度，碱度指溶液中 OH^- 浓度。浓度符号可以用“$[H^+]$”表示，单位是 mol/L。在实际工作中 H^+ 浓度较小，如 10^{-6}mol/L，这样表示不便。因此用 $[H^+]$

（表示氢离子浓度）的负对数来表示，该负对数就叫 pH 值。pH 值和 $[H^+]$ 的关系如下：

$$pH=-\lg[H^+] \qquad (2-1-2)$$

同理：$pOH=-\lg[OH^-]$

例如：$[H^+]=10^{-8}$，$pH=-\lg[H^+]=-\lg10^{-8}=8$，此时，pOH=6（因 pH+pOH=14）。以上所述指在常温下（25℃左右）。钻井液的 pH=7 时，呈中性；7 < pH ≤ 14 时，呈碱性；0 ≤ pH < 7 时，呈酸性。

2. 钻井液碱度

由于使钻井液维持碱性的无机离子除了 OH^- 外，还可能有 HCO_3^-、CO_3^{2-} 等离子，而 pH 值并不能完全反映钻井液中这些离子的种类和质量浓度。因此在实际应用中，除使用 pH 值外，还常使用碱度来表示钻井液的酸碱性。引入碱度参数主要有两点好处：一是由碱度测定值可以较方便地确定钻井液滤液中 OH^-、HCO_3^- 和 CO_3^{2-} 三种离子的含量，从而可判断钻井液碱性的来源；二是可以确定钻井液体系中悬浮石灰的量(储备碱度)。

碱度是指溶液或悬浮体对酸的中和能力。为了建立统一标准，API 选用酚酞和甲基橙两种指示剂来评价钻井液及其滤液碱性的强弱。酚酞的变色点为 pH=8.3，在进行滴定的过程中，当 pH 值降至该值时，酚酞即由红色变为无色。因此，能够使 pH 值降至 8.3 所需的酸量称作酚酞碱度。钻井液及其滤液的酚酞碱度分别用 P_m 和 P_f 表示。甲基橙的变色点为 pH=4.3。当 pH 值降至该值时，甲基橙由黄色转变为橙红色。能使 pH 值降至 4.3 所需的酸量称作甲基橙碱度。钻井液及其滤液的甲基橙碱度分别用 M_m 和 M_f 表示。

3. 基本要求

①一般钻井液 pH 值控制在 8.5 ~ 9.5，P_f 为 1.3 ~ 1.5mL。

②饱和盐水钻井液 P_f > 1mL，海水钻井液 P_f 为 1.3 ~ 1.5mL。

③深井钻井液应严格控制 CO_3^{2-} 含量，一般应控制 M_f/P_f 小于 3，至少应小于 5。

④不分散型：pH=7.5 ~ 8.5。

⑤分散型：pH < 10。

⑥钙处理钻井液 pH > 11。为防止 CO_2 腐蚀，pH 值应控制在 9.5 以上。

4. pH 值对钻井工艺的影响

① pH 值过高，OH^- 在黏土表面吸附，会促进泥页岩的水化膨胀和分散，对巩固井壁、防止缩径和坍塌都不利，往往会引起井下复杂情况的发生。另外，高 pH 值的钻井液具有强腐蚀性，缩短了钻具及设备的使用寿命。

②分析 pH 值的变化，可以预测井下情况。如盐水侵、石膏侵、水泥侵等都会引起 pH 值的变化。

5. pH 值的控制方法

提高 pH 值的方法是加入烧碱（NaOH）、纯碱（Na_2CO_3）、熟石灰 $[Ca(OH)_2]$ 等碱性物质。如果是石膏侵、盐水侵造成的 pH 值降低，可加高碱比的煤碱液、单宁碱液等进行处理，既提高了 pH 值又能降黏切、降滤失，使钻井液性能变好。若需降低 pH 值，现场一般不采用加无机强酸，而是采用加弱酸性的单宁粉或栲胶粉。

八 破乳电压

在油包水乳化钻井液中，油作为连续相是不导电的。因此，将电极插入并施以较低电压时，不会产生电流。但逐渐加大电压直至乳状液破乳时，电流计便会显示有电流产生。使乳状液破乳所需的最低电压称为破乳电压。目前，衡量乳状液稳定性的定量指标是破乳电压，测量乳状液破乳电压的试验称为电稳定性试验。

第二节 钻井液流变性

钻井液流变性指钻井液流动和变形的特性。其流变性直接影响钻速、泵压、携岩、固井，关系到钻井速度和成本。所以，控制钻井液流变性具有重要的意义。

一 液体流动的基本概念和基本流型

（一）液体流动的基本概念

1. 速度梯度和剪切应力

液体流动时各质点的速度不同，如图 2-2-1 所示。把流动的液体分为若干层，在垂直于流速方向上令某一液层间距为 dx，液层流速增量为 dv，则 dv/dx 也表示垂直于流速方向上单位距离内的流速增量，称为流速梯度（或剪切速率），简称速梯。速梯大，表示液流中流速变化大，反之表示流速变化小。

速度梯度用符号 γ 表示，在 SI 单位制中，流速的单位为 m/s，距离的单位为 m，速度梯度的单位为 s^{-1}。

既然液流中各层的流速不同，也就是说层间有相对运动，则不同的液层之间发生内摩擦，也即两液层产生相互剪切作用，出现成对的内摩擦力（剪切力），阻碍了各液层的相对运动（或称剪切变形）。

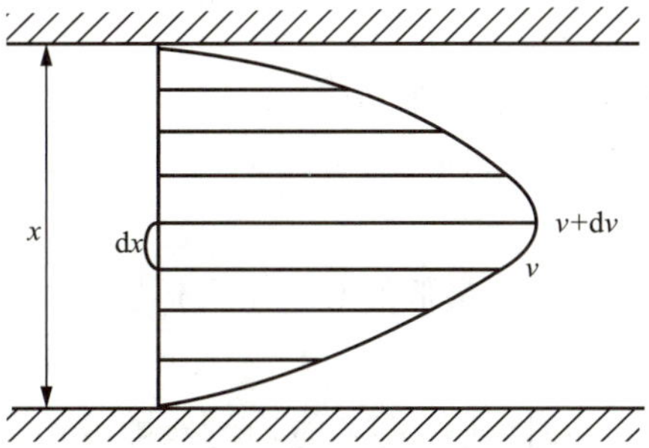

图 2-2-1 槽内水面流速分布

牛顿内摩擦定律：液体流动时，液层间产生的内摩擦力 F 的大小与液体的性质及温度有关，并与速梯 γ 和两液层的接触面积 S 有关。即：

$$F = \pm\eta S\gamma \tag{2-2-1}$$

式中，η 是与液体的性质和温度有关的比例系数，称黏滞系数或动力黏度，简称黏度，是度量液体黏滞性大小的物理量。正负号是使 F 永远为正值。

令 $\tau=F/S$，即作用在液层单位面积上的剪切应力，称剪切应力，则：

$$\tau = \frac{F}{S} = \pm\eta\gamma \tag{2-2-2}$$

在 SI 单位制中，τ 的单位是帕（Pa），γ 的单位是 s^{-1}，η 的单位是 Pa·s。可见，η 的意义是产生单位剪切速率所需要的剪切应力。

2. 流变曲线

液体的流变特性可用流变曲线表示。流变曲线是表示速度梯度和剪切应力关系的曲线。由实验求出一系列速度梯度和剪切应力的数据，就可在直角坐标系中作出速梯变化的曲线，或剪切应力随速度梯度变化的曲线。这两种形式实质上是一样的，只是两坐标互换而已。

（二）基本流型

液体是指随盛放容器的形状而改变其自身形状的物质。常把液态流体分为牛顿流体和非牛顿流体。凡是流变性符合牛顿内摩擦定律的流体都称为牛顿流体；流变性不符合牛顿内摩擦定律的流体统称为非牛顿流体。四种基本流型如图 2-2-2 所示。

1. 牛顿流型

水、酒精等大多数纯液体、低黏度油类及低分子化合物溶液等，都属于牛顿流型。其特点是：

①流变曲线是通过原点的直线。

②加很小的力就能发生流动，且速度梯度与剪切应力成正比。

③黏度不随剪切应力或速度梯度变化，是一个常量。该黏度叫绝对黏度。

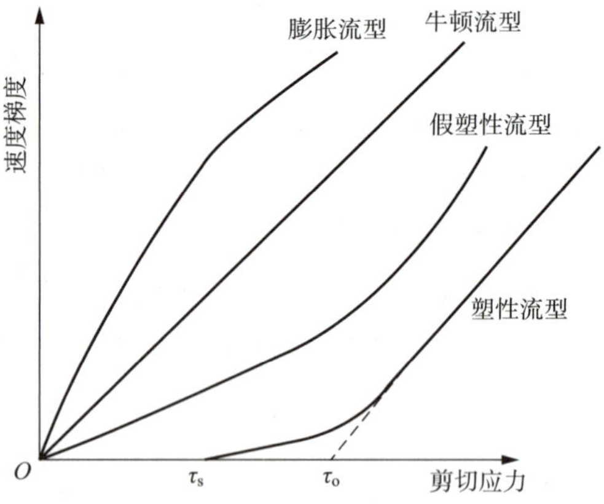

图 2-2-2　流体四种基本流型

2. 塑性流型

一般钻井液都属于这种流型。它和牛顿流型不同，其特点是：

①流变曲线不通过原点。

②施加的剪切应力必须超过某一最低值 τ_s，然后才能流动。这个开始流动的剪切应力 τ_s 称为静剪切应力，又叫凝胶强度。

③当剪切应力 $\tau > \tau_s$ 时，塑性流体还不能均匀地被剪切，黏度随剪切应力的增大而降低。

④继续增加剪切应力，黏度不再随剪切应力变化而变化，此时流变曲线成为直线。这个不随剪切应力变化而变化的黏度，称为塑性黏度。

⑤延长这段直线不通过原点，而是与剪切应力轴相交于 τ_0，τ_0 称为动切力，或称屈服值。

3. 假塑性流型

高分子化合物溶液、乳状液及某些钻井液都属于这种流型。其特点是：

①流变曲线通过原点并凸向剪切应力轴。

②施加极小的剪切应力就可流动，没有静剪切应力。

③它的黏度随剪切应力的增大而降低。

4. 膨胀流型

面团等属于膨胀流型。其特点是：

①流变曲线是通过原点并凹向剪切应力轴的曲线。

②没有静剪切应力。

③它的黏度随剪切应力的增大而增大，静置时又恢复原状。

（三）钻井液流动特点

钻井液是具有结构性的流体，一般属于塑性流体，其流动性不同于牛顿流体。随剪切应力的增加，塑性流体流动可经过静止、塞流（或叫柱流）、不完全层流（也称准层流或平板型层流）、层流（或称线性流）、紊流等五种流态，如图 2–2–3 所示。

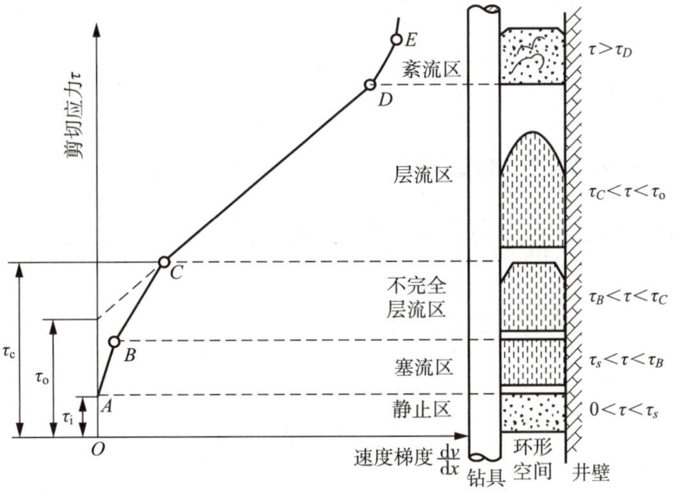

图 2–2–3　塑性流体的五种流态

1. 静止

如图 2–2–3 中 *OA* 段，这时 $0 < \tau < \tau_s$。虽然对钻井液施加一定的剪切应力，但因此力较小，钻井液形成的结构未被破坏，所以钻井液仍然静止不动。τ_s 称为钻井液极限静剪切应力，它是钻井液静止状态下结构力大小的量度。

2. 塞流

如图 2-2-3 中 *AB* 段，$\tau_s < \tau < \tau_B$。当剪切应力值大于极限静剪切应力 τ_s 时，钻井液内部结构开始破坏，钻井液开始流动。钻井液在此流态下各质点不仅流动方向相同，而且速度一样，皆等于 v_0，只是在靠近管壁处，速度由 0 增加到 v_0。整个液体类似于一个固体塞子在管内滑动（像挤牙膏一样），所以这种流型称为塞流。

3. 不完全层流

如图 2-2-3 中 *BC* 段，$\tau_B < \tau < \tau_c$。随剪切应力增加，塞流区的半径减小，层流区扩大。中间的塞流区（或称流核）各质点流动速度一样，皆等于 v_1；而在层流区，速度由管壁处的 0 增加到临近流核处的 v_1。这种流态称为不完全层流或准层流。

4. 层流

如图 2-2-3 中的 *CD* 段，钻井液完全进入层流状态。管壁处流速为 0，从管壁至管中心线处各液层流速逐渐增加，在管中心线处流速达到最大，就像不同速度的同心圆筒流动一样，如图 2-2-4 所示。这种流态称为层流。在层流状态下，随剪切应力增加，中心线处的最大流速升高，速度梯度增加，流型剖面的抛物线形状变得更尖更脆。

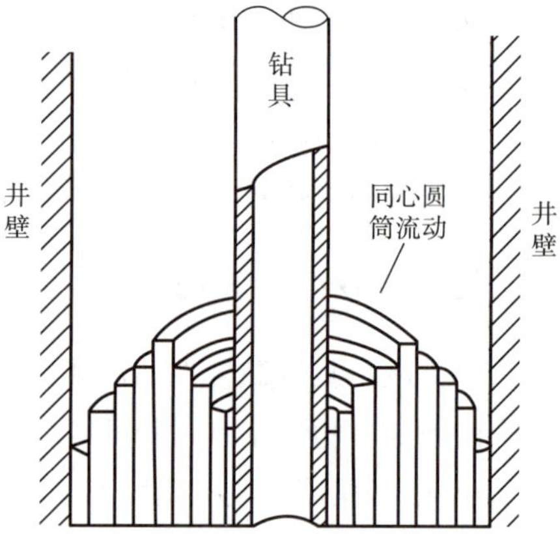

图 2-2-4　层流时钻井液在环空中的流速剖面示意图

5. 紊流

如图 2-2-3 中 *D* 点以后段，$\tau_D < \tau$ 这时各质点开始做无规则运动，方向各不相同，出现浪涡和花纹，但流动剖面最前边的端线呈扁平状，流速相当高。这种流动状态称为紊流。

（四）有关钻井液流变性模式方程

根据生产实际的需要，通常可利用一些简单的代数方程来近似描述钻井液的流变性。

1. 宾汉方程

宾汉提出用不通过坐标原点的直线方程来描述钻井液，叫宾汉方程。本方程得到了广泛应用。其表现形式为：

$$\tau = \tau_0 + \eta_{塑}\gamma \qquad (2\text{-}2\text{-}3)$$

式中　τ——剪切应力，Pa。

τ_0——钻井液的动切应力，Pa。

$\eta_{塑}$——钻井液的塑性黏度，Pa·s（实际应用时一般用 mPa·s）。

γ——速度梯度，s^{-1}。

2. 指数方程

指数方程也叫幂律方程，用来描述钻井液的流变性，特别是在环空水力学计算中得到了广泛的应用。其表现形式为：

$$\tau = K\gamma^{n} \tag{2-2-4}$$

式中 τ——剪切应力，Pa。

K——钻井液的稠度系数，$Pa \cdot s^{n}$。

γ——速度梯度，s^{-1}。

n——钻井液的流性指数，无因次。

3. 卡森模式方程

该方程的表现形式为：

$$n^{\frac{1}{2}} = n_{\infty}^{\frac{1}{2}} + \tau_{0}^{\frac{1}{2}} \cdot \gamma^{-\frac{1}{2}} \tag{2-2-5}$$

式中 η——钻井液的表观黏度，$mPa \cdot s$。

η_{∞}——钻井液极限高切变率下的黏度，$mPa \cdot s$。

γ——速度梯度，s^{-1}。

τ_0——钻井液的动切应力（屈服值），Pa。

卡森模式方程是用三个流变参数来说明钻井液流变性质的。η_{∞}相当于钻井液中分散相和高分子化合物在极限高切变率下被高度分散和变形后的流变结构，故可作为钻井液的近似水眼黏度。τ_0 相当于钻井液从开始流动到切变率极限高之间，可供拆散的钻井液结构程度。一般来说，τ_0 越大，钻井液的切变稀释特性越好。η 相当于钻井液静态结构的强弱，故可与钻井液的悬浮和携带岩屑的能力相联系。卡森模式的应用对钻井液在极限高切变率（如钻头水眼处）情况下的变化规律、钻井液对钻井速度的影响以及钻头水眼处喷射情况的分析等都具有重要意义。

4. 赫谢尔－巴尔克莱三参数流变模式

赫谢尔－巴尔克莱（Herschel–Bulkely）三参数流变模式简称赫－巴模式，又称为带有动切力（或屈服值）的幂律模式，或经修正的幂律模式，其数学表达式为：

$$\tau=\tau_{\gamma}+K\gamma^{n}$$

式中 τ_{γ}——该模式的动切力，Pa；

K——钻井液的稠度系数，$Pa \cdot s^{n}$；

n——钻井液的液性指数，无因次。

该模式在幂律模式基础上增加了 τ_{γ}，使其在较宽剪切速率范围内能比传统模式更为准确地描述钻井液的流变特性。宾汉动切力 τ_0 是一个外推值，一般高于实际钻井液的极限动切力，而幂律模式流变曲线通过原点，极限动切力为零，因此这两种传统模式均不能反映实际钻井液的特性，采用赫－巴模式则比较理想。该模式不如传统模式应用方便，仅在对流变参数测量精度要求较高时或室内研究中使用。

该模式中的 τ_{γ} 是钻井液的实际动切力，表示使流体开始流动所需要的最低剪切应力，不是一个外推值，因此与宾汉动切力 τ_0 的意义完全不同。τ_{γ} 通常由旋转黏度计 3r/min 时测

得的刻度盘读数 θ_3 近似确定，$\tau_y=0.511\theta_3$。

二 钻井液流变参数

（一）旋转黏度计的构造及工作原理

旋转黏度计由电动机、恒速装置、变速装置、测量装置和支架箱体等五部分组成。恒速装置和变速装置合称旋转部分。在旋转部件上固定一个外筒，即外筒旋转。测量装置由测量弹簧部件、刻度盘和内筒组成。内筒通过扭簧固定在机体上，扭簧上附有刻度盘，如图 2-2-5 所示。通常将外筒称为转子，内筒称为悬锤。

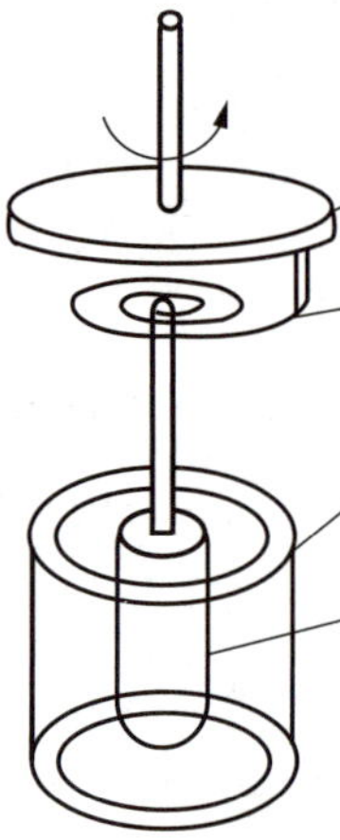

图 2-2-5 旋转黏度计测量装置示意图

测定时，内筒和外筒同时浸没在钻井液中，它们是同心圆筒，环隙 1mm 左右。当外筒以某一恒速旋转时，带动环隙里的钻井液旋转。由于钻井液的黏滞性，使与扭簧连接在一起的内筒转动一个角度，根据牛顿内摩擦定律，转动角度的大小与钻井液的黏度成正比，钻井液黏度的测量就转变为内筒转角的测量。转角的大小可从刻度盘上直接读出，所以这种黏度计又称为直读式旋转黏度计。

转子和悬锤的特定几何结构决定了旋转黏度计转子的剪切速率与其转速之间的关系。按照范氏 (Fann) 仪器公司设计的转子、悬锤组合（两者的间隙为 1.17mm)，剪切速率与转子转速的关系为：

$$1\text{ 转 / 分（常用 r/min 表示）}=1.703\text{s}^{-1} \quad (2\text{-}2\text{-}6)$$

旋转黏度计的刻度盘读数 θ（θ 为圆周上的度数，不考虑单位）与剪切应力 τ（单位为 Pa）成正比。当设计的扭簧系数为 3.87×10^{-5} 时，两者之间的关系可表示为：

$$\tau=0.511\theta \quad (2\text{-}2\text{-}7)$$

目前现场使用的旋转黏度计有两速型和多速型两种。两速型旋转黏度计用 600r/min 和 300 r/min 这两种固定的转速测量钻井液的剪切应力，它们分别相当于 1022s^{-1} 和 511s^{-1} 的剪切速率［由式（2-2-6）计算而得］。但是，仅在以上两个剪切速率下测量剪切应力具有一定的局限性，因为所测得的参数不能反映钻井液在环形空间剪切速率范围内的流变性能。因此，目前国内外已普遍使用多速型旋转黏度计。

Fann 35A 型六速黏度计是目前最常用的多速型黏度计，国内也有类似产品。该黏度计的六种转速和与之相对应的剪切速率如下：600r/min(1022s^{-1})、300r/min(511s^{-1})、200r/min(340.7s^{-1})、100r/min($170.3\ \text{s}^{-1}$)、6r/min(10.22s^{-1}) 和 3r/min(5.11s^{-1})。为了连续测量各种剪切速率下的剪切应力，NL Baroid 公司又研制出从 1r/min 至 600r/min 可连续变速的 286 型黏度计，该黏度计还有一旋钮开关以供选择与 Fann 35A 型黏度计相同的六种转速。对于抗高温

深井钻井液，还需测定井下高温高压条件下的流变性能。为此已研制并生产了专门的仪器，常用的有 Fann 50C 型和 ReoChan 7400 型高温高压流变仪等。

（二）钻井液表观黏度

表观黏度又称有效黏度或视黏度，是指在某一速度梯度下，剪切应力与剪切速率的比值，即：$\mu_a=\tau/\gamma$，当 τ 和 γ 的单位分别为 Pa 和 s^{-1} 时，μ_a 的单位为 Pa·s。由于该单位太大使用不便，因此常使用 mPa·s。现用 *AV* 表示。

（三）钻井液塑性黏度

塑性黏度指钻井液层流时，固体颗粒与固体颗粒之间、固体颗粒与液体分子之间、液体分子与液体分子之间摩擦力的总和。用 μ_p 或 *PV* 表示，单位是 mPa·s。它是由钻井液中的固相含量、固体颗粒形状和分散度、表面润滑性及液体本身的黏度等因素决定的。

降低塑性黏度一般可使用旋流除砂器，使用絮凝剂控制固相含量，适当加清水稀释，补充低密度钻井液等。提高塑性黏度可用加黏土（非膨润土类）、重晶石粉或混油等方法。

（四）钻井液动切力

动切力（τ_0 或 *YP*）表示钻井液在层流流动时形成结构的能力，又叫屈服值，单位是 Pa。影响动切力的因素是钻井液中的固相含量及分散度、黏土颗粒的电动电势和水化程度、黏土颗粒吸附处理剂的情况及高分子聚合物的使用等。

固相含量越大，分散度越高，即固相颗粒的浓度越大，颗粒间的距离越近，越易形成较大或较密的空间网架结构，*YP* 就越大，黏土颗粒的 ζ 电位降低，黏土颗粒之间的斥力就减小，而屏蔽它们彼此接近的水化膜也变薄，便越容易使黏土颗粒以端对端、端对面的形式构成较大或较强的网架结构，使 *YP* 增大；黏土颗粒吸附处理剂后若能改变其端部的状态（端部的水化膜增厚，端部吸附有减稠剂的分子），便能阻止其网架结构的形成或削弱网架结构的强度，使 *YP* 减小；高分子聚合物由于其分子很大，当加入一定的数量后，它们会在钻井液中形成一定的网架结构，使 *YP* 增大。

由以上分析可知，要降低 *YP*，可加稀释剂拆散网架结构；若要提高 *YP*，可加无机盐电解质，加预水化的膨润土浆，加生物聚合物以及加相当数量的高分子聚合物，促使网状结构的形成。

（五）钻井液流性指数

流性指数 (n) 是钻井液结构力的一种表示，也是钻井液触变性或剪切稀释特性强弱的表示。由幂律方程可知，当 $n=1$ 时，变为牛顿公式，流体为牛顿流体。n 值越大，剪切稀释能力越弱，液体的非牛顿性越弱；反之，则剪切稀释能力越强。对塑性流体，一般 n 值小于 1。n 是无因次量。

降低 n 值有利于携带岩屑，清洗井底。一般是加聚合物、无机盐类，或将预水化的膨润土加入含盐系统等。

（六）钻井液稠度系数

稠度系数 (K) 表示液体的可泵性和直观流动性，反映钻井液的稠稀程度，可以认为它是钻井液的表观黏度。它既受钻井液内摩擦力的影响，又受结构力的影响。由幂律方程可知，K 的单位是 $Pa \cdot s^n$。

提高 K 值的方法有两种：若 n 值不变，只升高 K 值，可采用加惰性固体物质（如重晶石粉）等；若 n 值降低，K 值升高，可将预水化膨润土加入盐水钻井液或钙处理钻井液中，或加入适当的化合物。若膨润土加到淡水钻井液中，可使 K 值升高，n 值略升。要使 K 值或 n 值都升高，可加入淀粉、Na–CMC 或某些野生植物处理剂。

（七）静切力

静切力的实质是钻井液中的胶凝强度，即表示钻井液在静止状态下形成的空间网架结构的强度。其物理意义是钻井液静止时，破坏钻井液内单位面积上的网架结构所需要的剪切力，单位是 Pa。初切力是钻井液搅拌后静置 10s（或 1min）测得的静切力，用 G_1（或 θ_1）表示；终切力是搅拌后静置 10min 测得的静切力，用 G_{10}（或 θ_{10}）表示。目前多用旋转黏度计测量。静切力的大小取决于钻井液中网架结构的多少、强弱以及静置时间。

（八）剪切稀释性及触变性

剪切稀释性是指塑性流体和假塑性流体的表观黏度随着剪切速率的增加而降低的特性。触变性是指搅拌后钻井液变稀（切力降低），静置后又变稠（切力升高）的特性，或者说，钻井液的切力随静置时间的增加而增大的特性。一般用终切与初切的差值表示触变性的大小。恢复结构所需的时间和最终的胶凝强度（或切力）的大小，是触变性的主要特征。钻井工艺要求钻井液应具有良好的触变性。

三 钻井液流变性与钻井的关系

（一）与钻头破碎岩石速度的关系

钻井液的流变性对钻速的影响主要表现为黏度对钻速的影响：

①由于钻头水眼处钻井液流速高、黏度小，对井底的冲击力强，使钻头冲击和切削岩石的阻力减小，有利于提高钻速。

②低黏度的钻井液犹如楔子，很容易进入钻头冲击井底岩石产生的裂缝，有利于钻头对井底岩石的破碎。

③若钻井液黏度升高，则钻速降低。因为黏度大，所以流动阻力大，消耗功率也大；

另外，黏度太大，在井底易形成黏性垫子，降低和减缓了钻头对井底的冲击和切削作用，使钻速降低。

（二）与携带岩屑能力的关系

井底和井眼内的岩屑能否被钻井液有效地携带到地面，是关系到能否安全快速钻井的重要问题。实践证明，钻井液携岩能力随钻井液黏度的升高而增加，紊流携岩优于层流携岩，钻杆旋转有助于岩屑的上返。但紊流携岩有其缺点：要求钻井液排量大，岩屑下沉速度比层流大，对井壁冲刷力强。通过调节钻井液的流变性，提高动塑比值和降低钻井液的上返速度以实现平板型层流，对提高钻井液携岩能力有重大意义。

（三）与井壁稳定的关系

由于紊流液流质点的运动方向是紊乱而无规则的，且其流速高、动能大，因此对井壁的冲击作用大，易导致地层坍塌。而层流液流质点的运动方向都是向上的，一般平行于井壁，速度低、动能小，所以钻井液循环时，需要比较准确地计算出临界上返速度，以保证环空液流保持在层流状态而避免出现紊流。

（四）与岩屑和加重剂悬浮的关系

当钻井液停止循环时，希望钻井液中的岩屑和加重剂能稳定地悬浮或缓慢地下沉，不出现沉沙卡钻。在这里起决定作用的是钻井液的静切力和触变性。静切力高，钻井液形成空间网架结构的能力强，悬浮能力就强。触变性好，循环停止时，钻井液能够很快达到一定的切力值，有利于悬浮岩屑和加重剂。

（五）与井内液柱压力激动的关系

井内液柱压力激动是在起下钻和钻井过程中，由于钻柱的上下运动、钻井泵的开启等原因，使井内液柱压力发生突然变化（升高或降低）的现象。因压力激动破坏了井内液柱压力与地层压力之间的平衡，从而破坏了井壁岩石与井内液柱之间的相对稳定关系，易引起井涌、井塌或井喷。

压力激动的影响因素是多方面的。除了起下钻速度、钻头与钻柱的泥包程度、环形空间的空隙、井深以外，还与钻井液的黏度、切力有密切关系。同样条件下，钻井液黏度、切力越大，压力激动就越大。

第三节　钻井液的滤失和润滑性能

钻井液的滤失性能主要是指钻井液滤失量的大小和所形成泥饼的质量。润滑性能包括钻井液自身的润滑性能和所形成的泥饼的润滑性能。这两项性能如果控制不好，将对钻井和地质工作产生多方面的不利影响。

一 钻井液滤失量

（一）钻井液的滤失与造壁性

钻井液的滤失与造壁性是钻井液的重要性能，对松散、破碎和遇水失稳地层（如水化膨胀性地层）的井壁稳定有十分重要的影响。目前，关于钻井液滤失与造壁性的研究，静态的研究较多，而动态的研究较少。

1. 钻井液滤失和造壁性的概念

作为水基钻井液的分散介质，水在钻井液中以三种形态存在，即化学结合水、吸附水和自由水。在压力差作用下，钻井液中的自由水向井壁岩石的裂隙或孔隙中渗透，称为钻井液的滤失作用。通常用滤失量或失水量来表示滤失性的强弱。钻井液滤失的两个前提条件是：存在压力差和存在裂隙或孔隙性岩石。在滤失过程中，随着钻井液中的自由水进入岩层，钻井液中的固相颗粒便附着在井壁上形成泥饼（细小颗粒也可能渗入岩层至一定深度），这便是钻井液的造壁性。井壁上形成泥饼后，渗透性减小，阻止或减慢了钻井液继续侵入地层。

若钻井液中细黏土颗粒多而粗颗粒少，则形成的泥饼薄而致密，钻井液滤失量小；反之，粗颗粒多而细颗粒少，则形成的泥饼厚而疏松，钻井液的滤失量大。另外，钻井液的滤失量还与压差、井下温度及岩石有关。由于不同井位和层位，岩层的孔隙度和渗透率是不同的，因此同一种组成且具有相同性能的钻井液，在不同岩层的滤失量是不同的，在井壁上形成的泥饼厚度也是不一样的（图 2–3–1）。在渗透性大的沙岩、砾岩、裂缝发育的灰岩井壁上会形成较厚的泥饼；而在渗透性小的页岩、泥岩、石灰岩和其他致密岩石的井壁上只会形成较薄的泥饼，甚至不形成泥饼。

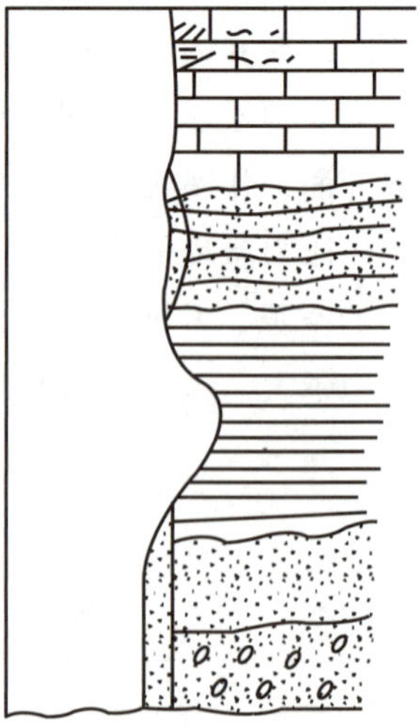
图 2–3–1 井内所结泥饼与井壁岩石的关系

2. 井内钻井液滤失的全过程

钻井液在井内发生滤失的全过程由三个阶段组成，与此相对应的三种滤失分别称为瞬时滤失、动滤失和静滤失。

①瞬时滤失。从钻头破碎井底岩石，形成新的自由面的瞬间开始，钻井液开始接触新的自由面，钻井液中的自由水便向岩石孔隙中渗透，直到钻井液中的固相颗粒及高聚物在井壁上开始出现泥饼，这段时间的滤失称为瞬时滤失。瞬时滤失的特点是时间很短和井底岩石表面尚无泥饼，滤失速率最大，亦称初滤。

②动滤失。紧接着瞬时滤失，在井内钻井液循环的情况下

滤失继续进行并开始形成泥饼，随着滤失过程的进行，泥饼不断增厚，直至泥饼的增厚速度与泥饼被冲刷的速度相等，即达到动平衡。此后钻井液继续滤失但泥饼不再增厚。这段时间的滤失量称为动滤失量，其特点是压力差较大，它等于静液柱压力加上环空压力降和地层压力之差，泥饼厚度维持在较薄的水平，单位时间的滤失量开始较大，其后逐渐减小，直至稳定在某一值。

③静滤失。在起下钻或其他原因停止钻进时，钻井液停止循环，液流的冲刷作用消失，此时压力差为静液柱压力和地层压力之差。随着滤失的进行，泥饼逐渐增厚，单位时间的滤失量逐渐减小。在这一阶段，因压力差较小，泥饼较厚，故大多数情况下单位时间内的静滤失量比动滤失量小。

起下钻结束后，又继续钻进，钻井液重新循环，于是滤失过程由静滤失转为动滤失。但此时的动滤失是在经历一段静滤失后的动滤失，开始时泥饼被冲蚀掉一部分，随着滤失的进行直至稳定（泥饼再变薄或增厚）。这一阶段的动滤失比前一次动滤失要小一些。此后停钻又开始静滤失，这是新水平上的静滤失。这样交替处于动滤失和静滤失阶段，便是井内发生滤失的全过程（如图 2–3–2 所示）。

对井内钻井液发生滤失的全过程进行分析，可以看出：瞬时滤失时间很短，但滤失速率最大；动滤失时间最长，滤失速率中等；静滤失时间较长，滤失速率最小。滤失速率是指单位时间内滤失液体的体积。

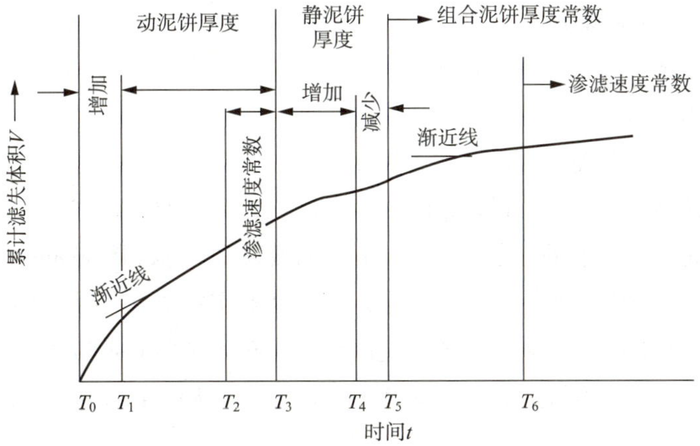

图 2–3–2 井内钻井液的滤失过程

此外，井内钻井液的滤失作用是在不同温度和不同压力差下向岩层渗透的。温度和压力差对钻井液滤失量有很大影响，因此又可分为低温低压滤失量（或称为 API 滤失量）和高温高压滤失量。

对于滤失量的评价，国内外通常采用 API 滤失量，即在规定的压力差下，以 30min 内通过一定的渗滤断面（通常用滤纸作为渗滤介质）的滤失量来衡量，单位为 mL/（30min）。

（二）影响钻井液滤失量的因素

井内钻井液的滤失有三种：瞬时滤失、动滤失和静滤失。下面依次讨论其影响因素，重点是静滤失，因为它与井内的泥饼厚度有密切关系，而且研究得较多。

1. 静滤失

（1）静滤失方程

钻井液的滤失是一个渗透过程，静滤失的特点是钻井液处于静止状态。在压差作用下，作为渗滤介质泥饼的厚度是随时间的延长而增厚的。一般情况下，泥饼的渗透率远小于地层的渗透率。

钻井液的滤失规律与地下流体通过地层的渗透规律相近，也遵循达西渗透定律，为了研究方便，假设：泥饼的厚度与钻井直径相比是很小的，泥饼是平面型的，且厚度为定值；泥饼是不可压缩的，且其渗透率不变。在此假设条件下，通过泥饼滤失的滤液，可以按达西渗透定律进行描述，进一步推算出静滤失公式：

$$V_{\mathrm{f}} = A\sqrt{2K\Delta p(\frac{f_{\mathrm{sc}}}{f_{\mathrm{sm}}}-1)}\frac{\sqrt{t}}{\sqrt{\mu}} \quad (2\text{–}3\text{–}1)$$

式中 V_{f}——滤液面积，即滤失量，cm^3。

K——泥饼渗透率，$\mu\mathrm{m}^2$。

A——渗滤面积，cm^2。

Δp——渗滤压力，10^5 Pa。

μ——滤液黏度，mPa·s。

f_{sc}——泥饼中固相的体积分数。

f_{sm}——钻井液中固相的体积分数。

t——渗滤时间，s。

（2）滤失时间对滤失量的影响

滤失量 V_{f} 与渗滤时间的平方根成正比。因此，如果不考虑瞬时滤失，滤失量与渗滤时间平方根的关系是通过原点的一条直线。7.5min 的滤失量 $V_{7.5}$ 将是 30min 滤失量 V_{30} 的一半，通常用 7.5min 滤失量乘以 2 作为 API 滤失量。但钻井液实验结果表明，绘出的直线并不通过原点，而是相交于纵轴上某一点，形成一定的截距。在泥饼形成之前存在一瞬时滤失量 V_{sp}。如果瞬时滤失量大到可以测量的话，就应根据式（2–3–1）确定钻井液的 API 滤失量。

$$V_{30}=2(V_{7.5}-V_{\mathrm{sp}})+V_{\mathrm{sp}} \quad (2\text{–}3\text{–}2)$$

作一如图 2–3–3 所示滤失量和滤失时间平方根关系的曲线，用线上的两个点外推出更长时间的滤失量并确定瞬时滤失量。

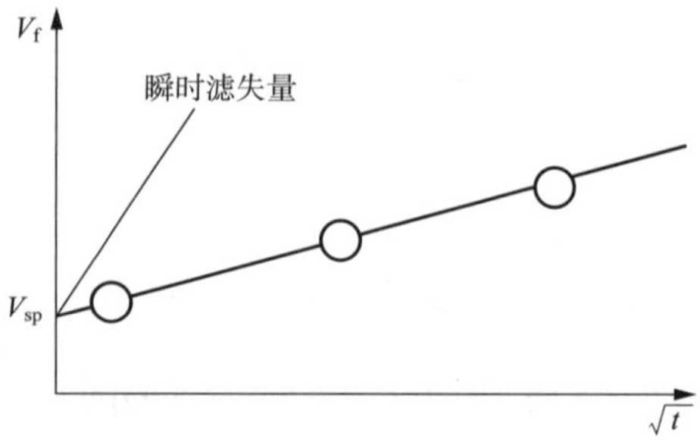

图 2–3–3　滤失量与时间的关系

实际上测量静滤失的过程是由两个滤失阶段组成的，即从无泥饼到开始形成泥饼的瞬时滤失阶段和泥饼不断增厚的静滤失阶段。

这里所得到的滤失量是在时间相对较短情况下的结果，如果测量时间较长，滤失总量的增长速度就会减慢，直至保持不变，并不保持最初的线性关系。对于某些钻井液，7.5min 的滤失量乘以 2 明显大于 30min 的滤失量，可见应对具体钻井液确定相应测量时间，一般对于滤失量较小的钻井液，测量时间应取 30min，如采用 7.5min 的滤失量乘以 2 则会产较大的误差。

（3）压差对滤失量的影响

由式（2-3-1）可知，滤失量 V_f 与 Δp 成正比，压差越大，钻井液滤失量越大，实际中，钻井液滤失量不一定与压差呈平方根关系。钻井液组成不同，滤失时所形成的泥饼的压缩性也不同。随着压差增大，渗透率减小的程度也有差异，因而滤失量与压差的关系也不同。通常可表示为 $V_f \propto \Delta p^x$，指数 x 因钻井液不同而不同，但总是小于 0.5。对于不同的造浆黏土、不同的处理剂，滤失量随压差的变化规律如图 2-3-4 和图 2-3-5 所示。从图中可见，在低压差时，不同钻井液所测得的滤失量虽然相近，但高压差下却可能有较大的差别。在深井和对滤失量要求严格的井段钻进前，最好进行高压差滤失实验，这对正确选择配浆黏土和处理剂方案是有意义的。

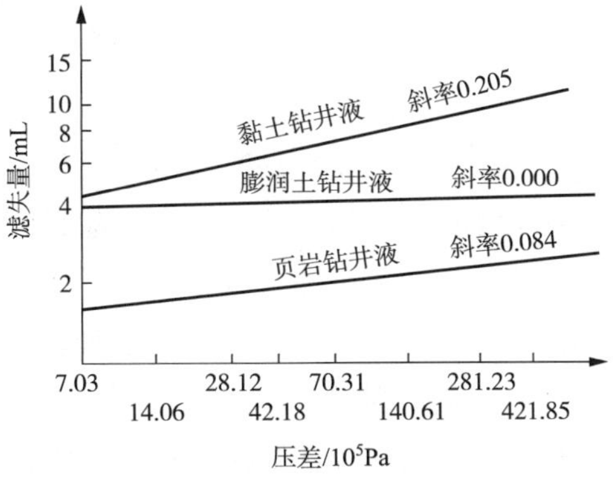

图 2-3-4　压差对钻井液（不同配浆黏土）滤失量的影响

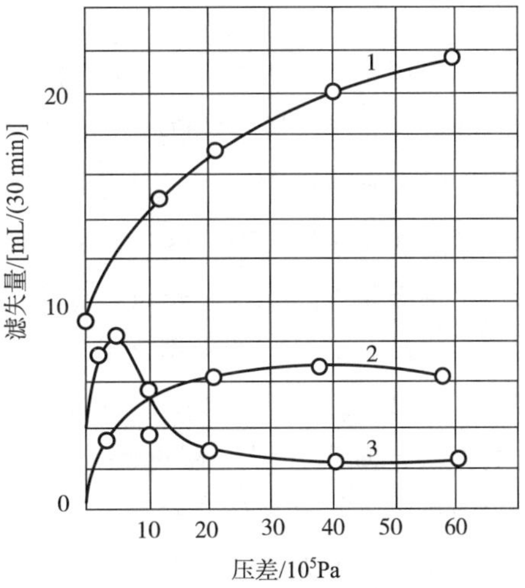

图 2-3-5　压差对钻井液（不同处理剂）滤失量的影响

1—原浆；2—以煤碱液处理；3—以亚硫酸酒精废液处理

指数 x 在很大程度上取决于组成泥饼颗粒的尺寸与形状。一般接近惰性颗粒所组成的悬浮液，形成的过滤层是近于不可压缩的，此时 $V_f \propto \sqrt{\Delta p}$；优质膨润土配制的钻井液，当加有较多有机高分子处理剂时形成的泥饼，其可压缩性很大，泥饼的渗透性随压差的增加而降低，此时压差对滤失量影响很小或无影响，即指数 x 接近于零，滤失量相对于 Δp 基本上是一个常数。普通钻井液介于两者之间，指数 x 为 0 ~ 0.2。

油基钻井液滤失液（一般为柴油）的黏度随压力的增加而增加，因此根据滤失方程可知随黏度增加滤失量是减小的。

（4）滤液的黏度、温度对滤失量的影响

由静滤失方程可知，钻井液的滤失量与滤液黏度的平方根成反比。滤液黏度愈小，钻井液的滤失量愈大。滤液的黏度与有机处理剂的加入量有关，有机处理剂如 CMC 和 HPAM 等加入量愈大，滤液的黏度愈大。从而可以通过提高滤液黏度达到降低滤失量的目的。

温度升高可导致滤失量增加。首先，温度升高能降低滤液的黏度，温度愈高，滤液的黏度愈小，滤失量愈大。水的黏度与温度的关系见表 2–3–1。

表 2–3–1　各种温度下水的黏度

温度 /℃	0	12	20	30	40	60	80	100	130	180	230	300
水的黏度 /（mPa · s）	1.729	1.308	1.005	0.801	0.656	0.469	0.356	0.248	0.212	0.150	0.116	0.086

当钻井液温度从 20℃升至 80℃时，若其他因素不变，因温度升高，滤液黏度减小而使钻井液滤失量增大 1.68 倍，即：

$$V_{f80}=V_{f20}\frac{\sqrt{\mu_{20}}}{\sqrt{\mu_{80}}}=V_{f20}\frac{\sqrt{1.005}}{\sqrt{0.356}}=1.68V_{f20} \qquad (2–3–3)$$

高温还会引起钻井液中黏土颗粒的去水化和处理剂的脱附，使液相黏度降低，以及处理剂本身特性改变，从而导致滤失量增大。在高温的作用下，钻井液中的某些处理剂会发生不同程度的降解，并且会随着温度升高而使降解程度加剧，最后失去维持滤失性能的作用。

（5）固相含量和类型对滤失量的影响

根据静滤失方程，钻井液的滤失量 V_f 与$\sqrt{f_{sc}/f_{sm}-1}$成正比。也就是说，钻井液中的固相含量愈高，泥饼中的固相含量愈小，则钻井液的滤失量愈小。然而钻井液中的固相含量增大，机械钻速要显著降低，泥饼要增厚，因而通过增大 f_{sm} 来降低滤失量是不可取的。通常的办法是减小 f_{sc} 值。降低泥饼中固相含量的办法是采用优质土造浆和用有机处理剂处理。泥饼中固相含量降低的原因是优质土分散性好、固相颗粒细而多、水化好、溶剂化膜厚，以及形成的泥饼渗透率低。研究结果表明，当钻井液中的固相含量相同时，随着泥饼中固相含量降低，钻井液的滤失量会相应下降（表 2–3–2）。一般钻井液中的固相含量为 4%～6%（质量分数）时，泥饼中固相含量为 10%～20%（质量分数）。

表 2–3–2　泥饼中固相含量与滤失量的关系

编号	钻井液配方	密度 /(g/cm³)	滤失量 /mL	泥饼中固相质量分数 /%			
				60℃烘干	105℃烘干	200℃烘干	平均
1	怀俄明土 +0.7%CMC	1.03	6.4	11.3	10.6	10.3	10.73
2	Telgel 土 +0.7%CMC	1.03	5.9	10.1	9.2	9.4	9.57
3	夏子街土 +0.7%CMC	1.03	6.8	12.7	12.3	11.8	12.27
4	安丘土 +0.7%CMC	1.03	9.6	16.3	15.8	15.1	15.73

（6）岩层的渗透性对滤失量的影响

岩层的孔隙和裂缝是钻井液滤失的天然通道。岩层有一定的孔隙性，钻井液在压差作用下，才能产生滤失，形成泥饼。岩层的孔隙性和渗透性，在瞬时滤失阶段和泥饼开始形成时，对滤失起重要作用。在形成第二过滤介质——泥饼之后，岩层的孔隙性和渗透性对钻井液的滤失便不起主要作用，这是由于泥饼的渗透性一般远远小于岩层的渗透性。

滤失过程中，钻井液中的固体颗粒在井壁岩层中的堆积一般形成三个过滤层（图 2-3-6），即瞬时滤失渗入层，瞬时滤失时细颗粒渗入深度可达 25～30mm；架桥层，较粗的颗粒在岩层孔隙内部架桥而减小岩层的孔隙度，或称为内泥饼（internal filter cake）；井壁表面形成具有一定渗透性的外泥饼（external filter cake）。

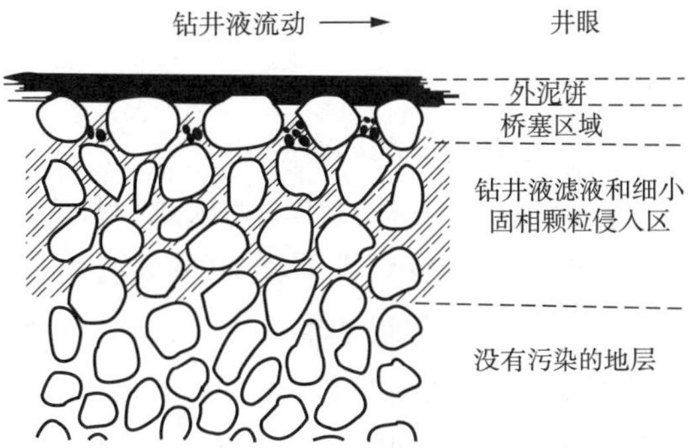

图 2-3-6　钻井液固相侵入可渗透性地层示意图

实验结果表明，当与所钻岩层孔隙相适宜的架桥粒子（bridging particles）的量不够时，API 滤失实验可能会给出错误的结果，即滤纸上得出的滤失实验结果可能与井下渗透性地层差异较大。

（7）泥饼的压实性和渗透性

滤失量测定的结果，往往是泥饼厚滤失量大，泥饼薄滤失量小，这主要是厚泥饼的渗透性大，薄泥饼的渗透性小的缘故，因此，决定因素是泥饼的渗透性，泥饼的渗透性取决于泥饼中固相的种类，固相颗粒的大小、形状和级配，处理剂的种类和含量，以及渗滤压差等。

渗滤压差影响着泥饼的压实性，高压差有利于泥饼的压实，有的资料指出，泥饼的压缩系数一般为 0.80～0.87，但加重钻井液泥饼的压缩系数只有 0.32～0.69。

泥饼渗透率还受到胶体种类、数量及颗粒尺寸的影响。例如，在淡水中膨润土悬浮液的泥饼具有极低的渗透率，这是因为黏土是扁平小片，具有薄膜状特点，使这些小片能在流动的垂直方向将孔隙封死。

在钻井液中加入沥青，只有当沥青是胶体状态时，才具有控制滤失的效果。如果混入的芳烃含量太高［苯胺点低于大约 90℉（32℃）］，就失去了控制滤失的能力，因为此时的沥青变成了真溶液。

（8）絮凝与聚结对泥饼渗透的影响

钻井液的絮凝使得颗粒间形成网架结构，这种结构可提高一定的渗透率。由于滤失压差越高，这种结构就越难以形成，所以孔隙度与渗透率两者都随压力的增加而减小。絮凝的程度越高，颗粒间的引力就越大，其结构就越强，对压力的抵抗能力就越大。若聚结伴随着絮凝，这种结构还会强一些，从而使得泥饼的渗透率增大。

相反，在钻井液里添加降黏剂，其反絮凝作用就会使泥饼的渗透率降低。此外，大多数的降黏剂是钠盐，钠离子可以交换黏土晶片上的多价阳离子，使聚结状态转变为分散状态，从而降低泥饼的渗透率。

因此，钻井液的电化学性质是决定泥饼渗透率的一个主要因素。一般情况下，适度絮凝的钻井液所形成泥饼的渗透率在 $10^{-5}\mu m^2$ 数量级，而用降黏剂处理的钻井液在 $10^{-7}\mu m^2$ 数量级。

2. 动滤失

（1）钻井液流动的影响

钻井液在循环流动中的滤失过程称为动滤失。影响动滤失的因素与静滤失相似，不同之处是动滤失还受钻井液流动的影响，表现为剪切速率和钻井液流态对动滤失的影响。在动滤失条件下，泥饼的增长受到钻井液冲蚀作用的限制。当岩层的表面最初暴露时，滤失速率较高，此时泥饼增长较快，但随着时间的推移，泥饼的增长速率减小，直到最终等于冲蚀影响的速率。此后，泥饼厚度将不再发生变化。

（2）钻井液处理剂的影响

钻井液处理剂的加入对静滤失和动滤失的影响是不同的。用某种处理剂使静滤失达到最小值时，动滤失并不一定达到最小；有些物质（如油类）在降低静滤失的同时，却使动滤失增加。

（3）瞬时滤失

瞬时滤失时间很短，其滤失量一般占总滤失量的比例不大。但对于固相含量低、分散和水化很好的不分散低固相钻井液，瞬时滤失占的比例则较大。对于相同的钻井液，如果渗滤介质不同，其瞬时滤失量也是不同的。如表 2-3-3 所示的实验结果很好地说明了这一问题。许多其他学者的研究也给出了类似的结果。

表 2-3-3　滤失介质对钻井液瞬时滤失的影响

钻井液类型	滤失效果 /mL	滤失介质			
		瓦特曼 50 号滤纸	非固结沙岩（219 ~ 299）$\times 10^{-3}\mu m^2$	固结岩石 $520\times 10^{-3}\mu m^2$	固结岩石 $90\times 10^{-3}\mu m^2$
膨润土密度 $1.04g/cm^3$	总滤失量	11.5	53	23.4	15.3
	瞬时滤失量	—	29	5.6	3.0
	静滤失量	11.5	24	17.8	12.3
当地黏土密度 $1.154g/cm^3$	总滤失量	11.5	17	—	—
	瞬时滤失量	—	6	—	—
	静滤失量	11.5	11.0	—	—
油基密度 $0.93g/cm^3$	总滤失量	0	12.3	—	—
	瞬时滤失量	0	9.6	—	—
	静滤失量	0	2.7	—	—

影响瞬时滤失的因素主要有压差，岩层的渗透性，滤液的黏度，钻井液中固相颗粒的含量、尺寸和分布，水化程度以及钻井液在地层孔隙入口处能否迅速形成“桥点”（被挡在孔隙入口之外）。因瞬时滤失过程时间很短，测定时很难与静滤失量分开。瞬时滤失量的确定可按$V_f = V_{sp} + b\sqrt{t}$进行。在V_f $\sqrt{t}$关系图上，分别测定两个时间的滤失量，通过作图或解联立方程可求得 V_{sp} 和 b。比如，在测定滤失量的过程中，可分别读取 1.0min 和 7.5min 对应的滤失量，从而可以确定 V_{sp} 和 b。

瞬时滤失量的大小对机械钻速有较大的影响。研究表明，瞬时滤失发生时，高的滤失速率不仅可使滤液分子迅速进到钻头破碎岩体形成的薄层岩屑底下，协助将岩屑薄层从岩体上剥离下来并立即冲走，而不会在液柱压差下压实，造成重复破碎，还可使破碎岩石的微裂缝扩大，或者使它们不闭合。因此，当瞬时滤失量较大时，有利于提高机械钻速。不分散低固相钻井液的钻速高，其原因之一就是它瞬时滤失量明显大于其他钻井液。

此外，在钻进到孔隙大、裂缝发育的沙岩、石灰岩或白云岩储层时，瞬时滤失会使较多的钻井液和滤液进入储层，造成储层渗透率下降。用于储层的钻井液，其滤失量越小越好。

（三）滤失性能的评价方法

滤失性能包括滤失量和泥饼质量。对于静滤失量的评价、国内外通常采用 API 滤失量，测试装置包括低温低压滤失仪和高温高压滤失仪两种。动滤失量目前尚未建立评价标准，所用的仪器有 Baroid 动滤失仪以及各自研制的动滤失装置。

API 滤失量测定仪是最常用的在低温低压条件下评价钻井液滤失量的装置（图 2-3-7），渗滤面积 45.8cm^2，实验渗滤压差 Δp 为 0.689MPa，测试温度为室温。以 30min 渗滤出的滤液体积作为 API 滤失量标准。为了获得可比性结果，必须使用直径为 90mm 的、符合标准的滤纸。

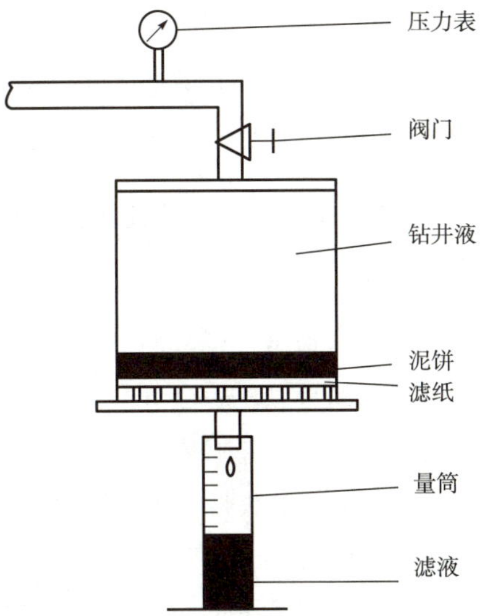

图 2-3-7　API 滤失量测定仪

（四）钻井液滤失性能与钻井工作的关系

为了防止地层流体进入井筒，钻井液的静液柱压力必须大于地层孔隙内流体的压力。因此，在此压差作用下钻井液就有侵入渗透性地层的趋势。为了维持井眼的稳定以及减少钻井液固相、液相侵入地层及损害油气层，必须控制钻井液的滤失性能，其有效途径是在井壁上形成薄而致密的泥饼。如果井内钻井液滤失性控制不当，必然产生两方面问题，即滤失量过大和泥饼过厚。这两者之间既有区别，又相互联系。

钻井液循环时，对于井壁为泥页岩的地层，滤失量过大会引起地层岩石水化膨胀、剥落，使井径扩大或缩小。而井径扩大或缩小，又会引起卡钻、钻杆折断，降低机械效率，缩短钻头、钻具的使用寿命等问题。对于裂隙发育的破碎性地层，滤液渗入岩层的裂隙面，减小了层面间的接触摩擦力，在钻杆的敲击下，碎岩块落入井内，常引起掉块卡钻等井内故障。而对于储层（特别是低渗和黏土含量高的储层），滤失量过大则会引起储层渗透率的下降。

钻井液循环时，如果在井壁上形成的泥饼过厚，则会减小井的有效直径，使钻具与井壁的接触面积增大，从而有可能引起各种钻井问题，如旋转时扭矩增大，起下钻遇阻以及高的抽吸与波动压力，功率消耗增加，甚至引起井壁垮塌或造成井漏、井涌等故障。在液柱压力和地层压力作用下，厚的泥饼易引起压差卡钻故障，而处理卡钻故障的费用是相当昂贵的。此外，泥饼过厚会造成测井工具、打捞工具不能顺利下至井底，还会影响测试结果的正确性，甚至会影响发现低压产层。

由此可见，钻井液的滤失控制是钻井液工艺中的一个十分重要的问题，首要的是控制泥饼的厚度，而泥饼的厚度是随滤失总量的增加而增厚的，故应控制钻井液的滤失量。然而，滤失量并不是决定泥饼厚度的唯一因素，对于不同的钻井液，泥饼厚度相同，而滤失量却不一定相同；反之，滤失量相同，泥饼厚度亦可能不同。滤失量过大固然不好，但过小的滤失量也会造成钻井液成本增加，钻速下降。

需要指出的是，钻井液滤液矿化度不同，对井壁岩层稳定性的影响也是不同的。与淡水滤液、碱性强的滤液相比，高矿化度、碱性弱的滤液和含高聚物（例如聚丙烯酰胺）的滤液不易引起井壁岩层的膨胀和坍塌。实践证明，虽然滤失量大些，但使用这类钻井液会安全得多。因此，对于井壁稳定性来说，不仅要注意滤失量的大小，还要考虑滤液的性质及其对井壁稳定性造成的影响。

综上所述，钻井液形成的泥饼一定要薄、致密、坚韧；钻井液的滤失量则要控制得当，应根据岩石的特点、井深、井身结构等因素来确定，同时应考虑钻井液的类型。

（五）对钻井液滤失性能的要求

在确定钻井液滤失量指标时应注意以下原则：井浅时可放宽，井深时应从严；钻裸眼时间短时可放宽，钻裸眼时间长时须从严，使用不分散性处理剂时可适当放宽，使用分散性处理剂时要从严；钻井液矿化度高时可放宽，钻井液矿化度小时应从严。总之，要从钻井实际出发，以井下情况是否正常为依据，适时测定并及时调整钻井液的滤失量。

对钻井液滤失性能的一般要求：

①在钻开油气层时，应尽力控制滤失量，以减轻对油气层的损害。一般情况下，此时的 API 滤失量应小于 5mL，模拟井底温度的 HTHP 滤失量应小于 15mL。

②钻遇易坍塌地层时，滤失量需严格控制，API 滤失量最好不大于 5mL。

③对一般地层，API 滤失量应尽量控制在 10mL 以内，HTHP 滤失量不应超过 20mL。但有时可适当放宽，某些油基钻井液体系正是通过适当放宽滤失量来提高钻速的。

④要注意提高滤饼质量，尽可能形成薄、韧、致密及润滑性好的滤饼，以利于固壁和避免压差卡钻。在我国，某些油田要求，钻开储层时 API 滤失实验测得的滤饼厚度不得超过 1mm。

⑤加强对钻井液滤失性能的检测。正常钻进时，应每 4h 测一次常规滤失量。对定向井、丛式井、水平井、深井和复杂井要增测 HTHP 滤失量和泥饼的润滑性，对其要求也相应高一些。一般要求水平井 HTHP 滤失量控制在 10mL 以内，页岩气水平井或其他井壁稳定性差的水平井水基钻井液 HTHP 滤失量控制在 5mL 以内，油基钻井液 HTHP 滤失量控制

在 3mL 以内。

室内研究表明，瞬时滤失量的适当增加有利于提高机械钻速。瞬时滤失量较大时，钻头下面已被破碎的岩石在各个方向上的压力能迅速达到平衡，从而使岩屑能及时地离开井底，减轻因压差引起的压持效应。由此看来，在控制总滤失量的同时，使钻井液保持一定的瞬时滤失对于钻头破岩是有益的。

（六）钻井液滤失性能的控制与调整

在影响钻井液滤失的因素中，井温和地层的渗透性是无法改变的，其余的因素则可以人为控制。可以通过改善泥饼的质量（渗透性和抗剪强度）、确定适当的钻井液密度以减少液柱压差、提高滤液黏度、缩短钻井液的浸泡时间、控制钻井液返速和流态（形成平板型层流）等方法来减少钻井液的滤失量，并形成薄而韧的泥饼。在钻井液工艺中，控制和调整钻井液滤失性能的关键在于改善泥饼的质量，这里既包括增加泥饼的致密程度，降低其渗透性，又包括增强泥饼的抗剪切能力和润滑性。主要调整方法是根据钻井液类型、成分以及所钻地层的情况，选用适合的降滤失剂和封堵剂。

获得致密性好与渗透性低的泥饼的一般方法是：

①使用膨润土造浆。膨润土颗粒细，呈片状，水化膜厚，能形成致密的渗透性小的泥饼，而且可在固相较少的情况下满足对钻井液滤失性能和流变性能的要求。一般情况下，加入适量的膨润土可以将钻井液的滤失量控制在钻井和完井工艺要求的范围。膨润土是常用的配浆材料，也是控制滤失量和建立良好造壁性的基本处理剂。

②加入适量纯碱、烧碱或有机分散剂，提高黏土颗粒的 ζ 电位、水化程度和分散度。

③加入 CMC 或其他聚合物以保护黏土颗粒，阻止其聚结，从而有利于提高分散度。同时，CMC 和其他聚合物沉积在泥饼上也可起到堵孔作用，使滤失量降低。

④加入一些极细的胶体粒子（如腐殖酸钙胶状沉淀）堵塞泥饼孔隙，以使泥饼的渗透性降低，抗剪切能力提高。

我国在钻井液降滤失剂的使用方面已形成自己的特色。在分散型钻井液中，常用的是低黏 CMC；若在降滤失量的同时还希望提高黏度，可选用中或高黏度的 CMC。聚合物钻井液中使用的降滤失剂均为由单体合成的聚合度相对较低的聚合物，目前其产品种类繁多，并已形成系列。常用的聚丙烯腈盐类（有钠、钙及铵盐等）、聚丙烯酸盐类（有钠、钙及钾盐等），还有近年来推广使用的阳离子和两性离子聚合物等。在深井和超深井下部井段，可选用抗温能力强的磺化褐煤（SMC）、磺化酚醛树脂（SMP-1）以及酚醛树脂和腐殖酸缩合物（SPNH）。在饱和盐水钻井液中可选用 SMP-2。另外还经常使用沥青类产品来改善泥饼质量，降低泥饼的渗透性，增强泥饼的抗剪切能力和润滑性。沥青类产品在水基和油基钻井液中均可使用。

二 钻井液润滑性

钻井液的润滑性通常包括泥饼的润滑性和钻井液流体自身的润滑性两方面。钻井液和泥饼的摩阻系数是评价钻井液润滑性的主要技术指标。

润滑性是钻井液的重要性能之一。特别是钻超深井、大斜度井、水平井和丛式井时，钻柱的旋转阻力和提拉阻力会大幅度提高。由于影响钻井扭矩和阻力以及钻具磨损的主要可调节因素是钻井液的润滑性能，因此钻井液的润滑性对减少卡钻等井下复杂情况，保证安全、优质、快速钻进起着至关重要的作用。

（一）钻井液的润滑性能

国内外研究者对钻井液的润滑性能进行了评价，得出的结论是：空气与油处于润滑性的两个极端位置，而水基钻井液的润滑性处于其间。用 Baroid 公司生产的钻井液极压润滑仪测定了三种基础流体的摩阻系数（钻井液摩阻系数相当于物理学中的摩擦系数），空气为 0.5，清水为 0.35，柴油为 0.07。在配制的三类钻井液中，大部分油基钻井液的摩阻系数在 0.08 ~ 0.09，各种水基钻井液的摩阻系数在 0.20 ~ 0.35，如加有油品或各类润滑剂，则可降到 0.10 以下。

对大多数水基钻井液来说，摩阻系数维持在 0.20 左右时可认为是合格的，但这个标准并不能满足钻水平井或大位移井的要求，水平井或大位移井要求钻井液的摩阻系数应尽可能保持在 0.08 ~ 0.10 范围内，以保持较好的摩阻控制。因此，除油基钻井液外，其他类型钻井液的润滑性能很难满足水平井钻井的需要，但可以选用有效的润滑剂改善其润滑性能，以满足实际需要。近年来开发出的一些新型水基仿油性钻井液，其摩阻系数可小于 0.10，接近油基钻井液，其润滑性能可满足水平井钻井的需要。

从提高钻井经济技术指标来讲，润滑性能良好的钻井液具有以下优点：

①减小钻具的扭矩、磨损和疲劳，延长钻头轴承的寿命。

②减小钻柱的摩擦阻力，缩短起下钻时间。

③能用较小的动力来转动钻具。

④能防黏附卡钻、钻头泥包。

钻井液润滑性好，可以减少钻头、钻具及其他配件的磨损，延长使用寿命，同时防止黏附卡钻、减少泥包钻头，易于处理井下故障等。在钻井过程中，由于动力设备有固定功率，钻柱的抗拉、抗扭能力以及井壁稳定性都有极限。若钻井液的润滑性能不好，会造成钻具回转阻力增大，起下钻困难，甚至发生黏附卡钻和钻具断裂故障；当钻具回转阻力过大时，会导致钻具振动，从而有可能引起钻具断裂和井壁失稳。

（二）钻井液润滑的影响因素

1. 钻井作业中摩擦现象的特点

随着密封轴承的出现，改善钻井液润滑性的目的主要是降低钻井过程中钻柱的扭矩和阻力。在钻井过程中，按摩擦副表面润滑情况，摩擦可分为以下三种情况（见图 2-3-8）。

①边界摩擦。两接触面间有一层极薄的润滑膜，摩擦和磨损不取决润滑剂的黏度，而是与两表面和润滑剂的特性有关，如润滑膜的厚度和强度、粗糙表面的相互作用以及液体中固相颗粒间的相互作用。在有钻井液的情况下，钻铤在井眼中的运动等属边界摩擦。

图 2-3-8　三种不同润滑模式示意图

②干摩擦（无润滑摩擦）。又称为障碍摩擦，如空气钻井中钻具与岩石的摩擦，或井壁极不规则情况下，钻具直接与部分井壁岩石接触时的摩擦。

③流体摩擦。由两接触面间流体的黏滞性引起的摩擦。

可以认为，钻进过程中的摩擦是混合摩擦，即部分接触面为边界摩擦，另一部分为流体摩擦。在高负荷边界面上，塑性表面的边界摩擦更为突出。在钻井作业中摩擦系数是两个滑动或静止表面间的相互作用以及润滑剂所起作用的综合体现。

钻井作业中的摩擦现象较为复杂，摩阻力的大小不仅与钻井液的润滑性能有关，其影响因素还涉及：钻柱、套管、地层、井壁泥饼表面的粗糙度；接触表面的塑性；接触表面所承受的负荷；流体黏度与润滑性；流体内固相颗粒的含量和大小；井壁表面泥饼润滑性；井斜角；钻柱重量；静态与动态滤失效应等。在众多的影响因素中，钻井液的润滑性能是主要的可调节因素。

2. 钻井液润滑性的主要影响因素

影响钻井液润滑性的主要因素有：钻井液的黏度和密度、钻井液中的固相类型及含量、钻井液的滤失情况、岩石条件、地层水矿化度、溶液 pH 值，以及润滑剂和其他处理剂的使用情况等。

①黏度、密度和固相。

②滤失性、岩石条件、地层水矿化度和滤液 pH 值。

③有机高分子处理剂。

④润滑剂。

目前，常用的改善钻井液润滑性能的方法，主要是通过合理使用润滑剂降低摩阻系数，以及通过改善泥饼质量来增强泥饼的润滑性。

（三）润滑剂的作用机理

1. 惰性固体的润滑机理

固体润滑剂能够在两接触面之间产生物理分离，其作用是在摩擦表面上形成一种隔离润滑薄膜，从而达到减小摩擦、防止磨损的目的。多数固体类润滑剂类似于细小滚珠，可加入钻柱与井壁之间，将滑动摩擦转化为滚动摩擦，从而大幅度降低扭矩和阻力。固体润滑剂在减少带有加硬层工具接头的磨损方面尤其有效，还特别有利于下尾管、下套管和旋转套管。固体类润滑剂的热稳定性、化学稳定性和防腐蚀能力等均良好，适于在高温但转速较低的条件下使用，缺点是冷却钻具的性能较差，不适合在高转速条件下使用。

2. 液体润滑剂的润滑机理

矿物油、植物油、表面活性剂等主要是通过在金属、岩石和黏土表面形成吸附膜，使钻柱与井壁岩石接触产生的固－固摩擦转变为活性剂非极性端之间或油膜之间的摩擦，或者通过表面活性剂的非极性端还可再吸附一层油膜，从而使回转钻柱与岩石之间的阻力大大降低，减少钻具和其他金属部件的磨损，降低钻具回转阻力。

极压（EP）润滑剂在高温高压条件下可在金属表面形成一层坚固的化学膜，以降低金属接触界面的摩阻，从而起到润滑作用。因此，极压润滑剂更适应于水平井中高侧压力情况下钻柱对井壁降摩阻的需要。如图 2-3-9、图 2-3-10 所示。

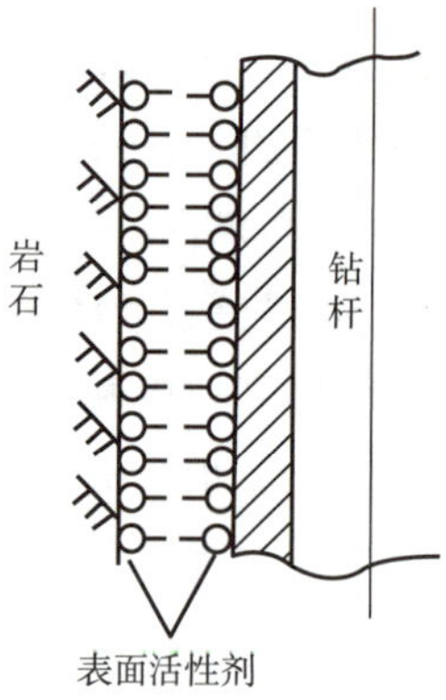

图 2-3-9　表面活性剂水溶液的润滑机理

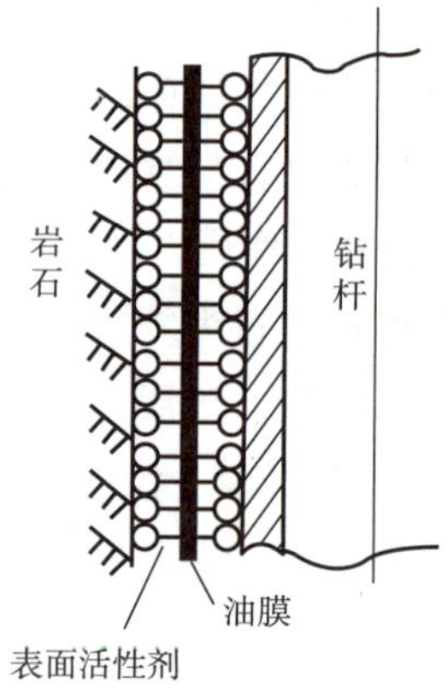

图 2-3-10　油包水乳化钻井液的润滑机理

（四）用于钻井液的润滑剂

国内外对润滑剂的研究范围较广，其中有各种表面活性剂、高分子脂肪酸及其衍生物等。

1. 钻井液润滑剂的选择应满足下列基本要求：

①润滑剂须能润滑金属表面，并在其表面形成边界膜和次生结构。

②应与基浆有良好的配伍性，对钻井液的流变性和滤失性不产生不良影响。

③不降低岩石破碎的效率。

④具有良好的热稳定性和耐寒稳定性。

⑤不腐蚀金属，不损坏密封材料。

⑥不污染环境，易于生物降解，价格合理，且来源充足。

⑦不影响对地层资料的分析和评价，即润滑剂应具有低荧光或无荧光性质。

2. 钻井液中常用的润滑剂

①惰性固体润滑剂

该类产品主要有塑料小球、石墨、炭黑、玻璃微珠等。

②液体类润滑剂

该类产品主要有矿物油、植物油和表面活性剂等。

液体类润滑剂又可分为油性剂和极压剂。前者主要在低负荷下起作用，通常为酯或羧酸；后者主要在高负荷下起作用，通常含有硫、磷、硼等活性元素。实际上，含活性元素的润滑剂往往兼有两种作用，既是油性剂，又是极压剂。

第四节 钻井液性能维护处理

随着钻井液的持续使用，一些聚合物添加剂材料的结构也会发生变化。钻井过程中地层水、岩屑中的成分也会对钻井液性能产生影响。另外，钻进不同地层对钻井液的性能要求也不尽相同。这就要求钻井液工对钻井液的性能进行及时地掌握和调整。本节就钻井液的几项重要性能的维护调整方法进行介绍。

一 钻井液密度的维护

提高钻井液密度应使用合格的加重材料。常用的有石灰石粉，用在密度 1.30kg/m^3 以内，对保护油层有利。使用高密度重晶石加重是普遍应用的方法，用铁矿粉和钛铁矿加重可达密度 2.20kg/m^3 以上。可根据钻井对密度的需要选择合适的加重材料。使用无固相钻井液完井液，可选用不同盐类加重。

降低钻井液密度首先是加强钻井液固相控制，尽量减少无用固相的含量（钻屑和沙子），其方法是用化学絮凝沉降，使用固相设备清除；其次是清水稀释或混入低密度膨润土浆；再次是用与井浆组分相同的胶液稀释；最后是混油充气均可降低密度。在提高或降低密度时，常引起黏切和流动性变化，所以在实施过程中应配合降黏、提黏处理剂，避免性能大幅度变化。

二 钻井液流动性维护

钻井液流动性主要指的是黏度，其中包括漏斗黏度、表观黏度、塑性黏度、静切力、动切力。平时对钻井液流动性能的维护，主要是针对黏切维护，各种流型随黏切的变化而变化。钻井液黏切必须维持适当数值，否则会引起一些不良后果。

1. 黏切过大的坏处

①流动阻力大，能量消耗大，水功力低，钻井速度减慢；

②对固相控制不利，不能充分发挥固控设备效力，引起井下复杂情况发生；

③易钻头泥包，井下压力激动大，易引起井下喷、漏、塌、卡等故障；

④油、气侵时，脱气较难，影响气测并造成气侵；

2. 黏切过小的坏处

①钻井液携带钻屑能力减弱，井眼净化差，易引起井下复杂情况发生；

②冲刷井壁加剧井壁不稳，易引起井塌故障；

③岩屑不能及时带出地面，在井下磨细，影响地质录井；

④易发生沉沙卡钻故障；

3. 黏切维护方法

黏切变化与井下污染关系密切，必须认真分析，查找变化原因，对症处理。

①黏土侵，地层大量造浆引起黏切增高，应采用清水稀释和抑制分散包被絮凝的方法；

②针对不同钻井液类型，选用降黏剂，降低黏切；

③岩屑分散性强引起黏切升高，应采用强抑制剂处理，增强钻井液抑制水化能力；

④可溶性盐类侵污，引发黏切升高，应选用抗盐、抗钙降黏剂处理，同时可用除钙剂（纯碱、有机磷酸盐）沉除钙离子。

⑤提高黏切可采用聚合物有机增黏剂，如高黏 CMC 或复合离子型聚丙烯酸盐类，有时也用膨润土（淡水钻井液）、抗盐土（盐水、饱和盐水钻井液）提高黏切。

⑥添加可溶性盐类（氯化钙、石膏、芒硝、水玻璃）提高黏切，配制堵漏稠浆。

三 钻井液失水与泥饼调整

钻井液失水和泥饼两项指标的要求，主要是考虑钻井液造壁性能和护壁能力。如果造壁性能不佳，护壁能力差，将对钻井及地质工作均有不良影响。实践告诉，我们钻井液失水和泥饼质量关系密切，一般来讲，失水小，泥饼薄；失水大，泥饼厚。失水的控制并非越小越好，应根据不同井段、井眼的复杂程度，井的深度，保护油、气层等的要求，控制在合适的范围内。

钻井液失水包括 API 失水、高温高压失水、动失水。失水量一般规律是：同一种钻井液，失水越大泥饼越厚。在其他条件相同的情况下，压差对失水影响存在三种不同的情况：第一种是随压差增加而变大，第一种是不随压差而变化，第一种是压差越大失水反而越小。第三种情况说明，泥饼具有较好的压缩性，也是深井钻井液所要求的。

1. 钻井液失水大小与钻井关系

①失水过大，渗入地层较深，受水侵半径增大，若超过钻井仪器所能测及的范围，会造成电测解释不准确而漏掉油、气层。

②大量自由水进入油、气层，引起地层渗透率等物性变化，黏土膨胀，将损害油、气

层降低油、气产能。

③失水过大将泡垮松软地层，引起井塌，造成井眼不规则，引起井下一系列复杂问题发生。

④失水过大将引起泥页岩水化膨胀，井眼缩径，泥饼厚而松软，起下钻发生阻卡，甚至卡钻。

⑤失水控制过小，将消耗大量处理剂。对某些地层来说，会降低钻井速度。

2. 调整失水方法

①分散型钻井液，采用增加黏土颗粒分散度的方法降低失水。

②调节黏土颗粒级配，改善泥饼质量，降低失水。

③选用不同类型钻井液降滤失剂降失水。如常用的低黏 CMC，若降失水又希望提黏，用中黏 CMC。聚合物钻井液可用聚丙烯腈类的钠盐、钙盐及铵盐降低失水。深井选用抗盐能力强的酚醛树脂（SMP-1、SMP-2），降低高温高压失水。

④选用大、中、小不同分子量的聚合物类降失水剂降失水效果更佳。

四 钻井液固相控制

钻井液中的固相，按其作用可分成两类：一类是有用固相，如膨润土、化学处理剂，加重材料；另一类是有害固相，如钻屑、劣质土、沙粒等。所谓钻井液固相控制，就是要清除有害固相，减少含量，保持一定含量的有用固相满足钻井工艺对钻井液性能的要求。钻井液固相控制主要有稀释法、替换法、机械清除法和化学清除法等四种。

五 pH 调整

pH 值用来衡量钻井液酸碱值的大小。从目前使用的不同类型钻井液来看，绝大多数呈碱性。维持碱性的大小，应以不同钻井液类型及地层的需要来加以控制，否则会出现不良后果。

调整 pH 值一般用烧碱或含碱性的处理剂来实现，其用量按 pH 值要求的范围进行补充。单独使用烧碱往往引起钻井液性能变化波动较大，最佳方法是配制成溶液缓慢加入。深井受高温影响，pH 值易降低，在增加碱量的同时可配合使用一些表面活性剂（如 ABS、AS 等），pH 值容易保持稳定。

六 钻井液日常维护处理应注意的问题

①认真观察钻井液的性能和液面变化，确保井控和井下安全。

②掌握规律做好预处理，学会用水维护钻井液（水基钻井液）。

③做好室内小型试验，做好钻井液的化学处理。

a. 处理前要做好小型试验。

b. 制定好处理方案，选择好处理时机。

c. 处理剂加量不超过小型试验加量的 50% ~80%，要循环均匀加入。

d. 处理时要边观察、边测量、边试验、边处理。

e. 处理后要测循环周。

④及时正确地测量钻井液性能。

⑤做好资料、数据的记录和整理。

⑥定时校正钻井液仪器，做到准确无误。

第五节　钻井液性能检测

本章前几节介绍了钻井液性能及其维护调整方法，本节就如何在现场和实验室进行性能检测的方法进行具体讲解。测定方法参考和引用了 GB/T 16783.1—2014《石油天然气工业 钻井液现场测试 第 1 部分：水基钻井液》、GB/T 16783.2—2014《石油天然气工业 钻井液现场测试 第 2 部分：油基钻井液》和 SY/T 5523—2000《油气田水分析方法》中的内容。

一　钻井液密度测定

1. 准备工作

①穿戴好劳保用品。

②密度计、支架、待测钻井液。

③校正仪器。

2. 操作步骤

①放好仪器支架，保持近水平。

②取下杯盖，装满预测钻井液试样（如钻井液中侵入气泡，则需轻轻敲钻井液杯，直至气泡溢出杯外），盖好杯盖，并缓慢拧动压紧，使多余的钻井液从杯盖的小孔中慢慢溢出。

③用手指压住杯盖孔，清洗杯盖及横梁上的钻井液，并用棉纱擦干净。将密度计刀口放于支架的主刀垫上，移动游码，使秤杆呈水平状态——水平泡在两线之间。

④在游码的左边缘读出所示刻度，就是所测钻井液的密度值。

3. 技术要求

①仪器应保持清洁干净，特别是钻井液杯内，每次用完后应冲洗干净，以免生锈或黏有固体物质，影响数据的准确性。

②密度计要经常校正，尤其是在钻进高压油、气、水等复杂地层时更应校正。

③用完后要与支架分开摆放，减少刀口磨损，以提高测量精确度。

④钻井液密度随钻井液中固相含量的增加而增大，随固相含量的减少而减小。

⑤钻井液中液相体积减小或液相密度加大，都可使钻井液密度上升。

⑥油、气侵入钻井液后，其密度显著下降。

二 钻井液漏斗黏度测定

1. 准备工作

①穿戴好劳保用品。

②马氏漏斗黏度计、过滤筛网、秒表。

③钻井液、946mL 量杯、1500mL 量杯。

2. 操作步骤

①将已校正的漏斗黏度计垂直悬挂在支架上放好。

②将 946mL 的量杯放于漏斗下边。用左手食指堵住漏斗管口，将用 1500mL 量杯所盛的钻井液搅拌后注入漏斗。

③右手启动秒表，同时松开左手，待恰好流满量杯时，用左手堵住漏斗管口，同时关闭秒表。

④读取秒表数值，以秒为单位记录下的数据即为所测钻井液漏斗黏度。将漏斗中剩余钻井液收回液杯。

3. 技术要求

①测量前必须保持漏斗与量杯清洁。

②测量用的钻井液要充分搅拌，且必须通过筛网过滤。

③注入漏斗的钻井液量必须是 1500mL，否则可能会影响测量结果的准确性。

④测量原理是将一定量（946mL）的钻井液在重力作用下从一个固定型漏斗中自由流出所需的时间来表示钻井液的黏度。

三 钻井液流变参数测定

1. 准备工作

①穿戴好劳保用品。

②准备六速仪一套，检查内筒、外筒确保清洁干净。

③将仪器摆放在平稳的工作台面上，校正内外筒确保不偏摆。

④标定零位，确保仪器指针在零位。

⑤准备小螺丝刀、秒表、1000mL 量杯、待测钻井液。

2. 操作步骤

①将仪器平稳地放在工作台上，使仪器保持水平。

②先将内筒装好，再装外筒，将连接线插头分别插在仪器及电源插座上，把变速拉杆放于最低位置。

③将搅拌好的钻井液注入测试液杯中刻度线处，注入量为350mL。

④将测试液杯放在托盘上，对正三个点角位置升起托盘，使外筒上的刻度线与钻井液液面相平，旋紧托盘手柄。

⑤把电源开关拨到开的位置，再将电机启动开关拨到高速挡，读取刻度盘稳定数值为$\phi600$的读数，然后将启动开关拨到低速挡，读取刻度盘数值为$\phi300$的读数。

⑥把变速拉杆上提到最高位置，旋转启动开关至高速挡，读取刻度盘数值为$\phi200$的读数，再将启动开关拨至低速挡，读取刻度盘数值为$\phi100$的读数。

⑦把变速拉杆置于中间位置，旋转启动开关至高速挡，读取刻度盘数值为$\phi6$的读数，转换启动开关至低速挡，读取刻度盘数值为$\phi3$的读数。

⑧将变速拉杆放于最低位置，启动开关拨到高速挡，搅拌10s后停止，静止10s将变速拉杆提到中间位置，启动开关拨到低速挡，读取刻度盘$\phi3$最大数值（计算初切力时用数）；然后把变速拉杆放于最低位置，启动高速挡（$\phi600$）搅拌10s后停止，静止10min，再用同样的方法测量，读取刻度盘$\phi3$最大数值（计算终切力时用数）。

⑨数据处理。

表观黏度：$AV = \frac{1}{2}\phi600$（mPa·s）；

塑性黏度：$PV = \phi_{600} - \phi_{300}$（mPa·s）；

动切力：$YP = 0.478\left(\phi_{300} - PV\right)$（Pa）；

动塑比值：YP/PV（Pa/mPa·s）；

流性指数：$n = 3.322\lg\frac{\phi_{600}}{\phi_{300}}$

稠度系数：$K = 0.478 \times \frac{\phi_{300}}{511^n}$（Pa·$s^n$）；

卡森极限黏度：$\eta_\infty = 5.83\left(\sqrt{\phi_{600}} - \sqrt{\phi_{300}}\right)^2$（mPa·s）；

卡森动切力：$\tau_c = 0.2465\left(2.45\sqrt{\phi_{100}} - \sqrt{\phi_{600}}\right)^2$（Pa）；

初切力：$g_1 = 0.5\phi_3$（Pa）（ϕ_3为10s最大值读数）；

终切力：$g_2 = 0.5\phi_3$（Pa）（ϕ_3为10min最大值读数）。

3. 技术要求

①测定前要检查仪器内、外筒，确保清洁，无损伤；用手轻转悬轴，松手后应自动回零，外筒转动灵活不摆动，若偏摆量超过0.5mm，应将外筒取下重装。

②各速梯下的测量应从高速到低速逐渐进行，所读数值要等刻度盘稳定后再读取。

③用3r/min测定初切与终切时，所取数值应是刻度盘最大扭矩值。

④若刻度盘指针不对零位，应取下护罩，松开螺钉，调整手轮对正零位，再拧紧螺钉。

⑤变速拉杆提不起或在最高位上停不住，主要是因卡子太紧或太松，应取下卡子重新调整。若外筒转动而刻度盘无指示值，是因为测量弹簧没固定紧，应重新校对零位，旋紧顶丝。

四 钻井液 API 滤失量测定

1. 准备工作

①穿戴好劳保用品。

②中压滤失仪 1 套，氮气瓶，量筒 10mL、20mL 各 1 只，滤纸，钢尺，秒表，搅拌机，棉纱巾，清水、待测钻井液等。

2. 操作步骤

①取出滤失仪液杯，用手堵住液杯小孔，将搅拌后的钻井液注入液杯内至刻度线处，装入“O”形密封圈、滤纸，盖好杯盖，旋好。

②将液杯输气头装入阀体输出端，卡紧，将 20mL 量筒放在液杯下面，对准出液孔。

③打开气源手柄，调节气源减压阀至 1MPa，旋动滤失调压手柄将压力调至 0.69MPa，打开通气阀，同时启动秒表计时。将滤失仪流出的液滴收集到量筒中。

④当测量时间在 7.5min 时，如果失水量小于 8mL，可继续测量至 30min，如果失水量大于 8mL，则用 7.5min 的失水量乘以 2 作为钻井液 30min 的失水量。

⑤当测量时间到时，取下量筒并读取数值，关闭气源，放出余气。待钻井液杯中的空气放尽后，取下钻井液杯并倒转后拧开杯盖，取出滤纸，洗掉泥饼上的浮层，用不锈钢尺测量其厚度，并观察分析泥饼的特征，记录结果。

3. 技术要求

①钻井液杯内钻井液注入量为 240mL 左右。

②测定用气多用二氧化碳、氮气或空气，禁用氧气和氢气。

③测定时要严格按操作顺序，测完后应先关闭气源排掉余气，然后再拆卸仪器。

④读取量筒数值时，必须保持眼睛与刻度线齐平。

⑤测定时间为 7.5min 时，读取的滤失体积和量取的滤饼厚度都要乘以 2 作为测量结果。若测定时间为 30min，读取的滤失体积和量取的滤饼厚度就是所测钻井液的滤失量和滤饼厚度。

⑥钻井液 API 滤失量（静滤失量）是表征钻井液性能的一项重要指标，通常是指室内条件下在一定的压差（690kPa ± 35kPa 相当于 7kgf/cm^2 ± 0.35kgf/cm^2）作用 30min，通过截面积为 45.8cm^2 ± 0.6cm^2（直径 9cm）过滤面积的滤纸所渗透出来的滤失量。同时，在滤纸上沉积的固相颗粒的厚度称为滤饼厚度（以 mm 表示）。

五 钻井液黏滞系数测定

（一）滤饼黏滞系数测定（滑块型）

1. 准备工作

①穿戴好劳保用品。

②滑块滤饼黏滞系数测定仪（型号 NF-3）一台。

③中压滤失滤饼、水源、电源等。

2. 操作步骤

①打开仪器电源，数字全亮，按下调零按钮，用调平杆调整螺钉，使滑板水平。

②将滤饼放在平面上，将滑块轻轻放在滤饼中间，静止 1min，启动开机开关，电动机带动传动机构，使滑板翻转。

③当滑块开始滑动，立即关闭停止开关，读取角度值，查出显示角度值的正切值，即为滤饼摩擦系。

3. 技术要求

卡准滑块开始滑动的瞬间，关闭停止开关。

（二）滤饼黏附系数测定

1. 准备工作

①穿戴好劳保用品。

②滤饼黏附系数测定仪一台。

③计量秒表一只，搪瓷量杯（1000mL）一个。

④量筒（20mL）一个。

⑤气源部件（或 CO_2 气瓶）。

⑥滤纸若干。

⑦钻井液 1000mL。

⑧ U 形扳手、勾头扳手、活动扳手各一把。

⑨扭矩扳手（或扭矩仪）。

2. 操作步骤

①测试前将仪器擦拭干净，特别是黏附盘要擦干净。

②在钻井液杯滤网上，按顺序放好滤纸、橡胶垫圈和尼龙垫圈，用 U 形扳手把压圈拧紧。

③将下连通阀杆的螺纹端放入钻井液杯底部的网座螺孔内拧紧，关闭通气孔。

④将钻井液倒入钻井液杯内至刻度线处或离顶部 6.5mm 处。将钻井液杯对准杯座的四个销钉放置在杯座上。

⑤将黏附盘杆从钻井液杯盖中间的孔内穿过，再将杯盖旋紧在钻井液杯上，并用勾头扳手旋紧。

⑥将另一连通阀杆的螺纹端旋入钻井液杯盖螺孔内旋紧，关闭通气孔。

⑦通过连通阀杆顶端，装上放气阀组，连接减压阀组，将销子对准，插入连接孔内。再关闭放气阀和减压阀。

⑧接通气源（或 CO_2 气瓶），将压力调整在 3447kPa（近似 3.5 MPa）。

⑨将 20mL 量筒对准下连通阀杆出水孔，放在底座上。右旋下连通阀杆 90°，打开通气孔，再左旋上连通阀杆 90°，打开通气孔。迅速调整减压阀手柄，使压力保持在 3.5 MPa，并开始计时。

⑩待过滤 30min 后，取出气压筒组件，将三等分开口端放入杯盘内上方，旋转 60° 左右。调整减压阀，使气压稳定在 3.5MPa 处保持 3min。

⑪ 旋开放气阀杆，将余气放空后取下气压筒部件。测扭矩，将扭矩扳手上的刻度盘与指针对准零位，装上内六角套筒，插入黏附盘六角头部，向左或向右转动扭矩扳手。观察并记录黏附盘与滤饼开始滑动时刻度盘上的最大数值 M。

⑫ 关闭气源，将气源减压阀调至自由位置，旋紧上连通阀杆，打开放气阀，排出余气，取下减压。

⑬ 打开并取下杯盖（用勾头扳手），倒出杯内余液。

⑭ 旋开压圈，取出尼龙圈及橡胶圈，取出滤饼，松卸开各连接部位，清洗仪器各部件。

⑮ 计算黏附系数。

3. 技术要求

①仪器使用前必须擦拭干净，特别注意黏附盘要光滑无污，小心擦拭，不能用粗糙物品擦洗表面。

②配装钻井液杯要依次放好滤纸、橡胶垫圈、尼龙垫圈，以免固定旋转时滑动损坏滤纸，两垫圈必须压正。

③测定前应仔细检查各部件是否符合要求，不能出现漏气现象或连通阀杆松动等。

④打开上下连通阀应旋转 90°，测定完后放气时，一定要用棉纱罩住上连通阀杆，慢慢旋转阀杆气。

⑤测试开始时应使压力保持在 3.5MPa。

⑥黏附盘与滤饼黏实大约需 3min 或更长时间。

⑦仪器每次使用完毕后必须进行严格的清洗与擦拭。

六 钻井液含砂量测定

1. 准备工作

①穿戴好劳保用品。

②含沙仪量筒（玻璃测量管）、小漏斗、过滤筛网。

③待测钻井液、1000mL 液杯、清水。

2. 操作步骤

①取搅拌均匀的钻井液样品，注入含沙仪量筒（玻璃测量管）至钻井液标记处，然后加水至稀释标记处，用拇指堵住管口并用力摇匀。

②取出过滤筒，将稀释好的钻井液倒入过滤筒进行过滤，同时用清水冲洗量筒中的所有物质一起过滤。敲击筛筒边缘，以促使注入的钻井液通过筛网，如因残留沙粒而不洁净，则应用清水反复冲洗，直至冲洗干净。

③将小漏斗套在过滤筒上端，慢慢倒置，将漏斗下端插入含沙仪量筒（玻璃测量管）内，再从筛网背面用清水将沙粒全部冲到含沙仪量筒（玻璃测量管）内，垂直放置静止。

④待沙粒完全下沉后，读取含沙仪量筒（玻璃测量管）内沙粒所在刻度值即为该钻井液的含砂量。

3. 技术要求

①测定之前应用清水把仪器部件清洗干净。

②取样时要充分搅拌均匀。

③取样的钻井液，液面不能在含沙仪量筒刻度线以上

④用筛网过滤冲洗沙粒时，不能搅拌，以免损坏筛网及影响结果。所使用的筛网应为200 目。

⑤含沙仪量筒（玻璃测量管）静止时必须保持垂直。

七 钻井液 pH 值测定

1. 准备工作

①穿戴好劳保用品。

② pH 试纸（范围 0 ~ 14）、待测钻井液滤液。

2. 操作步骤

①取一小条 pH 试纸，用玻璃棒蘸取少许滤液，使其充分浸透变色。

②将变色的试纸和色标对比，读取相应的数值。

3. 技术要求

①现场测定多采用比色法，在测定滤失量时，用其滤液就能测出 pH 值。

②必须待试纸颜色稳定后再取出对比。

③在现场测量钻井液的 pH 值时，常用 pH 试纸，操作简单，但准确性稍差。在室内常用 pH 计（酸度计）测定，结果较为准确。

八 钻井液高温高压滤失量的测定

1. 准备工作

①穿戴好劳保用品。

②高温高压滤失仪一台，金属温度计两支（0 ~ 200℃）。

③搪瓷量杯（1000 mL）一个。

④搅拌器一台。

⑤秒表一只。

⑥量筒（25mL 或 50mL）一个。

⑦滤纸若干。

⑧检查气源、电源、三通阀、高压软管等。

⑨恒温器一台。

⑩钻井液若干。

2. 操作步骤

①接通电源，将恒温器调至中等温度范围半小时左右，将温度计插入测试孔，预热加温杯至略高于所需温度（高 5 ~ 6℃），调整恒温器保持恒温。

②松开钻井液杯上的紧固螺钉，取下钻井液杯盖，拧紧钻井液杯及钻井液杯盖上的连通阀杆，将搅拌好的待测钻井液倒入钻井液杯至刻度线处。

③将滤纸仔细平放在钻井液杯的“O”形圈上，依次把钻井液杯盖装上并用紧固螺钉紧固。

④检查上下连通阀是否旋紧，将钻井液杯倒置于加热杯内（由固定销定位）。

⑤将另一支温度计插入钻井液杯插孔内。

⑥将增压器装入连通阀杆上端，并插入固定销定位。

⑦将回压器装入下连通阀杆下端，插入固定销。

⑧以气瓶为压力气源，将增压器及回压器接通。

⑨调整增压器及回压器手柄使其指示 690kPa 压力值。

⑩打开顶阀，此时 690kPa 压力进入钻井液杯作用于钻井液上。

⑪ 当钻井液杯恒定在所需温度 ±2℃时，迅速将增压器送至 4140kPa，然后打开底阀，形成背压，并同时计时。

⑫ 滤失时间 30min，维持测定温度 ±2℃，若回压高于 690kPa，可采取收集一部分滤液的办法，释放压力，使回压器恒定于 690kPa。

⑬ 测量 30min，冷却 5min，全部收取滤液并取下量筒，切断电源，关闭上下连通阀杆，将增压器“T”形调压手柄按逆时针方向旋转，使其在自由位置，读取数值并记录。

⑭ 打开增压器放气阀，泄掉管汇压力，拉出固定销，取下增压器。

⑮ 将回压器“T”形调压手柄按逆时针方向旋转，使其在自由位置，并通过安全阀手柄将接收器中的压力放掉。拉出固定销，取下回压器。

⑯ 从加温器中取出钻井液杯，使之自然冷却或水冷。将钻井液杯盖朝下，松开连通阀杆，释放杯中压力。

⑰ 松开钻井液杯盖上的紧固螺钉，取下盖子，取出滤纸。

⑱ 洗净并擦干仪器备用。

⑲ 结果处理：测定 30min 的滤失量乘以 2 即为高温高压滤失量，量取的高温高压滤饼厚度就是所测钻井液的高温高压滤饼厚度。

3. 技术要求

①钻井液必须在高速下充分搅拌。加量要控制在钻井液杯上刻度线处，距顶端约 16mm，当温度在测定温度以上时，钻井液要装到钻井液杯下刻度线处，距顶端约 20mm，取样钻井液也可在搅拌时预热至 50～55℃。

②顶部和底部压力调至 690kPa，才能打开顶部的阀杆，待温度恒定到测定温度 ±2℃后，才能将顶部压力调至 4140kPa，并计时。

③试验开始前，注意检查放气阀是否关闭。

④当钻井液杯从加温器中取出后必须冷却到室温并卸压方可打开杯盖。

⑤高压时，一定要逐渐升压，增压器最高压力不超过 5MPa。

九 钻井液固相含量测定

1. 准备工作

①穿戴好劳保用品。

②准备固相含量测定仪一套、待测钻井液、刮刀、天平、扳手、百分含量刻度筒等。

③准备消泡剂、破乳剂、钻井液（1000mL）、100mL 液杯。

④检查蒸馏器、液杯盖、加热棒、电线插头、冷凝器、刮刀、环架、天平确保灵敏好用。

2. 操作步骤

①确保蒸馏器样品杯、冷凝通道及液体接收器都是洁净而干燥的，并冷却至室温。在每次试验之前，均应使用刮刀彻底清洗样品杯的内部和盖子，并应定期使用细钢毛轻轻擦洗样品杯内部，使用清管器清洗冷凝通道并使之干燥。因为冷凝通道内的沉积物会影响冷凝效率，使收集到的液体量产生偏差。

②用马氏漏斗上的 1.68mm 筛网将钻井液样品过滤，除去堵漏材料、大颗粒钻屑和其他碎屑物。把搅拌好的钻井液注满拆开的蒸馏液杯内，盖好计量杯盖，用棉纱擦掉由计量杯盖小孔中溢出的钻井液，取下计量杯盖，将黏附在杯盖上的钻井液刮回液杯中，这时液杯中的钻井体积恰好为 20mL±0.01mL（这是一个不可改变的定值）。

③若有气泡时加入 2～3 滴消泡剂，取套筒拧紧于液杯上，然后将加热棒装入套筒内拧紧。

④将蒸馏器引流管插入冷凝器的小孔中（把蒸馏器和冷凝器连接起来），再把玻璃量筒卡在冷凝器引流管下方，以便接收冷凝成液体的油和水。

⑤将导线的母接头插在加热棒上端的插头上（切勿转动），接通电源，通电 3～5min 后，从蒸馏液流出的第一滴开始计时，直到全部蒸干（冷凝器引流管下方不再有液体流出）为止，需要 20～40min（一般需 40min），无液滴流出时切断电源。

⑥用环架套住蒸馏器上端部分，手握电线拿下蒸馏器，可用水冷却，电线接头及加热棒与套筒的连接处应小心，不能沾水。

⑦待冷却后拔掉电源接头，卸开蒸馏器，用刮刀刮净内壁、加热棒和套筒内的固相成分，全部回收完后称取质量。将蒸馏器、加热棒洗净擦干。

⑧取出百分含量刻度量筒，读出油和水的百分含量，如果液面油、水分层不清，可加入2～3滴破乳剂以改善液面的清晰度。

⑨计算

根据所测得的油和水的体积以及钻井液样品的原始体积（20mL），可计算钻井液中水、油、固相的体积分数。

①水的体积分数：

水的体积分数 φ_{ω} 用样品的体积分数表示，按式（2–9–1）计算。

$$\varphi_{\omega}=100\times\frac{V_{\omega}}{V_{df}} \quad （2–9–1）$$

式中 V_{ω}——水的体积，mL；

V_{df}——钻井液样品的体积，mL。

②油的体积分数：

油的体积分数 φ_0 用样品的体积分数表示，按式（2–9–2）计算。

$$\varphi_{o}=100\times\frac{V_{o}}{V_{df}} \quad （2–9–2）$$

式中 V_o——油的体积，mL：

V_{df}——钻井液样品的体积，mL。

③蒸馏固相的体积分数：

蒸馏固相的体积分数 φ_s 用样品的体积分数表示，按式（2–9–3）计算。

$$\varphi_{s}=100-(\varphi_{\omega}+\varphi_{0}) \quad （2–9–3）$$

注：式（2–5–3）中的蒸馏固相体积分数为样品总体积（20mL）与水和油的体积之和的差值，该差值中包括悬浮固相（加重材料和低密度固相）和溶解物（如盐）。因此，这一蒸馏固相体积分数仅为未处理过的淡水钻井液的悬浮固相体积分数。

为确定悬浮固相体积分数以及悬浮固相中低密度固相和加重材料的相对体积分数，需要进行一些附加计算。为此，需要有精确的钻井液密度和氯离子浓度。悬浮固相的体积分数 φ_{ss} 用样品的体积分数表示，按式（2–9–4）计算。

$$\varphi_{ss}=\varphi_{s}-\left(\frac{\varphi_{\omega}c_{Cl^-}}{168000-1.21\times c_{Cl^-}}\right) \quad （2–9–4）$$

式中 c_{Cl^-}——氯离子浓度，mg/L；

φ_{ω}——水的体积分数，%；

φ_s——固相的体积分数，%。

低密度固相的体积分数 φ_{lg} 用样品的体积分数表示，国际单位制按式（2-5-5）计算。美国传统单位制按式（2-5-6）计算。

$$\varphi_{lg}=\left(\frac{1}{\rho_b-\rho_{lg}}\right)\left[100\rho_f+(\rho_b-\rho_f)\times\omega_{ss}-100\rho_{df,A}-(\rho_f-\rho_o)\times\varphi_o\right] \quad (2\text{-}9\text{-}5)$$

$$\varphi_{lg}=\left(\frac{1}{\rho_b-\rho_{lg}}\right)\left[100\rho_f+(\rho_b-\rho_f)\times\varphi_{ss}-12\rho_{df,B}-(\rho_f-\rho_o)\times\varphi_o\right] \quad (2\text{-}9\text{-}6)$$

式中 $\rho_{df,A}$——钻井液密度，g/cm^3；

$\rho_{df,B}$——钻井液密度，lb/gal；

ρ_f——滤液密度，g/cm^3，按式（2-9-7）计算

$$\rho_f=1+0.00000109\times c_{Cl^-} \quad (2\text{-}9\text{-}7)$$

ρ_b——加重材料密度，g/cm^3；

ρ_{lg}——低密度固相密度，g/cm^3（如未知．则用 2.6）；

ρ_o——油的密度，g/cm^3（如未知，则用 0.8）。

加重材料体积分数 φ_b 用百分数表示，按式（2-9-8）计算。

$$\varphi_b=\varphi_{ss}-\varphi_{lg} \quad (2\text{-}9\text{-}8)$$

低密度固相浓度 $C_{lg,A}$、加重材料浓度 $C_{b,A}$ 及悬浮固相浓度 $C_{ss,A}$ 用千克每立方米表示时，分别按式（2-9-9）、式（2-9-10）和式（2-9-11）计算。

$$C_{lg,A}=10\rho_{lg}\times\varphi_{lg} \quad (2\text{-}9\text{-}9)$$

$$C_{b,A}=10\rho_b\times\varphi_b \quad (2\text{-}9\text{-}10)$$

$$C_{ss,A}=C_{lg,A}+C_{b,A} \quad (2\text{-}9\text{-}11)$$

式中 φ_{lg}——低密度固相体积分数，%；

φ_b——重晶石体积分数，%。

低密度固相浓度 $C_{lg,B}$、加重材料浓度 $C_{b,B}$ 及悬浮固相浓度 $C_{ss,B}$ 用磅 l 桶表示时，则分别按式（2-9-12）、式（2-9-13）和式（2-9-14）计算。

$$C_{lg,B}=3.50\rho_{lg}\times\varphi_{lg} \quad (2\text{-}6\text{-}12)$$

$$C_{b,B}=3.50\rho_b\times\varphi_b \quad (2\text{-}6\text{-}13)$$

$$C_{ss,B}=C_{lg,B}+C_{b,B} \quad (2\text{-}6\text{-}14)$$

3. 技术要求

①取样钻井液必须充分搅拌，若有气泡，须排除气泡后才能取样测定。

②液杯内注入钻井液后，计量杯盖要慢慢放平，从杯盖小孔溢出的钻井液必须擦掉，再慢取杯盖，杯盖上黏附的钻井液应刮回液杯中，使杯中钻井液体积接近 20mL。

③蒸馏器的冷却，平时测定可自然冷却，示范测定可采取水淋冷却。电线插头、电热

棒与套筒连接处不能附着水，以免水进入套筒。

④若通电后蒸馏器不热，可切断电源，检查加热棒与电线母接头是否接触牢固，电源供电是否正常等。

⑤实际操作中，应注意观察有无蒸气从箱体和蒸馏器之间跑掉。如有此现象，可能是冷凝管被堵，可用洗耳球吹，若还不通必须更换仪器。

十 测定油基钻井液固相、水相和油相含量

用蒸馏试验测定从油基钻井液样品中释放出来的油和水的量，方法是在已校正好的且工作正常的蒸馏器中加热样品。了解水相、油相和固相含量，是有效控制钻井液性能的前提和基础，这些性能包括油水比、流变性、密度、滤失量及水相的矿化度。了解油基钻井液中固相的相关信息对评价固控设备的性能至关重要。在蒸馏试验中，将已知体积的油基钻井液样品在一蒸馏器中加热，使其中的液相组分挥发。然后让蒸气冷凝，并收集在一精确的带有刻度的接收器中。从所用钻井液样品的体积中减去收集到的总液体体积，再除以样品的体积，即可得到蒸馏固相的体积分数。

1. 准备工作

①材料准备。

待测油基钻井液。

②仪器、设备准备。

蒸馏器、液体接收器。

③工具、用具准备。

刮刀、细刚毛、清管器、马氏漏斗、耐温硅脂、软土塞起子、注射器、操作数据记录表、记录笔、擦布、乳胶手套、废液回收桶或废液回收池。

2. 操作步骤

（1）测定程序

①确保蒸馏器样品杯、冷凝通道及液体接收器都是洁净而干燥的，并冷却至室温。在每次试验之前，使用刮刀彻底清洗样品杯的内部和盖子，并应定期使用细钢毛轻轻擦洗样品杯内部，每次试验前均应使用清管器清洗冷凝通道并使之干燥。因为冷凝通道内的沉积物会影响冷凝效率，使收集到的液体量产生偏差。

②采集有代表性的油基钻井液样品，使之冷却至大约26℃。用马氏漏斗上的1.68 mm筛网将样品过滤，除去堵漏材料、大颗粒钻屑和其他碎屑物。

③彻底搅拌钻井液样品，以保证其完全均一。注意不要混入空气，而且不得有固相停留在容器底部。

④缓慢地向样品杯中注满钻井液样品，避免混入空气，轻轻叩击样品杯的一侧以排出空气。盖上样品杯的盖子并旋转之，使杯与盖恰好吻合。要保证有少许过量的钻井液从盖上的小孔溢出。将过量的钻井液擦去，同时避免将杯内样品吸出。

⑤向蒸馏器主体内填入钢毛。

⑥在样品杯的螺纹上涂润滑油，保持小盖在样品杯上，揭开小盖，将挂在小盖上的钻井液刮到样品杯中，用手将蒸馏器主体与样品杯旋紧在一起。

⑦在蒸馏器出口的螺纹上涂润滑油，并连接好冷凝器，将蒸馏装置放到加热套内，关闭隔热门。

⑧将洁净而干燥的液体接收器置于冷凝器出口下方。

⑨接通加热套的电源，让其加热至少 45min。

⑩移开液体接收器，使之冷却，并记录接收器中收集到的总液体体积、油的体积和水的体积。

⑪ 断开加热套的电源，待蒸馏装置冷却后再清洗。

（2）固相、水相和油相含量的计算

利用测得的油和水的体积，以及原始钻井液样品的体积，可以计算钻井液油相、水相和总固相的体积百分数。

①计算油相的体积百分数

$$\varphi_o=(V_o/V)\times 100\%$$

式中 φ_o——油相占样品总体积的百分数，%；

V_o——油的体积，mL；

V——井液样品的体积，mL。

②计算水相的体积百分数。

$$\varphi_W=(Vw/V)_x 100\%$$

式中 φ_W——水相占样品总体积的百分数，%;

Vw——水的体积，mL;

V——钻井液样品的体积，mL。

③计算蒸馏固相的体积百分数。

$$\phi_{sol}=100\%-(\phi_w+\phi_o)$$

式中 ϕ_{sol}——蒸馏固相占样品总体积的百分数，%；

ϕ_w——水占样品总体积的百分数，%；

ϕ_o——油占样品总体积的百分数，%。

因为有溶解盐存在，计算得到的固相含量高于钻井液中的悬浮固相，利用已知的盐溶液体积系数可以进行矿化度体积校正。

3. 技术要求

①选用的样品必须具有代表性。

②仪器设备必须保证清洁、干燥。

十一 钻井液中膨润土含量测定——亚甲基蓝滴定（MBT）

1. 准备工作

①穿戴好劳保用品。

②酸式滴定管一支。

③ 250mL 锥形瓶 2 个。

④ 2mL 注射器一支。

⑤量筒（20mL、50mL）2 个。

⑥电炉（1000W/220V）一个。

⑦搅拌棒、滤纸等。

⑧ 0.01mol/L 亚甲基蓝水溶液。

⑨ 3% 双氧水（H_2O_2）。

⑩ 2.5mol/L 的稀硫酸 5mL。

⑪ 钻井液若干。

2. 操作步骤

①用不带针头的注射器准确量取 1mL（或 2～10mL 试剂所需的适当体积）钻井液，记作 V_{df}，注入 250mL 锥形瓶中。

②加 10mL 水稀释。为了除去 CMC、褐煤、木质素磺酸盐、聚丙烯酸盐等有机物的干扰，加入 15mL 3% 的双氧水和 0.5mL 稀硫酸（2.5mol/L）。

③把锥形瓶放在电炉上，缓慢煮沸 10min，取下后水冷至室温，加水约 50mL。

④用亚甲基蓝水溶液滴定，每滴入 0.5mL 亚甲基蓝水溶液后，旋摇 30s。

⑤用搅拌棒沾一滴液体滴到滤纸上，观察在染色固体斑点周围是否出现绿蓝色圈。若无此种色圈，继续滴入 0.5mL 亚甲基蓝溶液，重复上面的操作。当发现绿蓝色圈时，旋摇锥形瓶 2min，再放 1 滴在滤纸上，若色圈仍不消失表明已达滴定终点；若色圈消失，则应继续前述操作，直到旋摇 2min 后液滴中染色固体斑点周围的绿蓝色圈不消失为止。

⑥记录亚甲基蓝溶液消耗的毫升数，记作 V_{mb}。

⑦计算钻井液中膨润土含量（g/L）

$$E_{BE,A}=\frac{14.25\times V_{mb}}{V_{dr}}$$

式中　$E_{BE,A}$——钻井液中膨润土含量，g/L。

⑧清洗仪器并摆放整齐。

3. 技术要求

①煮沸时切勿蒸干。

②用亚甲基蓝溶液滴定时，每次加量 0.5mL，旋摇锥形瓶 30s，当固体仍悬浮时，用搅拌棒取一滴液体滴在滤纸上，当染色固体斑点周围出现绿蓝色圈时即达到滴定终点。若无此色圈，则可重复上述操作。

③若出现绿蓝色圈，但随即消失，说明终点快到，应小心滴定，旋摇 2min 后再取一滴液体滴在滤纸上，若出现蓝绿色圈并不再消失，则说明达到终点。

十二 水基钻井液滤液分析

（一）测定钻井液滤液中的 Cl^- 的含量

1. 准备工作

①穿戴好劳保用品。

②锥形瓶（100mL）。

③移液管（10mL）、滴定管（25mL）、滴定架。

④量筒（25mL）、小烧杯（50mL）。

⑤ $AgNO_3$ 标准溶液：4.791g/L（0.0282mol/L，相当于 0.001g/mL Cl^-）。

⑥ K_2CrO_4 指示剂溶液：5g/100mL 水溶液。

⑦ HNO_3 标准溶液：0.02mol/L（或 H_2SO_4 标准溶液：0.01mol/L）。

⑧酚酞指示剂：0.5g/100mL 的 95% 乙醇水溶液。

⑨碳酸钙：沉淀物，化学纯。

⑩蒸馏水、吸球、pH 试纸（1~14）等。

⑪ 钻井液滤液：10mL。

2. 操作步骤

①用移液管量取 1mL 或更多的滤液注入锥形瓶中。

②加入 2 ~ 3 滴酚酞指示剂，如指示剂变为粉红色，则边搅拌边用移液管逐滴加入 H_2SO_4 或 HNO_3 标准溶液，直至红色消失。

③再加入 25 ~ 50mL 蒸馏水和 5 ~ 10 滴 K_2GrO_4 指示剂溶液。

④连续摇动的同时用滴定管逐滴加入 $AgNO_3$ 标准溶液，直至混浊的溶液刚刚从黄色变为砖红色，经摇荡而不褪色（持续 30s）即为滴定终点。

⑤记录到达终点时所消耗的 $AgNO_3$ 标准溶液的量。

⑥清洗仪器并摆放整齐。

⑦计算滤液中 Cl^- 的含量。

公式为：

$$p(Cl^-)=\frac{C(AgNO_3)V(AgNO_3)}{V}\times1000\times35.45$$

式中 $\rho(Cl^-)$——Cl^- 的质量浓度，mg/L。

$C(AgNO_3)$——$AgNO_3$ 标准溶液的摩尔浓度，mol/L。

$V(AgNO_3)$——消耗 $AgNO_3$ 的体积，mL。

V——样品的体积数，mL。

注：如滤液中的氯离子浓度超过 10000mg/L，可使用相当于 0.01g/mL（0.282mol/L）Cl^- 的 $AgNO_3$ 溶液，此时需要将公式中的系数 1000 改为 10000。

3. 技术要求

①当加入酚酞指示剂溶液粉红色时，可用移液管逐滴加入 0.02mol/L 的 HNO_3 标准溶液，直至颜色消失，如滤液颜色较深，则先加入 2mL 0.01mol/L H_2SO_4 或 0.02mol/L HNO_3 溶液并搅拌均匀，然后加入 1g 碳酸钙并搅拌。

②滴定时要不断地摇动锥形瓶。

③滴定要用点滴方式进行。

④操作前，须用蒸馏水对所用仪器进行清洗。

⑤终点判断。若滤液中 Cl^- 含量多，可观察聚沉在瓶底的 AgCl 沉淀开始略显极浅砖红色为其终点；若 Cl^- 含量少，则由黄色乳浊液刚刚显出浅砖红色为其终点。

⑥当滤液呈碱性时，可加入酚酞指示剂 1 滴，先用 0.1mol/L 的 HNO_3 中和至红色刚消失为止；当滤液呈酸性时，加入酚酞指示剂 1 滴，先用 0.1mol/LNa_2CO_3 中和至溶液出现红色，再逐滴加入 0.1mol/L 的 HNO_3，至红色刚消失为止。

⑦如果滤液里有 Br^-、I^- 存在，则测得 Br^-、I^- 后，将所得 $AgNO_3$ 的总量减去相当于 Br^- 和 I^- 消耗的 $AgNO_3$ 的量，再计算 Cl^- 的含量。

⑧滤液中有 Ba^{2+}、S^{2-}、Pb^{2+} 等离子存在时，由于它们能和 K_2CrO_4 指示剂产生黄色沉淀，S^{2-} 能和 Ag^+ 生成黑色沉淀，因此必须消除其干扰之后才能用此法测定。

（二）测定钻井液滤液中的 Ca^{2+} 含量

1. 准备工作

①穿戴好劳保用品。

②锥形瓶（250mL）三个。

③移液管（5mL）、酸式滴定管（25mL）、滴定架。

④量筒（10mL、20mL）两个。

⑤洗耳球、洗瓶、pH 试纸、毛刷、加热板。

⑥缓冲溶液：2mol/L 的 NaOH 溶液。

⑦ 5.25% 的次氯酸钠溶液。

⑧乙酸。

⑨掩蔽剂：体积比为 1∶1∶2 的三乙醇胺、四乙烯基戊胺和去离子水的混合液。

⑩ EDTA 标准溶液：0.01mol/L 的乙二胺四乙酸二钠盐标准溶液（1mL 该浓度 EDTA 溶液中物质的量与 1mL 1000mg/L $CaCO_3$ 溶液相同，1mL 该浓度 EDTA 溶液中物质的量与 1mL 400mg/L Ca^{2+} 溶液相同）。

注：不同供应商的 EDTA 名称不同，最常见的是乙二胺四乙酸盐或乙二胺四乙酸盐标准溶液。

⑪ 硬度指示剂溶液：1g/L 钙镁试剂®或相当的试剂；1-（1-羟基-4-甲基-2-苯偶氮基）-

2-萘酚-4-磺酸的水溶液。

⑫ 钙指示剂：Calver® Ⅱ或羟基萘酚蓝。

2. 操作步骤

①用移液管量取 1mL 或更多的待测液注入锥形瓶中（若待测液无色或颜色较浅需注明，可以不脱色；若待测液颜色较深，加入 10mL 次氯酸钠溶液并混合均匀，加入 1mL 乙酸并混合均匀，煮沸 5min 除氯气后，冷却）。

②用蒸馏水冲洗锥形瓶内壁并将待测液稀释至 50mL，加入 10~15mL 测钙离子用缓冲溶液，使 pH 值达到 12 ~ 13（如怀疑待测液中存在铁离子，可加入三乙醇胺水溶液作掩蔽剂）。

③加入足量的钙指示剂（0.1~0.2 g）并摇匀，使溶液呈粉红色至酒红色。

④用 EDTA 标准溶液进行滴定，要边滴边摇动锥形瓶，直至颜色由红色变为蓝色，继续加入 EDTA 标准溶液时不再有由红到蓝的颜色变化为止，即为最恰当的终点。

⑤记录到达终点时所消耗的 EDTA 标准溶液的量。

⑥清洗仪器并摆放整齐。

⑦计算钙离子的含量。公式为：

$$C_{Ca^{2+}} = 400 \times \frac{V_{EDTA}}{V_f}$$

式中 $C_{Ca^{2+}}$——钙离子含量，mg/L；

V_{EDTS}——滴定中消耗的 EDTA 溶液体积，mg/L。

V_f——滤液样品体积，mL。

3. 技术要求

①滴定时要不断摇动锥形瓶。

②滴定要用点滴方式进行。

③操作前，须用蒸馏水对所有仪器进行清洗。

（三）测定钻井液中 Mg^{2+} 含量

1. 准备工作

①穿戴好劳保用品。

②蒸馏水、待测钻井液。

③锥形瓶（250mL）一个。

④移液管（5mL）、酸式滴定管（25mL）、滴定架。

⑤量筒（10mL、20mL）两个。

⑥洗耳球、洗瓶、pH 试纸、毛刷、加热板。

⑦缓冲溶液：67.5g 氯化铵溶于 200mL 水中，加 570mL 氢氧化铵（15mol/L），用蒸馏水稀释至 1000mL。

⑧ 5.25% 的次氯酸钠溶液。

⑨乙酸。

⑩掩蔽剂：体积比为 1：1：2 的三乙醇胺、四乙烯基戊胺和去离子水的混合液。

⑪EDTA 标准溶液：0.01mol / L 的乙二胺四乙酸二钠盐标准溶液（1mL 该浓度 EDTA 溶液中物质的量与 1mL 1000mg/L$CaCO_3$ 溶液相同，1mL 该浓度 EDTA 溶液中物质的量与 1mL 400mg/L Ca^{2+} 溶液相同）。

注：不同供应商的 EDTA 名称不同，最常见的是乙二胺四乙酸盐或乙二胺四乙酸盐标准溶液。

⑫ 硬度指示剂溶液：1g/L 钙镁试剂®或相当的试剂；1-（1- 羟基 -4- 甲基 -2- 苯偶氮基）-2- 萘酚 -4- 磺酸的水溶液。

2. 操作步骤

①用移液管量取 1mL 或更多的待测液注入锥形瓶中（若待测液颜色较深，加入 10mL 次氯酸钠溶液并混合均匀，加入 1mL 乙酸并混合均匀，煮沸 5min 除氯气后，冷却）。

②用蒸馏水冲洗锥形瓶内壁并将待测液稀释至 50 mL，加入约 2 mL 缓冲溶液并混合均匀（如怀疑待测液中存在铁离子，可加入三乙醇胺水溶液作掩蔽剂）。

③加入足够的硬度指示剂（2~6 滴）摇匀，如存在钙离子或镁离子，溶液会呈酒红色。

④用 EDTA 标准溶液进行滴定，要边滴边摇动锥形瓶，直至溶液颜色由酒红色变为蓝色，继续加入 EDTA 标准溶液时不再有由红到蓝的颜色变化为止，即为最恰当的终点。

⑤记录到达终点时所消耗的 EDTA 标准溶液的量。

⑥计算镁离子的含量。公式为：

$$C_{(Ca^{2+}+Mg^{2+})}=400\times\frac{V_{EDTA}}{V_f}$$

$$C_{Mg^{2+}}=0.6\times\left(C_{(Ca^{2+}+Mg^{2+})}-C_{Ca^{2+}}\right)$$

式中 $C_{(Ca^{2+}+Mg^{2+})}$——钙镁离子总硬度，mol/L；

$C_{Mg^{2+}}$——镁离子含量，mg/L；

$C_{Ca^{2+}}$——钙离子含量，mg/L；

V_{EDTA}——滴定中消耗的 EDTA 溶液体积，mg/L；

V_f——滤液样品体积，mL。

3. 技术要求

①滴定时要不断地摇动锥形瓶。

②滴定要用点滴方式进行。

③操作前，须用蒸馏水对所有仪器进行清洗。

（四）测定钻井液滤液 SO_4^{2-} 含量

1. 准备工作

①穿戴好劳保用品。

②水分析仪。

③三角烧杯（100mL 或 150mL）。

④移液管（1mL、2mL、5mL）。

⑤量筒（200mL、10mL）。

⑥洗瓶（500mL）。

⑦ 0.01mol/L EDTA 溶液。

⑧氨缓冲液。

⑨ 0.5% 铬黑 T 指示剂。

⑩ 1：1 盐酸。

⑪0.025 mol/L 钡镁混合液。

2. 操作步骤

①移取滤液 1 ~ 10mL，注入洁净的烧杯中。

②加入 20mL 蒸馏水冲稀。

③用 1：1 盐酸 2 ~ 3 滴酸化，在电炉上加热至沸腾，保持 1 ~ 2min。

④加入 0.025 mol/L 钡镁混合液 5mL，继续加热 2 ~ 3min，取下冷却至室温。

⑤加缓冲液 10mL，再加入铬黑 T 指示剂少许，使溶液呈酒红色。

⑥用 0.01mol/L EDTA 溶液，滴定溶液由酒红色变至纯蓝色。

⑦记下所消耗的 EDTA 溶液毫升数。

3. 技术要求

①如滤液中 SO_4^{2-} 含量过高，取少量试样以便减少试剂消耗。

②滴定应采用点滴方式，并不断摇动烧杯以便及时掌握测定终点。

③测定须前用蒸馏水清洗仪器至少两次，保证测定数值准确。

④影响测定终点不明显的因素：SO_4^{2-} 含量大，将影响测定，应把沉淀的 $BaSO_4$ 全部过滤除去，再进行滴定。

⑤用铬黑 T 指示剂 EDTA 溶液滴定 Mg^{2+} 时，铬黑 T 先与 EDTA 络合，络合物的颜色为酒红色。当接近等当点时，由于 EDTA 与 Mg^{2+} 生成的络合物较铬黑 T 与 Mg^{2+} 生成的络合物更稳定，故 EDTA 能从铬黑 T 指示剂与金属离子络合物中夺取金属离子，使指示剂游离出来，溶液呈铬黑 T 游离态颜色（蓝色），即指示滴定达到终点。

加氨缓冲液是为保证溶液的 pH = 8 ~ 11，因为在该条件下，达到等当点时颜色变化才明显。

⑥硫酸根含量计算。

$$\rho(SO_4^{2-})=\frac{(C_{Ba}V_{Ba}+C_{EDTA}V_{Ca-Mg}-C_{EDTA}V_{EDTA})\times 1000}{V}\times 96.06$$

式中 $\rho(SO_4^{2-})$——SO^{2-} 的质量浓度，g/L。

C_{Ba}——钡镁混合液的物质的量浓度，mol/L。

V_{Ba}——加入钡镁混合液的毫升数，mL。

C_{EDTA}——EDTA 溶液的物质的量浓度，mol/L。

V_{Ca-Mg}——测定同等滤液钙镁含量时所消耗的 EDTA 溶液毫升数，mL。

V_{EDTA}——测定滤液后，所消耗的 EDTA 溶液毫升数，mL。

V——所取滤液毫升数，mL。

96.06——SO_4^{2-} 的摩尔质量，g/mol。

（五）测定 OH^-、CO_3^{2-} 及 HCO_3^- 的含量

1. 准备工作

①穿戴好劳保用品。

②水分析仪。

③三角烧杯（100mL 或 150mL）。

④移液管（1mL、2mL 或 5mL）。

⑤量筒（20mL）。

⑥洗瓶（500mL）。

⑦玻璃电极酸度计。

⑧ 0.1%酚酞指示剂。

⑨ 0.1%甲基橙指示剂。

⑩ 0.1 mol/L 盐酸标准溶液。

2. 操作步骤

①取滤液 1～5mL，注入洁净的三角烧杯中。

②加 2～3 滴酚酞指示剂。

③若颜色呈粉红色，用 0.1mol/L 盐酸滴定至红色刚好消失，记录 HCl 溶液用量（P）。

④再于此溶液中加入 1～2 滴 0.1%甲基橙溶液，颜色呈黄色。

⑤再继续用 0.1mol/L HCl 滴定至由黄色变为橙红色，记录此时 HCl 溶液的消耗量（M）。

⑥计算，结果见表 2-5-1。

表 2-5-1　氢氧根、碳酸根及碳酸氢根测定计算结果

测定	OH^-	CO_3^{2-}	HCO_3^-
$P=0$	0	0	M
$P<M$	0	P	$M-P$
$P=M$	0	P	0
$P>M$	$P-M$	M	0
$M=0$	P	0	0

①当 P=0，$M \neq 0$ 时，只有 HCO_3^- 存在。

$$\rho(HCO_3^-)=\frac{c(HCl)\times M}{V}\times 61.02\times 10^3$$

②当 P=M 时，只有 CO_3^{2-} 存在。

$$\rho(CO_3^{2-})=\frac{c(HCl)\times 2P}{V}\times 30.01\times 10^3$$

③当 $P>M$ 时，只有 OH^- 和 CO_3^{2-} 和存在。

$$\rho(OH^-)=\frac{c(HCl)\times(P-M)}{V}\times 17.01\times 10^3$$

$$\rho(CO_3^{2-})=\frac{c(HCl)\times 2M}{V}\times 30.01\times 10^3$$

④当 $P<M$ 时，只有 CO_3^{2-} 和 HCO_3^- 存在。

$$\rho(CO_3^{2-})=\frac{c(HCl)\times 2P}{V}\times 30.01\times 10^3$$

$$\rho(HCO_3^-)=\frac{c(HCl)\times(M-P)}{V}\times 61.02\times 10^3$$

⑤当 M=0 时，只有 OH^- 存在。

$$\rho(OH^-)=\frac{c(HCl)\times P}{V}\times 17.01\times 10^3$$

式中　c(HCl)——HCl 标准溶液的浓度，mol/L。

$\rho(HCO_3^-)$——HCO_3^- 的质量浓度，mg/L。

$\rho(CO_3^{2-})$——CO_3^{2-} 的质量浓度，mg/L。

$\rho(OH^-)$——OH^- 的质量浓度，mg/L。

P——酚酞作指示剂时所消耗的标准 HCl 溶液的体积，mL。

M——甲基橙作指示剂时所消耗的标准 HCl 溶液的体积，mL。

V——所取滤液的体积，mL。

3. 技术要求

①测定前仪器要用蒸馏水清洗。

②操作应以点滴方式滴定。

③同一滤液中，HCO_3^- 和 OH^- 不可能同时存在。

$$OH^-+HCO_3^- = CO_3^{2-}+H_2O$$

④测定终点判断的影响因素主要是颜色变化的干扰。若出现此种现象，可用玻璃电极酸度计测定，当 pH 值降至 8.3 时，即达第一终点，此时记下 HCl 的消耗量（P）；继续滴定，当 pH 降至 4.3 时，即达第二终点，记下 HCl 的消耗量（M）。

⑤酚酞：变色范围是 pH=8.0～10.0，酸色为无色，碱色为红色，20mL 试液用量 1～3 滴。

⑥甲基橙：变色范围是 pH=3.1～4.4，酸色为红色，碱色为黄色，20mL 试液用量 1～2 滴。

（六）测定 K^+ 离子的含量

1. 准备工作

①材料准备：蒸馏水、待测液、150：100 高氯酸钠溶液。

②仪器、设备准备：离心机（水平悬摆式转体）。

③工具、用具准备：离心试管（10mL）、移液管（1 mL、2 mL、5 mL 和 10 mL）、量筒（20mL）、洗耳球、洗瓶、测电笔、操作数据记录表、记录笔、计算器、毛刷、擦布、乳胶手套、废液回收桶或废液回收池。

2. 操作步骤

①用移液管量取适量待测液于离心试管中，取样体积见表 2-5-2。

表 2-5-2　不同氯化钾浓度下待测液的取样体积

氯化钾质量浓度		待测液中钾离子质量浓度 /（mg/L）	待测液样品体积 V_f/mL
C_{KClA}/（kg/m³）	$C_{KClB}C_{KCl}$/（lb/bbl）		
10 ~ 50	3.5 ~ 17.5	5250 ~ 26250	7.0
>50 ~ 100	>17.5 ~ 35	>26250 ~ 52500	3.5
>100 ~ 200	>35 ~ 70	>52500 ~ 105000	2.0
>200	>70	>105000	1.0

②如待测液体积少于 7mL，则用蒸馏水稀释至 7mL 并摇匀。

③加入 3mL 高氯酸钠溶液，勿摇动。

④将离心试管放入离心机中（离心机在使用前需进行安全检查），在稳定转速（约 1800r/min）下离心 1min，立即读取并记录沉淀体积。

⑤再加 2 ~ 3 滴高氯酸钠溶液于离心试管中，验证是否测出了所有钾离子，若依旧能产生沉淀，另取少量待测液重复操作。

⑥将所测得的沉淀体积与氯化钾标准曲线进行对比，确定待测液中氯化钾质量浓度［如从标准曲线上读出的稀释待测液中氯化钾质量浓度超过 50kg/m³（或 17.5lb/bbl），则测定结果的准确度降低。为获得更准确的结果，可按表 2-6-2 所示待测液取样体积，另取一份少量待测液，重复操作。

⑦计算待测液中钾离子的含量。

公式为：

$$C_{f,KCl,A}=\left(\frac{7}{V_f}\right)\times C_{KCl,A}$$

$$C_{f,KCl,B}=\left(\frac{7}{V_f}\right)\times C_{KCl,B}$$

$$C_{K^+,A}=525\times C_{f,KCl,A}$$

$$C_{K^+,B}=0.525\times C_{f,KCl,B}$$

式中 $C_{KCl,A}$——标准曲线 X_1 轴所对应的氯化钾含量，kg/m³。

$C_{KCl,B}$——标准曲线 X_2 轴所对应的氯化钾含量，lb/bbl。

$C_{f,KCl,A}$——待测液中氯化钾的含量，kg/m³。

$C_{f,KCl,B}$——待测液中氯化钾的含量，lb/bbl。

$C_{K^+,A}$——待测液中钾离子的含量，mg/L。

$C_{K^+,B}$——待测液中钾离子的含量，lb/bbl。

V_f——待测液的体积，mL。

3. 技术要求

①离心时应使用另一只盛有等重液体的离心试管作平衡物。

②为易于清洗，离心试管用完后应立即洗涤。

③钻井液中存在的 K^+ 可稳定页岩并抑制黏土膨胀，因此应精确测定 K^+ 的含量以便调控钻井液性能。本方法用于测定 K^+ 浓度高于 5000mg/L，即氯化钾质量浓度高于 10kg/m³ 时待测液中的 K^+ 含量。

④通过在离心管中用高氯酸盐沉淀钾离子后，测定沉淀的体积，从已绘制好的标准曲线上读出 K^+ 含量（每种类型的离心机都应绘制其标准曲线，绘制方法见 GB/T 16783.1—2014 A.6.3。

十三 测定钻井液电稳定性

1. 准备工作

（1）淡水、待测钻井液。

（2）工具、用具准备

钻井液电稳定性测试仪（DWY–2 型）1 台；马氏漏斗 1 支；搅拌器 1 台。

不锈钢量杯（2000mL）、秒表、温度计（0～105℃）、测电笔、操作数据记录表、擦拭布、乳胶手套、废液回收桶或废液回收池。

2. 操作步骤

（1）仪器校验

①仪器检查：检查电稳定性测试仪电源线是否完好；检查电极和电缆线，看是否有损伤的迹象。同时保证整个电极间距内没有沉积物，电极与主机的接头清洁而干燥；是否在使用期限内。

②用测电笔测搅拌器和电稳定性测试仪是否漏电。

③将电极的探头取下（不安装电极），按控制面板的“RUN”键，进行一次升压。如果仪器操作正常，ES 读值应达到仪器所允许的最高电压。

④将电极探头重新接到主机上，在空气中重复上述升压试验。同样，ES 读值应所允许的最高电压。否则，电极探头和接头就可能需要再次清洗干燥或替换。

⑤在自来水中重复上述升压试验，ES 读值不应超过 3V。如果超过了 3V，则须清洗干

燥电极或替换。

（2）仪器操作

①对仪器进行校正或性能检验。

②打开仪器电源开关，按“RUN”键使仪器空运行（不接电极）15min 后，再进行测试，用马氏漏斗将油基钻井液样品过滤。

③按工艺流程将样品加热到 50℃ ± 2℃，将样品搅拌均匀，记录样品温度。

④用一洁净的纸巾，将电极探头彻底擦干净，使纸巾反复若干次穿过电极的问题，电极在用来配制钻井液的基础油中搅动，清洗电极探头并擦干。[注：不得使用清洁液或芳烃溶剂（如二甲苯）来清洗电极探头和电缆线。]

⑤手持电极探头，将电极插入样品杯盖，使样品浸没电极，并保持电极不与样品杯壁和底接触，搅拌样品大约 10s，以保证钻井液的成分和温度均一。

⑥按控制面板的“RUN”键，开始升压操作，此时 LED 显示窗的数字由“0000”逐渐升高。注意：在升压过程中不得移动电极。

⑦当蜂鸣器报警同时“ALARM”指示灯闪烁时，LED 显示窗的数值为测量值，记录显示窗上的 ES 读值。

⑧按“RESET”键，使数字清零以便进行下一次试验。

⑨用同样的钻井液样品重复（6）～（8）步骤 4 次，记录 5 次的测量平均值。此平均值即为被测样品的电稳定性值。注意：重复试验的结果允许偏差为 ±5%，例如，某样品第一次测试数值为 900V，那么重复试验的结果应该在 855～945V[900（1% ± 5%）V]，否则，检查电极是否清理干净或者更换电极。

⑩关闭电源，取出电极，将电极片之间彻底清洗干净并擦干，放置干燥处备用。

3. 技术要求

①因液体的流动性较强，故搅拌钻井液 10s 后必须稳定一段时间后再开始测试电稳定性。

②在升压过程中不得移动电极。

③停止工作时，拔下电源插头以保证安全。

十四 油基钻井液碱度测定

（一）准备工作

1. 材料准备

待测油基钻井液、蒸馏水或去离子水、丙二醇正丙基醚（PNP）、酚酞指示剂、硫酸标准溶液。

2. 仪器、设备准备

磁力搅拌器，配有 4cm 搅拌子（带镀层）。

3. 工具、用具准备

酸式滴定管、400mL 烧杯（带盖，作滴定容器）、一次性注射器（5mL）、量筒（TC，5mL）、刻度移液管（TD，2 支 1mL、2 支 10mL）、吸耳球、洗瓶、操作数据记录表、记录笔、擦布、乳胶手套、废液回收桶或废液回收池。

（二）操作步骤

①向滴定容器中加入 100mL PNP 溶剂。

②用一只 5mL 注射器吸入 3mL 以上的油基钻井液样品。

③将其中的 2.0mL 油基钻井液转移到滴定容器中。

④搅拌油基钻井液样品和溶剂，直至混合均匀。

⑤加入 200mL 蒸馏水（或去离子水）。

⑥加入 15 滴酚酞指示剂溶液。

⑦在磁力搅拌器搅拌下，用 0.05mol/L 硫酸溶液滴定至粉红色恰好消失。继续搅拌 1min，如果粉红色不再出现，停止搅拌。

⑧让样品静止 5min，如果粉红色不再出现，则表明已达终点。若粉红色复现，使用硫酸进行二次滴定。若粉红色仍旧复现，进行三次滴定。三次滴定之后即使粉红色再次复现，也视为终点。将消耗的 0.05mol/L 硫酸溶液体积记作 $V_{H_2SO_4}$，单位为 mL。

⑨使用步骤⑧中滴定至终点所消耗的 0.05mol/L 硫酸溶液的体积，计算油基钻井液的碱度 AlK_{TOT}，

公式为：

$$AlK_{TOT}=V_{H_2SO_4}/V_S$$

式中 AlK_{TOT}——钻井液碱度；

$V_{H_2SO_4}$——消耗的 0.05mol/L 硫酸溶液体积，mL；

V_S——钻井液样品体，mL。

（三）技术要求

①搅拌油基钻井液样品和溶剂，必须充分搅拌。

②各指示剂的配制时间必须在一个月以内。

十五 测定油基钻井液的 Cl^- 含量

（一）准备工作

1. 材料准备

待测油基钻井液、蒸馏水或去离子水、丙二醇正丙基醚（PNP，作溶剂）、酚酞指示剂

溶液、硫酸标准溶液、铬酸钾指示剂溶液、0.282mol/L 硝酸银标准溶液。

2. 仪器、设备准备

磁力搅拌器，配有 4cm 搅拌子（带镀层）。

3. 工具、用具准备

酸式滴定管、400mL 烧杯（带盖，作滴定容器）、一次性注射器（5mL）、量筒（TC，25mL）、刻度移液管（TD，1 支 1mL、1 支 10mL）、吸耳球、洗瓶、操作数据记录表、记录笔。擦布、乳胶手套、废液回收桶或废液回收池。

（二）操作步骤

①向滴定容器中加入 100mL PNP 溶剂。

②用一支 5mL 注射器吸入 3mL 以上的油基钻井液样品。

③将其中的 2mL 油基钻井液转移到滴定容器中。

④搅拌油基钻井液样品和溶剂，直至混合均匀。

⑤加入 200mL 蒸馏水（或去离子水）。

⑥加入 15 滴酚酞指示剂溶液。

⑦执行“油基钻井液碱度测定”操作步骤的⑦～⑧。

⑧向样品溶液中加入 10～20 滴或更多的 0.05mol/L 硫酸，以保证混合液呈酸性。

⑨加入 10～15 滴铬酸钾指示剂。

⑩在用磁力搅拌器快速搅拌的同时，用 0.282mol/L 硝酸银标准溶液慢慢滴定，直至出现橙红色并稳定至少 1min 不褪色为止。可能需要停止搅拌，以便让油水两相发生分层，这样可以更清晰地观测到水相中的颜色变化。

⑪ 用步骤⑩中滴定终点所需的 0.282mol/L 硝酸银标准溶液的体积来计算油基钻井液的 Cl^- 含量。

计算公式为：

$$C(Cl^-)_{TOT} = (10000 \times V_{AgNO_3}) / V_S$$

式中 $C(Cl^-)_{TOT}$——油基钻井液中 Cl^- 含量，mg/L；

V_{AgNO_3}——消耗的 0.282mol/L 硝酸银标准溶液的体积，mL；

V_S——钻井液样品体积，mL。

（三）技术要求

①指示剂的配制时间必须在一个月之内。

②用硝酸银标准溶液滴定时，搅拌速度不宜过快，否则很难观察到指示剂颜色的变化。

十六 测定油基钻井液的钙含量

油基钻井液钙含量的测定采用滴定法，通过测定与油基钻井液所释放出的钙离子反应所需的 EDTA 标准溶液的体积来计算钙含量。测试时，用一种混合溶剂对油基钻井液进行萃取。这种钙分析方法排除了镁离子。

（一）准备工作

1. 材料准备

待测油基钻井液、蒸馏水或去离子水、丙二醇正丙基醚（PNP，作溶剂）、钙缓冲溶液（1mol/L NaOH）、粉状钙指示剂、EDTA 标准溶液。

2. 仪器、设备准备

磁力搅拌器，配有 4cm 搅拌子（带镀层）。

3. 工具、用具准备

酸式滴定管、400mL 烧杯（带盖，作滴定容器）、一次性注射器（5mL）、量筒（TC，25mL）、刻度移液管（TD，1 支 1mL、1 支 10mL）、洗耳球、洗瓶、操作数据记录表、记录笔、擦布、乳胶手套、废液回收桶或废液回收池。

（二）操作步骤

1. 油基钻井液钙含量测定

①向一带盖的滴定容器中加入 100mL PNP 溶剂。

②用一支 5mL 注射器吸入 3mL 以上的油基钻井液样品。

③将其中的 2mL 油基钻井液转移到滴定容器中。

④盖紧滴定容器的盖子，用手剧烈摇动 1min。

⑤向滴定容器中加入 200mL 蒸馏水或去离子水。

⑥加入 3.0mL 钙缓冲溶液。

⑦加入 0.1～0.25g 粉状钙指示剂。

⑧重新盖紧滴定容器的盖子，再次剧烈摇动 2min。静置几秒钟以便上下两相分离。如果水相出现淡红色，则表明有钙离子存在。

⑨将滴定容器放到磁力搅拌器上，并放入一个搅拌子。

⑩开动搅拌器，使之刚好能搅动水相而又不致上下两相混合，同时用 0.1mol/L EDTA 标准溶液非常缓慢地、逐滴地滴定。在终点时会有一个明显的颜色变化，即从淡红色变为蓝绿色。记录所加入的 EDTA 标准溶液体积，单位为 mL。

⑪ 用步骤⑩中滴定至终点时所需的 0.1mol/L EDTA 标准溶液体积计算钻井液的钙含量。

计算公式为：

$$C_{(Ca^{2+})_{TOT}} = (4000 \times V_{EDTA}) / V_S$$

式中　$C_{(Ca^{2+})TOT}$——油基钻井液中的钙含量，mg/L；

V_{EDTA}——消耗的 0.1mol/L EDTA 标准溶液的体积，mL；

V_S——油基钻井液样品的体积，mL。

2. 油基钻井液含盐量的计算

油基钻井液很可能至少含有氯化钙（$CaCl_2$）和氯化钠（NaCl）两种盐的一种，或同时含有两种，可以利用滴定结果按照下述步骤进行计算，以确定氯化钙（$CaCl_2$）和氯化钠（NaCl）是否同时存在及其含量。

已知某油基钻井液样品中至少含有氯化钙（$CaCl_2$）和氯化钠（NaCl）中的一种盐，滴定法测定钙离子含量为 $C_{Ca^{2+}}$，氯离子含量为 C_{Cl^-}，计算该油基钻井液中氯化钙和氯化钠含量。

①由钙离子含量计算出的总氯化钙含量$C_{(CaCl_2)TOT}$：

$$C_{(CaCl_2)TOT}=\frac{M_{CaCl_2}}{M_{Ca^{2+}}}C_{Ca^{2+}}$$

式中　$C_{(CaCl_2)TOT}$——由钙离子含量计算出的总氯化钙含量，mg/L；

M_{CaCl_2}——氯化钙的相对分子质量；

$M_{Ca^{2+}}$——钙元素的相对原子质量；

$C_{Ca^{2+}}$——滴定法测定的钙离子含量，mg/L。

②计算与之对应的氯离子含量：

$$C_{(Cl^-{}_{CaCl_2})TOT}=\frac{2M_{Cl}}{M_{Ca}}C_{Ca^{2+}}$$

式中　$C_{(Cl^-{}_{CaCl_2})TOT}$——与氯化钙含量相对应的氯离子含量，mg/L；

M_{Ca}——钙元素的相对原子质量；

M_{Cl}——氯元素的相对原子质量；

$M_{Ca^{2+}}$——滴定法测定的钙离子含量，mg/L。

③氯化钠含量计算：

$$C_{(Cl^-_{NaCl})TOT}=C_{Cl^-}-C_{(Cl_{CaCl_2})TOT}$$

式中　$C_{(Cl^-_{NaCl})TOT}$——有可能存在的与氯化钠含量对应的氯离子含量，mg/L；

C_{Cl^-}——滴定法测定的氯离子含量，mg/L；

$C_{(Cl_{CaCl_2})TOT}$——与氯化钙含量相对应的氯离子含量，mg/L。

如果$C_{(Cl^-_{NaCl})TOT}$为正值，表明在本钻井液样品中有氯化钠存在。

④计算总氯化钠含量 $C_{(NaCl)TOT}$：

$$C_{(NaCl)TOT}=\frac{M_{NaCl}}{M_{Cl}}\times C_{(Cl^-_{NaCl})TOT}$$

式中　$C_{(NaCl)TOT}$——总氯化钠含量，mg/L；

M_{NaCl}——氯化钠的相对分子质量；

M_{Cl}——氯元素的相对原子质量；

$C_{(Cl^-_{NaCl})TOT}$——与氯化钠含量相对应的氯离子含量，mg/L。

如果$C_{(Cl^-_{NaCl})TOT}$为负值，表明在本钻井液样品中没有氯化钠存在，因此必须重新依据样品中氯离子浓度计算氯化钙含量。

⑤重新计算氯化钙含量$C_{(CaCl_2)TOT}$：

$$C_{(CaCl_2)TOT}=\frac{M_{CaCl_2}}{M_{Cl}\times 2}\times C_{Cl^-}$$

式中 $C_{(CaCl_2)TOT}$——依据氯离子含量重新计算的氯化钙含量，mg/L；

M_{CaCl_2}——氯化钙的相对分子质量；

M_{Cl}——氯元素的相对原子质量；

C_{Cl}——滴定法测定的氯离子含量，mg/L。

（三）技术要求

①加入指示剂时应按照要求加入。

②加入钙指示剂后，如果摇动后水相没有出现淡红色，应再次剧烈摇动，确保指示剂完全溶解。

第六节 辅助仪器使用

除钻井液性能检测所需要用到的一些主要仪器设备外，在钻井液性能检测和室内配制过程中，还需要用到一些辅助的仪器设备，本节介绍了有关高速搅拌机和电子天平的使用方法。

一 高速搅拌机的使用

1. 准备工作

①穿戴好劳保用品。

②高速搅拌机 1 台、液杯、待测钻井液、量筒、清水、棉纱巾等。

③检查电源、水源。

2. 操作步骤

①使用前将高速搅拌机置于水平工作台面上，检查各部位螺丝是否松动，并及时拧紧。

②搅拌头处套上液杯，接 220V 电源，由低到高调节转数试运转。如发现异响，应立即停机检查，排除故障再开机。

③取适量钻井液倒入液杯，8000r/min 以上高速搅拌 10min，测量钻井液性能，如需加入处理剂，应在 6000r/min 以下加入，防止外溅。

④取液杯时高速搅拌机转轴应停止转动，以防止发生人身伤害。

⑤使用完毕后关闭电源，清洗液杯及转轴。

3. 技术要求

①使用时注意用电安全。

②液杯内的容量不宜过多，以 1/2 ~ 2/3 为宜。

③加入处理剂时必须低速搅拌，加入结束后进行高速搅拌，必须待高速搅拌机停稳后再取下液杯。

二 电子天平的使用

1. 准备工作

①穿戴好劳保用品。

②检查环境条件是否满足实验要求。

③检查干燥剂是否失效、水平泡是否居中。

④检查电源是否连接正常，数字显示是否正常。

⑤用检定合格的标准砝码校准天平。

2. 操作步骤

①插上天平电源开关，预热半小时以上。

②开天平电源开关，在屏幕显示为 0.00 或 0.0000 后，方可进行测量。

③放入称量器皿，待数字显示稳定后按去皮按钮。

④放入需称量的样品后，待数字显示稳定后，方可读数。

⑤称量完毕取出被测样品，关好天平门，关闭电源开关。

⑥使用完毕，关闭电源。

3. 技术要求

①严禁将腐蚀性化学药品直接放在托盘中称量。

②使用完毕后应及时清洁天平托盘，保持天平清洁。

③定期检查干燥剂，保持干燥剂有效。

④检查仪器的使用有效期限，保证在有效检 / 校期限内使用。

⑤及时进行期间核查，保证天平的精确度满足实验要求。

⑥及时做好仪器的运转记录、维护保养记录。

4. 注意事项

①天平应放在稳定的平台上，附近不应有振动源。

②天平内部避免进水、金属针等物。

③安放之处室温变化应小，避免过低和过高的温度（在 20~30℃）

④安放点应离开直射阳光，暖气、热源等地方。

⑤往托盘中放置或移除样品时应轻拿轻放，防止用力过大影响称量准确性或损坏仪器。

⑥勿长时间放超量的重物。

⑦周围无电场、磁场、无腐蚀性气体。

⑧后面板插口不接指定外的机器。

思考题

1. 钻井液常规性能包括哪些？
2. 流体的基本流型有哪些？
3. 钻井液的剪切稀释性指的是什么？
4. 钻井液流变性对钻井施工有哪些影响？
5. 钻井液密度对钻井有何影响？含砂量高有何危害？
6. 高温高压滤失量测定的操作步骤有哪些？
7. 钻井液流变参数测定的操作步骤有哪些？
8. 钻井液固相含量测定的操作步骤有哪些？
9. 钻井液中膨润土含量测定的操作步骤有哪些？
10. 油基钻井液电稳定性测定的操作步骤有哪些？
11. 油基钻井液碱度测定的操作步骤有哪些？
12. 油基钻井液 Cl^- 含量测定的操作步骤有哪些？

扫一扫
获取更多资源

第三章

钻井液配浆材料与处理剂

PART 3

钻井液是以基础配浆材料加上无机处理剂、有机处理剂来实现体系构建和性能调整的目标，本章将重点介绍各种配浆材料的功能、用途和现场使用中所涉及的一些注意事项和安全防护措施。

第一节　配浆材料

本节介绍了基础的配浆材料，包括黏土类和配浆基液，几乎所有的钻井液都是在以下几种配浆材料的基础上进行体系的构建和性能的调整。

一　黏土类

1. 膨润土

膨润土是水基钻井液的重要配浆材料。有的文献将膨润土定义为具有蒙脱石的物理化学性质，含蒙脱石不少于 85% 的黏土矿物。一般要求 1t 膨润土至少能够配制出黏度为 15mPa·s 的钻井液 $16m^3$。钠膨润土的造浆率一般较高，而钙膨润土则需要通过加入纯碱使之转化为钠膨润土后方可使用。膨润土是主要矿物成分为蒙脱石（不少于 85%）的造浆黏土。国标 GB/T 5005—2010 将膨润土分成 3 类：钻井级膨润土、未处理膨润土和 OCMA 级膨润土。

膨润土在淡水钻井液中具有以下作用：① 增加黏度和切力，提高井眼净化能力；② 形成低渗透率的致密泥饼，降低滤失量；③ 对于胶结不良的地层，可改善井眼的稳定性；④防止井漏。

2. 有机土

有机土是用表面活性剂处理过、能分散在油中形成亲油胶体并使油基钻井液的黏度和切力升高的黏土，外观为白色、灰白色或淡黄色自由流动的粉末。有机土可以在油中分散，形成稳定结构，其作用与水基钻井液中的膨润土类似。

3. 海泡石

海泡石是一种富含镁的纤维状黏土矿物，其化学式为 $Si_2Mg_8O_{30}(OH)_4(OH_2)_4 \cdot 8H_2O$；它是一种天然的水基钻井液的配浆材料，为灰白色或黄褐色细粒状混合物，部分溶于盐酸；可以在盐水、海水中分散，形成稳定结构，其作用与水基钻井液中的膨润土类似。

4. 凹凸棒石

凹凸棒石也是一种富含镁的纤维状黏土矿物，其附属矿物包括石英、长石和方解石等；它的化学式为 $Mg_5Si_8O_{20}(OH)_2(OH_2)_4 \cdot 4H_2O$，是一种天然黏土矿物，为灰白色或灰绿色的粒状物，在淡水、咸水、海水、饱和盐水中都能分散，耐温性强。

二 配浆基液

1. 配浆水

水是配制各种钻井液时不可缺少的基本组分。在水基钻井液中，水是分散介质，大多数处理剂均通过溶解于水而发挥其作用；在油包水乳化钻井液中，水（通常是含 $CaCl_2$ 或 NaCl 的盐水）是分散相。甚至在泡沫钻井流体中，水也是不可缺少的连续相。

2. 配浆油

油基钻井液的连续相是柴油或白油，如同水基钻井液的连续相是水一样。柴油中的主要成分是芳香烃和石蜡烃，沥青质易溶解于芳香烃而难溶于石蜡烃。因此，选择芳香烃在柴油中的含量，就可控制沥青在柴油中的分散性。油基钻井液使用的柴油，其芳香烃含量一般以 5% ~ 10% 为宜，最大不能超过 20%，其石蜡烃含量在 40% 左右为好。柴油或白油可以作为油基钻井液的密度、黏度和切力等性能的控制剂。

3. 配浆合成基液

合成基液是人工合成或改性的有机物，其物理化学性能与矿物油相近，但毒性低、生物可降解，现阶段主要应用的是气制油，经大量研究得知，它们大都是 C_{14} ~ C_{22} 的直链型分子，分子链上大都有双键。

第二节 无机处理剂

无机化合物，简称无机物，一般指的是组成里不含碳元素的物质。我们已学过的很多化合物如水、氯化钠、生石灰、熟石灰等都是无机物。而一氧化碳（CO）、二氧化碳（CO_2）、碳酸盐等少数物质虽然含有碳，但它们的组成和性质同无机物相似，一向把它们作为无机物看待。无机处理剂是钻井液中用量最大、应用最广的处理剂。

一 pH 调节剂

用来调节钻井液酸碱度的化学剂称为 pH 调节剂。主要用来保证黏土造浆和钻井液处理剂的性能充分发挥。它属于最基本的材料，常用产品包括石灰、烧碱、纯碱和碳酸氢钠，也包括其他的普通酸和碱。

1. 氢氧化钠

分子式为 NaOH，呈白色片状，易溶于水，溶解时放出大量的热，溶解度随温度的升高而增大，水溶液呈碱性。用作钻井液 pH 调节剂，控制钻井液中钙离子浓度。

2. 氢氧化钾

分子式为 KOH，呈白色片状，易溶于水，溶解时放出大量的热，溶解度随温度的升高而增大，水溶液呈碱性。用作钻井液 pH 调节剂，控制钻井液中钙离子浓度，提供防塌钾离子。

3. 石灰

生石灰即氧化钙，分子式为 CaO。生石灰吸水后变成熟石灰，即氢氧化钙 $Ca(OH)_2$，CaO 在水中的溶解度较低，常温下为 0.16%，其水溶液呈碱性。并且随温度升高，溶解度降低。

二 加重剂

加重剂有重晶石粉、石灰石粉、铁矿粉和钛铁矿粉、锰矿粉、方铅矿粉等。一些可以配制高密度盐水的化学剂也可以看作加重材料，如溴化钙、氯化锌、甲酸盐等。

以下介绍几种常用加重材料：

1. 重晶石粉

重晶石粉是一种以 $BaSO_4$ 为主要成分的天然矿石，经过机械加工后而制成的灰白色粉末状产品。按照 API 标准，其密度应达到 4.2g/cm^3 或 4.3g/cm^3，粉末细度要求通过 200 目筛网时的筛余量 <3.0%。4.2g/cm^3 重晶石粉一般用于加重密度不超过 2.00g/cm^3 的水基钻井液和油基钻井液，4.3g/cm^3 重晶石粉一般用于加重密度不超过 2.50g/cm^3 的水基钻井液和油基钻井液，它是目前应用最广泛的一种钻井液加重剂。

2. 石灰石粉

石灰石粉的主要成分为 $CaCO_3$，密度为 2.7 ~ 2.9g/cm^3。易与盐酸等无机酸类发生反应，生成 CO_2、H_2O 和可溶性盐，因而适于在非酸敏性而又需进行酸化作业的产层中使用，以减轻钻井液对产层的损害。但由于其密度较低，一般只能用于配制密度不超过 1.68g/cm^3 的钻井液和完井液。

3. 铁矿粉和钛铁矿粉

前者的主要成分为 Fe_2O_3，密度为 4.9 ~ 5.3g/cm^3；后者的主要成分为 $TiO_2 \cdot Fe_2O_3$，密度为 4.5 ~ 5.1 g/cm^3。均为棕色或黑褐色粉末。因它们的密度均大于重晶石，故可用于配制密度更高的钻井液。由于这两种加重材料的硬度约为重晶石的两倍，因此耐研磨，一方面，在使用中颗粒尺寸保持较好，损耗率较低；但另一方面，对钻具、钻头和泵的磨损也较为严重。

4. 方铅矿粉

方铅矿粉是一种主要成分为 PbS 的天然矿石粉末，一般呈黑褐色。由于其密度高达 7.4 ~ 7.7g/cm^3，因而可用于配制超高密度钻井液，以控制地层出现的异常高压。由于该加重剂的成本高、货源少，一般仅限于地层孔隙压力极高的特殊情况下使用。

5. 水溶性加重剂

水溶性加重剂是指一些可在水中溶解而形成的高密度水溶液的盐类，包括无机盐和有机盐。与惰性不溶固体加重剂相比，可溶性盐钻井液加重剂能降低钻井液中固相含量，有利于流变性调控和提高机械钻速，但成本较高，对钻具的腐蚀性强，使用时一般要加入缓蚀剂。无机盐有氯化钠、氯化钾、氯化钙、溴化钙和溴化锌，其中溴化锌饱和溶液的密度达 2.3g/cm^3。

三 除硫剂

除硫剂是除去钻井液中硫离子的处理剂。

1. 氢氧化锌

分子式为 $Zn(OH)_2$，分为无定形的和结晶体两种。无定形氢氧化锌系白色疏松粉末，分子量为 99.385，其含水量不一定，灼烧至赤热时即变为 ZnO，属于十分弱的碱，溶于酸、碱溶液和氨水。

2. 碱式碳酸锌

分子式为 $Zn_2(OH)_2CO_3$，一般无定形，呈粉末状，相对分子质量为 224.818，密度为 4.4g/cm^3，难溶于水，在 140℃时即行离解，生成 ZnO、CO_2 及 H_2O。

作用原理：碱式碳酸锌与 H_2S 反应生成稳定的不溶性硫化物，并大大降低钻井液中 H_2S 的含量，减小对人体的危害和对金属的腐蚀。

四 无机盐处理剂

1. 纯碱

即碳酸钠，又称苏打粉，分子式为 Na_2CO_3。无水碳酸钠为白色粉末，密度为 2.5g/cm^3，易溶于水，在接近 36℃时溶解度最大，水溶液呈碱性（pH 值为 11.5），在空气中易吸潮结成硬块（晶体），存放时要注意防潮。

2. 氯化钙

分子式为 $CaCl_2$，通常含有 6 个结晶水。它的外观为无色斜方晶体，密度为 1.68g/cm^3，易潮解，且易溶于水（常温下约为 75%）。其溶解度随温度升高而增大。在钻井液中，$CaCl_2$ 主要用于配制防塌性能较好的高钙钻井液。用 $CaCl_2$ 处理钻井液时常常引起 pH 值降低。

3. 氯化钠

俗名食盐，分子式为 NaCl，为白色晶体，常温下密度约为 2.20g/cm^3。纯品不易潮解，但含 $MgCl_2$ 和 $CaCl_2$ 等杂质的工业食盐容易吸潮。主要用于配制盐水钻井液和饱和盐水钻井液，以防止岩盐井段溶解，并抑制井壁泥页岩水化膨胀。此外，为保护油气层，还可用于配制无固相清洁盐水钻井液，或作为水溶性暂堵剂使用。

4. 氯化钾

分子式为 KCl，外观为白色立方晶体，常温下密度为 1.98g/cm^3，熔点为 776℃。KCl 易溶于水。且溶解度随温度升高而增加。KCl 是一种常用的无机盐类页岩抑制剂，具有较强的抑制页岩渗透水化的能力。若与聚合物配合使用，可配制成具有强抑制性的钾盐聚合物防塌钻井液。

第三节　有机处理剂

在日常生活和工农业生产中，人们从动物、植物等生物体中取得糖类、蛋白质、油脂和染料等多种多样的化合物，因此人们就把这类化合物称为有机化合物。现在所说的有机化合物，简称有机物，指的是含碳氢元素的化合物及其衍生物。而用于研究有机物的化学，叫作有机化学。组成有机物的元素，除以碳为主外，还有氢、氧、氮、硫、磷、卤素等。有机物种类繁多，目前从自然界发现的和人工合成的有机物已超过一千万种。因此有机处理剂种类繁多，其功能随其结构与作用基团的不同而不同，是钻井液中起性能调节作用的重要的处理剂。

一　降滤失剂

钻井液降滤失剂是指用来降低钻井液的滤失量、改善泥饼质量，提高钻井液稳定性的化学剂，是非常重要和用量最大的钻井液处理剂之一。它主要包括天然或天然改性高分子材料、合成树脂和合成聚合物，以及一些具有堵孔作用的不同粒径分布的惰性或非水溶性材料。

1. 羧甲基纤维素钠盐

先将棉花纤维用烧碱处理成碱纤维，然后在一定温度下与氯乙酸钠进行醚化反应，再经老化、干燥即可制得。代号 Na-CMC，简称 CMC。通常将纤维素分子每一葡萄糖单元上的 3 个羟基中，羟基上的氢被取代而生成醚的个数称作取代度或醚化度。决定钠羧甲基纤维素性质和用途的因素主要有两个：一是聚合度 n，二是取代度 d。聚合度是指组成每个钠羧甲基纤维素分子的环式葡萄糖的链节数。但在同一种 CMC 产品中，各个分子链并不是等长的，所以实际测得的聚合度是平均聚合度。钠羧甲基纤维素的聚合度是决定其相对分子质量和水溶液黏度的主要因素。在相同的浓度、温度等条件下，不同聚合度的 CMC 水溶液的黏度有很大差别。聚合度越高，其水溶液的黏度越大。目前常用的有低黏 CMC、中黏 CMC 和高黏 CMC 三种。高黏 CMC：在 25℃时，1%水溶液的黏度为 400～500 mPa·s。一般用作钻井液的悬浮剂、封堵剂及增稠剂。其取代度为 0.6～0.65，聚合度大于 700；中黏 CMC：在 25℃时，2% 水溶液的黏度为 50～270 mPa·s。用于一般钻井液，既可起降滤失作用，又可提高钻井液的黏度。其取代度为 0.8～0.85，聚合度为 600 左右。低黏 CMC：在 25℃时，2% 水溶液黏度小于 50 mPa·s。主要用作钻井液的降滤失剂，以免造成黏度过大。其取代度为 0.8～0.9，聚合度为 500 左右。取代度是决定钠羧甲基纤维素的水溶性、抗盐和抗钙能力的主要因素。

2. 水解聚丙烯腈盐类

聚丙烯腈是制造腈纶的合成纤维材料，目前用于钻井液的主要是腈纶废丝经碱水解后的产物。

①水解聚丙烯腈钙盐。代号 Ca-HPAN 或 CPAN，主要用作聚合物钻井液的降滤失剂，抗盐、抗钙能力强，抗温性能好。

②水解聚丙烯腈钠盐。代号 Na–HPAN。主要用作聚合物钻井液的降滤失剂，并有增黏和絮凝作用。抗盐可至饱和，抗钙能力较差，抗温性能好。

③水解聚丙烯腈铵盐。代号 NH_4–HPAN 或 NPAN。主要用作防塌降滤失剂，抑制能力强，不提黏，耐高温，使用时碱度不宜过高。

3. 聚阴离子纤维素

聚阴离子纤维表是由氯乙酸钠与碱性纤维素反应制得，但聚合度高、取代度高、取代基团分布均匀。是一种适用于淡水、盐水和饱和盐水钻井液的高效降滤失剂，并兼有一定的提黏作用。抗温 150℃。分为低、中、高黏聚阴离子纤维素，代号 PAC。

4. 腐殖酸类

该类产品是利用褐煤中的腐殖酸进行磺化或硝化而形成的各种盐类。

①腐殖酸钠。代号 Na–Hm 或 NaC。主要用作水基钻井液的降滤失剂，具有降黏作用，抗温性能好。

②硝基腐殖酸钠。代号 Na–Hm。主要用作水基钻井液的降滤失剂，并有降黏作用，抗盐能力较强。

③聚合腐殖酸。主要用作各种水基钻井液的降滤失剂，抗盐、抗钙、防塌能力强，抗温达 200℃。

④磺甲基褐煤。褐煤与甲醛、Na_2SO_3（或 $NaHSO_3$）在 pH 值为 9 ~ 11 的条件下进行磺甲基化反应，可制得磺甲基褐煤，其代号为 SMC，主要用作各种水基钻井液的降滤失剂，抗盐、抗钙、防塌能力强，抗温达 200℃。常与磺甲基酚醛树脂配合使用。

5. 树脂类

该产品是以酚醛树脂为主体，经磺化或引入其他官能团而制得。其中磺甲基酚醛树脂是最常用的产品。

①磺甲基酚醛树脂（SMP–1、SMP–2）是一种抗高温降滤失剂。抗温达 180 ~ 200℃。SMP–1 型产品可用于矿化度小于 1×10^5mg/L 的钻井液。SMP–2 型产品可抗盐至饱和，抗钙可达 2000mg/L，是主要用于饱和盐水钻井液的降滤失剂。二者还能改善滤饼的润滑性，对井壁有一定的稳定作用。

②磺化褐煤树脂是褐煤中的某些官能团与酚醛树脂缩合反应制得的产品。在缩合反应中，使用了一些聚合物单体或无机盐进行接枝和交联，以提高其抗盐、抗钙和抗温能力。

③磺化木质素磺甲基酚醛树脂聚合物（SLSP）与磺甲基酚醛树脂有相似的优良性能，在降低钻井液滤失量的同时，兼有优良的稀释特性。其缺点是该产品在钻井液中容易起泡，必要时须配合加入消泡剂。

6. 淀粉类

①羧甲基淀粉。羧甲基淀粉是淀粉的改性产品，代号为 CMS。在碱性条件下，淀粉与氯乙酸发生醚化反应即制得羧甲基淀粉。在提黏方面，对塑性黏度影响小，对动切力影响大，因而有利于携带岩屑。尤其是钻盐膏层时，可使钻井液性能稳定，滤失量低，并具有防塌作用。抗盐性能优良，它更适合于在盐水钻井液中使用。

②羟丙基淀粉。代号为 HPS。在碱性条件下，淀粉与环氧乙烷或环氧丙烷发生醚化反应，便制得羟乙基淀粉或羟丙基淀粉。在处理 Ca^{2+} 污染的钻井液时，比 CMC 效果更好。HPS 可与酸溶性暂堵剂 QS–2 配制成无黏土相暂堵型钻井液，有利于保护油层。在阳离子聚合物钻井液或两性离子聚合物钻井液中，HPS 能有效地降低钻井液的滤失量。

③抗高温淀粉。抗高温淀粉 DFD–140 是一种白色或淡黄色的颗粒，分子链节上同时含有阳离子基团和非离子基团，而不含阴离子基团，DFD–140 抗温性能较好，在 4% 盐水钻井液中可以稳定到 140℃，在饱和盐水钻井液中可以稳定到 130℃。并且可与几乎所有水基钻井液体系和处理剂相配伍。

7. 磺酸盐共聚物降滤失剂

磺酸盐共聚物降滤失剂是由 AMPS、AM、AN 自由基引发聚合而成的共聚物，具有很好的热稳定性，抗温达 200℃ ；抗盐、抗钙镁能力强；能够有效提高钻井液的黏度，降低滤失量，改善泥饼质量，抑制黏土分散，絮凝钻屑，控制固相含量，控制地层造浆，保证钻井液清洁，降低井径扩大率，且有利于保护油气层，特别适用于海水钻井液，深井、超深井钻井液，一般加量为总质量的 0.5% ～1%。

8. 丙烯酸盐 SK 系列产品

该系列产品为丙烯酸盐的多元共聚物。其外观为白色粉末，易溶于水，水溶液呈碱性。主要用作聚合物钻井液的降滤失剂。产品型号不同，性能不同。如：SK–1 可用于无固相完井液和低固相钻井液，在配合用 NaCl、$CaCl_2$ 等无机盐加重的过程中，主要起降滤失和增黏的作用。SK–2 具有较强的抗盐、抗钙能力，是一种不增黏的降滤失剂。SK–3 主要是在聚合物钻井液受无机盐污染后，作为降滤失剂，可改善钻井液的热稳定性，降低高温高压滤失量。

9. 天然高分子降滤失剂

天然高分子降滤失剂是利用植物胶、纤维素等天然材料经特殊工艺加工而成。该产品不仅具有良好的热稳定性、抗盐抗钙能力，较好的抗温能力，抗温 120℃以上，抗盐至饱和，可应用于淡水、盐水和海水钻井液；而且在盐水钻井液中不增黏，具有一定的降切力作用。无毒，有利于环保，是钻井液、完井液中优良的降滤失剂。推荐加量为总质量的 1% ～2%。

二 防塌剂

防塌剂是用来防止因页岩中所含黏土矿物的水化膨胀分散而引起的岩屑分散和发生井塌的化学剂。主要包括沥青类、腐殖酸盐类和聚合醇类等。

沥青类主要有磺化沥青钠、钾，以及磺化沥青与腐殖酸钾的复合物等。腐殖酸盐类主要有腐殖酸钾、腐殖酸铵、有机硅腐殖酸钾、腐殖酸钾与合成树脂或水解聚丙烯腈钾（或铵）盐的反应物。

（一）沥青类

沥青是原油精炼后的残留物。将沥青进行一定的加工处理后，可制成钻井液用的沥青类防塌剂，其主要产品有以下几种。

1. 氧化沥青

氧化沥青是将沥青加热并通入空气进行氧化后制得的产品。在水基钻井液中用作防塌剂，并兼有润滑作用，一般加量为总质量的 1% ~ 2%。此外，氧化沥青还可分散在油基钻井液中起增黏和降滤失作用。

2. 磺化沥青

目前使用的磺化沥青实际上是磺化沥青的钠盐，软化点高于 80℃，pH 值为 8 ~ 11，密度约为 1g/cm^3。它的水溶性成分是带阴离子基的大分子，不溶于水的部分则提供适当大小的颗粒帮助造壁。故可用作各类防塌剂，并有润滑和控制高温高压滤失量的效能。

3. 改性沥青

改性沥青粉是阴离子型高聚物，分子结构中有—C—C—键及—C—S—键，用作水基钻井液的防塌剂、润滑剂，并可降低钻井液的高温高压滤失量，改善泥饼质量和稳定井壁，可作为架桥和填充粒子。抗温达 180℃。一般加量为总质量的 1% ~ 5%。

此外，为了提高封堵与防塌能力，可将沥青类产品与其他有机物进行缩合，如磺化沥青与腐殖酸钾的缩合物 KAHM，俗称高改性沥青粉，在各类水基钻井液中均有很好的防塌效果。

4. 低荧光封堵防塌剂

低荧光封堵防塌剂可用作水基钻井液的防塌剂、润滑剂，并可降低钻井液的高温高压滤失量，具有较宽的软化点，能够改善泥饼质量和稳定井壁，还可作为架桥和填充粒子，其荧光较低，可用于探井。抗温达 200℃。一般加量为总质量的 1% ~ 5 %。

5. 胶乳沥青防塌剂

胶乳沥青防塌剂是由沥青粉、乳化剂等合成的沥青乳液与丙烯腈（液体）、丙烯酸（液体）、过硫酸铵等合成的聚丙烯酸盐乳液所组成的胶状物，能抑制页岩的水化膨胀，防止不稳定地层的坍塌，改善泥饼质量，提高润滑性及封堵性。抗盐、钙、镁能力强，胶体稳定性好，储存稳定性高，可用于淡水、盐水、饱和盐水和海水钻完井液。一般加量为总质量的 1% ~ 5%。

（二）腐殖酸盐类

1. 腐殖酸钾

腐殖酸钾，主要用作淡水钻井液的页岩抑制剂，并兼有降黏和降滤失作用。抗温达 180℃，加量一般为 1% ~ 3%。

2. 硝基腐殖酸钾

硝基腐殖酸钾，适合在探井中使用。

3. 防塌剂 K21

防塌剂 K21，是一种常用的页岩抑制剂，具有较强的防塌作用，能降低黏度和滤失量，抗温可达 180℃。

（三）聚合醇类

聚合醇类是聚乙二醇和聚合醇类化合物，主要用于聚合醇钻井液体系，也可有效地提高其他钻井液体系的润滑性能和井壁稳定性。聚合醇的浊点是指一特定温度，当低于此温度时，此产品可以任意比例溶于水中；而高于此温度时，其在水中呈不溶解状态，以小微珠的形态分布在整个体系中。这些小微珠可以降低滤饼的摩擦系数并提高钻井液的润滑性。它在浊点以下温度为透明的类似油状的液态。聚合醇类对环境和人体无害。在聚合醇钻井液中，其使用的浓度应根据室内实验确定，在其他钻井液中作为润滑剂的用量范围为 3.0% ~ 5.0%。

三 抑制剂

抑制剂主要是抑制井壁泥页岩水化膨胀，控制黏土造浆。主要有合成聚合物，包括相对分子质量高的水解聚丙烯酰胺钾盐，低相对分子质量的水解聚丙烯腈钾盐、铵盐，以及阳离子聚合物等；另外还有糖苷类、无机盐类等。

1. 有机胺页岩抑制剂

有机胺分为胺基聚醚和胺基聚醇，可有效控制黏土分散，防止钻头泥包，稳定流型。不仅具有阳离子强吸附、强抑制、作用时间长久等优点，而且克服了阳离子对钻井液严重絮凝、增加滤失量等弱点，还具有良好的润滑性，抗盐、钙、镁能力强，抗温性能好，无毒，易生物降解，有利于环保。由于分子链中引入了胺基，其页岩抑制性更强。一般加量为 0.5% ~2%。

2. 有机硅醇井壁稳定剂

代号为 OSG，可用作水基钻井液的页岩抑制剂，降低钻井液的滤失量，改善泥饼质量和稳定井壁。无荧光，可用于探井。抗温达 180℃。一般加量为 1% ~5%。

3. 正电胶

代号 MMH，是一种混合金属层状氢氧化物，它的分子带有一定的正电荷。在钻井液中用作流型调节剂或结构形成剂。因为加入它以后在钻井液的整个体系中可形成一个强度不高的空间结构网。MMH 钻井液体系有较高的 YP/PV 比值和良好的流变参数。用 MMH 处理的钻井液体系的机械钻速高，井壁稳定，井筒和井底的清洗效果好。MMH 本身的抗温能力在 200℃以上。

4. 甲基葡萄糖苷

代号为 MEG，具有优良的页岩抑制作用，通过控制甲基葡萄糖苷钻井液的活度，可以实现活度平衡钻井，控制钻井液和地层内水的运移，从而达到抑制页岩水化、保持井壁稳定的目的，具有抗污染能力强，无毒，易降解，有利于保护油气层等优点。一般加量为 5% ~8 %。

5. 钻井液用铝基聚合物

代号为 DLP-1，是由多聚铝酸盐、醋酸乙酯等在 KOH 的保护下经过多步聚合而成。它通过与常规电解质结合使用可抑制多种页岩膨胀，并通过在地层孔隙和微裂缝中形成不溶性复合铝盐，以减少页岩基质中的不稳定因素，提高井眼的清洁和稳定性，减少钻头泥包和各种卡钻的风险。适用于各种盐水、饱和盐水和海水钻井完井液，抗污染能力强，无毒，能有效保护油气层，与其他处理剂配伍性好。一般加量为 10～50kg/m^3。

6. 水解聚丙烯腈钾盐

水解聚丙烯腈钾盐是腈纶废丝经 KOH 水解制得的。为棕红色或淡黄色粉末，易溶于水，水溶液呈碱性，遇 Ca^{2+} 或 Al^{3+} 生成白色胶状沉淀。水解度为 30%。它是丙烯酸类页岩抑制剂，并有降滤失、抗污染和防塌等作用，抗温达 150～180℃，一般加量为 0.3%～0.5%。

7. 盐类抑制剂

盐类抑制剂包括甲酸钾、甲酸钠、氯化钾、氯化钙、磷酸钾、硫酸钾、氯化铵、硫酸铵、磷酸钾、焦磷酸钾、磷酸铵等；合成聚合物包括相对分子质量高的水解聚丙烯酰胺钾盐，相对分子质量低的水解聚丙烯腈钾盐、铵盐，以及阳离子聚合物等；腐殖酸盐类主要有腐殖酸钾、腐殖酸铵、有机硅腐殖酸钾、腐殖酸钾与合成树脂或水解聚丙烯腈钾（或铵）盐的反应物；沥青类主要有磺化沥青钠、钾，以及磺化沥青与腐殖酸钾的复合物等。

四 降黏剂

钻井液降黏剂是指能够降低钻井液的黏度和切力、改善钻井液流变性能的化学剂。它主要有天然或天然改性高分子材料和合成聚合物。

以下介绍几种常用的降黏剂。

1. 硅氟降黏剂

硅氟降黏剂是在有机硅的基础上与有机氟通过一系列复杂化学反应形成的共聚物。硅氟降黏剂高温高密度降黏效果明显，同时又能有效地抑制页岩水化，改善钻井液的防塌效果。硅氟降黏剂属于一种无毒、无污染的环保型产品，硅氟降黏剂可单独使用，也可与其他产品配合使用，加量一般为 0.5%～2%。

2. 单宁碱液

又叫单宁酸钠，代号 NaT，相对分子质量为 152。主要用作分散型钻井液的稀释剂，稀释处理是由于单宁酸钠分子具有相邻羟基和酚钠基，可以与黏土颗粒断键处的 Al^{3+} 通过螯合键吸附，而剩余的酚钠基和羧钠基的水化，给黏土颗粒边缘带来吸附水化层，减弱和拆散了网架结构，放出自由水，降低了黏度和切力，也减小了颗粒间的摩擦阻力。单宁碱液还有降滤失作用，也可作水泥的缓凝剂。但抗盐、抗钙性差，抗温达 110～120℃。

3. 磺甲基单宁

为了提高单宁酸钠的使用效果，通过单宁与甲醛和亚硫酸钠进行磺甲基化反应可制备磺甲基丹（SMT，又叫磺化单宁）。主要用作分散型淡水钻井液的稀释剂，抗盐、抗钙性较强，抗温高达 180～200℃。也可作水泥缓凝剂。

4. 木质素磺酸盐

木质素磺酸盐是木材酸法造纸残副产的一种废液。通常造纸厂供应的纸浆废液是一种已浓缩的黏稠的棕黑色液体，其固体含量为35%~50%，密度为1.26~1.30g/cm^3，主要成分为木质素磺酸钠。

5. 海水降黏剂

海水降黏剂由丙烯类单体（丙烯腈、丙烯酸、2-丙烯酰胺基-2-甲基丙磺酸）三元共聚后再经过螯合处理的产物。具有良好的分散、降黏、润滑作用，抗温至150℃；无荧光，可应用于探井；pH值范围为7.5~9.5。加量为循环钻井液量的0.3% ~1.2%，含盐量（矿化度）越高加量越大，对于盐水侵钻井液首次加量应不低于0.5%。

6. 低聚物聚丙烯酸盐

目前主要有两种，代号分别为XA-40和XB-40，前者不含磺酸盐，后者引入磺酸基团，由丙烯酸或丙烯磺酸钠聚合而成。为淡蓝色颗粒或粉末，无毒、无腐蚀，易溶于水、易吸潮。主要用作不分散聚合物钻井液的稀释剂，前者抗盐不抗钙，后者抗盐达20000 mg/L，抗钙达10000 mg/L，抗温达160℃以上。

7. 乙二胺四甲叉磷酸钠

是一种有机磷酸盐，代号为EDTMPS，相对分子质量为612。是一种新型不分散钻井液降黏剂。为白色粉末，易溶于水，可形成黏稠状棕色液体，呈微碱性，抗盐、抗钙、抗温能力强。

8.XY-27 系列降黏剂

XY-27系列降黏剂的分子结构特点是：相对分子质量较小（约为2000）。分子链中同时具有阳离子基团（10% ~40%）、阴离子基团（20% ~60%）和非离子基团（0~40%），是线型聚合物。推荐使用量：淡水钻井液1~3kg/m^3；海水钻井液2~4 kg/m^3；饱和盐水钻井液10~15 kg/m^3。

五 增黏剂

钻井液增黏剂是指能增加钻井的黏度和切力，提高钻井液悬浮能力的化学剂。它主要有纤维素衍生物、合成聚合物和生物聚合物及无机物等。

纤维素衍生物包括高黏羧甲基纤维素钠、高黏聚阴离子纤维素钠、羟乙基纤维素等。

（1）高黏羧甲基纤维素钠盐

代号为HV-CMC，其取代度为0.6~0.65，聚合度大于700；在25℃时，1%加量的HV-CMC水溶液黏度为400~500mPa·s。HV-CMC一般用作低固相钻井液的悬浮剂、封堵剂及增黏剂，具有一定的降滤失作用。抗温能力为130~150℃，并且具有良好的抗盐性能。一般加量为1~5kg/m^3。

（2）高黏聚阴离子纤维素钠

代号为HV-PAC，是几种不同的丙烯腈单体共聚制得的阴离子型聚合物，其主链上连接有—COOH，—COONa，—$(COO)_2Ca$和—$CONH_2$等极性基团，白色粉末，在水基钻井液中作为增稠剂/包被剂使用，加入钻井液后还可控制滤失量。其抗温能力为160~180℃，也可用于盐水钻井液体系。在淡水钻井液中的加量为 1 ~ 4kg/m^3（干粉），在饱和盐水钻井液中的加量为 5 ~ 10kg/m^3（干粉）。

（3）羟乙基纤维素

代号为 HEC，是另一种改性纤维素类处理剂，它的制造过程与 CMC 一样，不同的是将碱纤维素与环氧乙烷反应，使羟乙基取代碱纤维素碳氢环上的羟基。它是一种非离子型聚合物，但因其大分子链上有大量的羟乙基基团，具有一定的亲水性，故也是一种水溶性聚合物。羟乙基纤维素的特点是它可以抗盐、抗钙，并且可以酸溶，抗温达 120℃左右。

HEC 为白色或略带微黄的毛绒状粉末，主要作为增黏剂和降滤失剂用于配制不伤害油气层的完井液和修井液。使用 HEC 来配制的优越性在于它有很好的酸溶性，通过酸化处理可有效地清除侵入地层中的羟乙基纤维素残渣、盐颗粒和石灰石粉颗粒。羟乙基纤维素合适的加量为 3 ~ 6kg/m^3。

（4）合成聚合物

合成聚合物主要是聚丙烯酰胺类（非水解聚丙烯酰胺、水解聚丙烯酰胺钠盐），丙烯酰胺多元共聚物（阴离子型丙烯酰胺、阳离子型丙烯酰胺、丙烯酸等单体多元共聚物，AMPS 等单体多元共聚物，DMDAAC 等单体多元共聚物，两性离子型丙烯酰胺、丙烯酸）。

（5）生物聚合物（XC）

生物聚合物主要是黄原胶，代号为 XC，是由植物上生长的一种甘蓝黑腐病黄单胞杆菌将单糖经代谢聚合而成的一种线型高聚物酸性多糖物质。成品为淡黄色粉末，经过搅拌可完全溶于水而形成黏稠的溶液。XC 是一种适用于淡水、盐水和饱和盐水钻井液的高效增黏剂，并兼有降滤失作用。它的另一个显著特点是具有优良的剪切稀释性，能够有效地改进钻井液的流型（增大动塑比，降低 n 值），抗温达 120℃，一般加量为 1 ~ 5kg/m^3。

（6）其他

主要为黏土矿物，如膨润土、凹凸棒土等，同时还有混合层间金属氢氧化物，即所谓的正电胶等。

六 润滑剂

润滑剂是指能降低钻具与井壁之间摩擦阻力的化学剂，其作用是能有效降低泥饼摩擦系数，提高钻井液的润滑性，减小扭矩，防止井下卡钻故障发生。这类产品大多为多种材料的复配物。常用的润滑剂产品包括固体和液体两种类型。

1. 固体类

①玻璃微珠。是一种圆球形的润滑剂，在钻井液中起到类似滚珠的润滑作用，能有效减小扭矩和摩擦阻力，在高压力下不破碎，抗温达 500℃以上。一般加量为 2 ~ 10kg/m^3。

②塑料小球。简称塑料球，代号为 HZN-102。它是由苯乙烯与二乙烯苯的共聚物经成珠而得。是一种具有一定强度的固体，按需要可选用不同的粒度配比，一般 30 ~ 80μm 较

好。它可像轴承液珠一样来降低摩擦阻力。它主要用作探井与定向井的防卡减阻剂，抗温达200℃以上，不影响钻井液性能。

③石墨润滑剂。该产品以石墨为主要成分，具有抗高温、无荧光、降摩擦阻力效果明显、加量小、对钻井液性能无不良影响等特点。一般加量为10~30kg/m^3。

2. 液体类

①无荧光白油润滑剂。荧光低，对地质录井无干扰，抗温达140℃，一般加量为2%~5%。

②极压润滑剂。可在金属表面形成一层坚固的化学膜，以降低金属接触界面的摩擦阻力，故更适应水平井钻柱对井壁在高的侧压力情况下的降摩擦阻力需要。一般加量为1%~3%。

③改性植物油润滑剂。为黏稠液体，环保性能好，对地质录井无干扰。一般加量为3%~5%

④水基润滑剂。环保性能好，加量为2%~5%。

七 絮凝包被剂

钻井液絮凝包被剂是指能使钻井液中黏土颗粒聚结、沉降或适度絮凝的化学剂。这类产品包括无机化合物和合成聚合物。其中：无机化合物包括盐（或盐水）、三氯化铁、硫酸亚铁、硫酸铝、熟石灰、石膏以及聚合铁、聚合铝等；合成聚合物主要为高相对分子质量聚丙烯酰胺和水解聚丙烯酰胺、80A-51等。

高聚物抑制包被剂主要是指高分子化合物，分子链长，能溶于水，分子中含有较多的吸附基和水化基，能在黏土颗粒间桥接，使黏土颗粒聚结变大、变粗，从而起到抑制包被作用。

1. 聚丙烯酰胺

代号为PAM，是由丙烯酰胺单体聚合而成的水溶性链状高聚物。分为胶剂和粉剂两种，胶剂为无色透明的弹性胶体，粉剂是白色粉末。PAM的水溶性不好，热稳定性高，抗温达200℃，在水中不电离。主要用作不分散低固相钻井液的抑制包被剂，可有效改善钻井液的流动性。

2. 部分水解聚丙烯酰胺

代号为PHP，是聚丙烯酰胺在一定温度下与NaOH溶液水解的产物。水解后，水溶性增强，效果变好。相对分子质量为300万~500万，水解度为30%的PHP效果最好。通常也分为胶剂和粉剂两种。高水解度的PHP还具有增稠、堵漏、润滑、降滤失和剪切稀释作用。

3. 丙烯酰胺和丙烯酸钠共聚物

代号为80A51，外观呈无色或白色粉末，相对分子质量为400万，易溶于水，在空气中易吸水结块。主要用作水基钻井液的抑制包被剂，并具有增黏、改善流变性、抑制造浆和防塌等作用。

4. 聚丙烯酸钾

代号为 K–PAM，外观呈白色或淡黄色粉末，易溶于水。具有抑制泥页岩及钻屑分散的作用，兼有降失水、改善流型和增加润滑等性能。抗温能力强（≥ 180℃），可以抑制地层造浆并能与多种处理剂配伍，是一种应用范围广、较理想的包被剂。

八 乳化剂

乳化剂是指用来使两种互不相溶的液体成为非均匀混合物（乳状液）的化学剂。这类产品包括用于油基钻井液中的脂肪酸、胺基化学产品，以及用于水基钻井液中的清洁剂、脂肪酸盐、有机酸、水溶性表面活性剂等。可分为阴离子型、非离子型或阳离子型等不同离子性质的产品。

1. 固体类乳化剂

是由固体载体、阳离子表面活性剂、阴离子表面活性剂等在一定的条件下反应生成的固体乳化剂。由于两性基团的存在，它在油水两相体系中起到良好的乳化作用，还具有一定的润滑性，抗温性能好，一般加量为 0.5% ~1%。

2. 司盘 –80（Span–80）

主要成分是山梨糖醇酐单油酸酯，属于非离子型表面活性剂，HLB 值为 4.3，具有脂肪气味，难溶于水，亲油性强，溶于一般有机溶剂。用作油包水逆乳化钻井液、油包水逆乳化解卡剂的乳化剂，在高密度钻井液中起到乳化、润滑防卡及提高稳定性的作用，抗温性能好，一般加量为 0.2% ~1%。

3. 硬脂酸的金属皂类

如硬脂酸钙、硬脂酸钠等，外观呈白色或微黄色块状、粒状或片状，不溶于水，溶于醚、醇等有机溶剂。常见的硬脂酸为 200 型硬脂酸。在油包水钻井液中起到乳化作用，具有抗温性能好、抗破乳能力强的特点。一般加量为 0.5% ~0.8%。

4. 烷基磺酸盐和烷基苯磺酸盐

如烷基磺酸钙和烷基苯磺酸钙，一般加量为 0.5% ~0.8%。

九 润湿剂

油包水润湿剂 HLB 值为 7~9，如十二烷基三甲基溴化铵。

十 消泡剂

消泡剂是指用来降低钻井液发泡作用或消除钻井液中泡沫的化学剂，特别是在盐水钻井液和饱和盐水钻井液中消泡剂的作用更显重要。消泡剂大多数为表面活性剂或其改性产品。一般可以分成醇类、脂肪酸及脂肪酸酯类、酰胺类、磷酸酯类、聚硅氧烷类等。

1. 甘油聚醚

它是由丙三醇与环氧乙烷反应生成。主要用作各类水基钻井液的消泡剂。一般加量为 0.05% ~0.1%。

2. 硬脂酸铝

它由硬酸酯与硫酸铝反应生成，不溶于水，与少量柴油混合使用。主要用作水基钻井液的消泡剂。一般加量为 0.05% ~0.1%。

3.AF-35 消泡剂

它是由聚醚、硬脂酸铝及三乙醇胺复配而成。主要用作水基钻井液的消泡剂。一般加量为 0.05% ~0.1%。

第四节　钻井液处理剂管理与使用

在钻井现场需要对钻井液的处理剂进行严格的管理，中石化、中石油、中海油等相关单位对钻井液处理剂的现场管理有许多具体的要求，本节仅简单介绍一些现场管理和使用的要求，不对具体内容进行展开说明。

一　钻井液处理剂储存要求

①钻井液原材料和处理剂应具有符合通用规范要求的技术文件和安全技术文件。

②处理剂到井后应检查产品质量检验合格证，清点品种、数量，并填写《钻井液处理剂入库、出库记录》。

③钻井液原材料和处理剂的存储应根据储存要求，满足“防雨、防潮、防晒、防冻”要求，并分类摆放，下垫上盖，标识清晰。

④在满足作业需要前提下，应选用性价比较高的钻井液原材料和处理剂。

⑤钻井液原材料和处理剂应满足地质录井的特殊要求。

⑥上井的所有处理剂，必须翔实登记在《钻井液材料出入库记录》上；处理剂应入库存放，钻井液材料房应摆放在有利于生产的位置，距井口不小于 30m，不能入库的处理剂必须分类摆放整齐，做到上盖下垫。散装加重剂、土粉应该分开存放。

⑦本班消耗的钻井液材料要翔实记录在《钻井液材料出入库记录》上，保证账物相符。钻井液施工现场散落的处理剂要及时回收再利用。

二 粉末状处理剂的使用

①做好小型试验，确定处理剂使用量。

②开启剪切泵、混合漏斗，打开低压阀门。

③根据加量按计算时间循环周加入处理剂。

④加入粉末状处理剂时必须使用混合漏斗，将粉末状处理剂均匀混入钻井液体系中。

⑤测量处理后的钻井液性能。

⑥记录粉末状处理剂的用量和使用效果。

⑦清洗测定仪器并摆放整齐。

三 液体类处理剂的使用

①做好小型试验，确定处理剂使用量。

②开启剪切泵，打开低压阀门。

③根据加量按计算时间循环周加入处理剂。

④齿轮泵连接供液管线，将液体类处理剂泵入配药罐。打开配药罐阀门将液体类处理剂混入钻井液中。

⑤测量处理后的钻井液性能。

⑥记录液体类处理剂的用量和使用效果。

⑦清洗测定仪器并摆放整齐。

第五节 HSE 管理体系与处理剂

HSE 管理体系要求组织进行风险分析，确定可能发生的危害和后果，从而采取有效的防范手段和控制措施，以便减少可能引起的人员伤害、财产损失和环境污染。对钻井液处理剂而言，其危害与处理剂的性质直接相关，危害程度取决于所用钻井液处理剂的危险属性。本节仅简单介绍一些处理剂可能造成的危害及防护措施。

一 HSE 管理体系

HSE 管理体系指的是健康（Health）、安全（Safety）和环境 (Environment）三位一体的管理体系。责任制是 HSE 管理体系的核心。

1. 简介

HSE 管理体系是一种事前通过识别与评价，确定在活动中可能存在的危害及后果的严重性，从而采取有效的防范手段、控制措施和应急预案来防止故障的发生或把风险降到最低限度，以减少人员伤害、财产损失和环境污染的有效管理方法。

它是国际石油行业通行的一套用于油气勘探开发和施工行业的健康、安全与环境的管理体系。也是当前国际石油、石油化工大公司普遍认可的管理模式，具有系统化、科学化、规范化、制度化等特点。

2. 发展简况

HSE 管理体系的形成和发展是石油天然气勘探开发工作多年经验积累的成果。20 世纪七八十年代，人们开始注意和反思社会经济的发展对社会进步的全面影响，进一步发展为对社会福利、人权和环境等问题的关注。90 年代，一些跨国公司和大型现代化联合企业，开始建立职业健康安全与环保管理制度，作为企业自律的约束的行为准则，到 90 年代中期，引入了第三方认证原则。1989 年，壳牌石油公司颁发了职业健康管理导则（OHUG），并发布了健康、安全和环境（HSE）方针指南。1991 年，在荷兰海牙召开了第一届油气勘探开发的健康、安全、环保国际会议，HSE 这一完整的概念逐步为大家所接受。中国 1995 年派代表参加了国际标准化组织 ISO/OHS 特别工作组工作；1999 年 10 月，国家经贸委颁发了《职业安全卫生管理体系试行标准》；2001 年 12 月，国家经贸委颁发了《职业安全卫生管理体系指导意见》和《职业安全健康管理体系审核规范》。

3. 一般要素

①领导承诺、方针目标和责任。公司最高领导自上而下的承诺，并建立 HSE 保障体系；制订企业的方针目标并管理，建立企业 HSE 管理体系的指导思想；企业建立组织机构，明确不同部门、不同岗位、不同工种的责任。

②组织机构、职责、资源和文件管理。企业建立 HSE 管理机构，明确职责、权限和隶属关系；合理配置人力、财力和物力资源广泛开展培训，提高全员的意识和技能；为保证 HSE 管理体系正常运转，要形成完整的、适宜的、有效的文件控制。

③风险评价和隐患治理。明确评价对象，建立评价方法和程序，确定危害和故障的影响因素，选择判别标准，做好记录，建立详细目标和量化指标；进行生产过程中存在的隐患评估和治理。

④承包商和供应商的安全、健康与环境体系管理要求。

⑤装置（设施）的设计和建设。

⑥ HSE 管理体系的运行和维修。

⑦变更管理和应急管理。

⑧ HSE 管理体系的检查和监督。

⑨故障处理和预防。

⑩体系的审核、评审和持续改进。

4. 主要措施

把 HSE 方针、目标分解到企业的基层单位，把识别危害、降低风险的措施、责任逐级落实到岗位人员，真正使 HSE 管理体系从上到下地规范运作，体现“全员参加、控制风险、持续改进、确保绩效”的工作要求。

5. 发展趋势

①产业 HSE 问题的深化和宽泛化，即企业从国际的角度视野扩大，HSE 的理念和企业安全的内涵延伸，人们对安全、健康和环境管理的故障所带来的损失的认识走向更深入、更全面的后果分析。

②产业安全和健康问题“企业外化”。一是指安全和健康问题越来越发生在直接工作时间之外；二是指安全、环境和健康问题越来越发生在企业之外；三是指安全、环境和健康问题越来越由来自企业外部的因素引发。

③产业安全、环境和健康问题的公众化与法制化，从业管理人员的专业化。

④用人力资源的理念进行安全、环境与健康管理。一是决策层次，成立由专家参加的管理委员会；二是部门层次的委员会由雇员和监督管理人员组成。

⑤全新的健康与安全管理模式出现。在所有的人力资源活动中，安全、环境与健康管理是最需要前导性行为的活动。

⑥新的健康管理问题占据更重要的地位。如员工的压力与心理健康问题、室内环境质量与不良建筑综合征问题、累积性创伤失调问题等。

⑦经济全球化带来的国际化问题——人力资源的国际化和安全、环境与健康的新问题。

二 中国石油化工集团有限公司 HSE 管理体系

中国石化一直高度重视 HSE 工作，2001 年首次发布 HSE 管理体系，2018 年发布 HSE 管理体系要求，始终以 HSE 管理体系有效运行为主线，持续推进 HSE 管理系统化、规范化。此次手册修订立足于新时代新时期 HSE 发展要求，融合了《环境管理体系要求及使用指南》《职业健康安全管理体系要求及使用指南》《企业安全生产标准化基本规范》及国家有关要求，形成符合国际惯例、继承优良传统、顺应时代发展、具有中国石化特色的 HSE 管理体系。2022 年发布中国石油化工集团有限公司 HSE 管理体系手册，是集团公司 HSE 管理的纲领性、强制性文件，是集团公司各级管理者和全体员工在生产经营活动中必须遵循的准则。

1. 方针

以人为本、安全第一、预防为主、综合治理 。

2. 愿景目标

零伤害、零污染、零事故。

3. 承诺

中国石油化工集团有限公司承诺：

①在任何地方，遵守所在国家和地区法律、法规，尊重当地风俗习惯，在所有业务领域对 HSE 的态度始终如一。

②关爱生命健康，保护生态环境，始终坚持违章零容忍，追求零伤害、零污染、零事

故的目标。

③实施绿色洁净战略，向社会提供清洁、绿色、优质的产品和服务。

④为保证目标的实现，提供人力、物力和财力等资源支持。

⑤定期向社会公布 HSE 业绩，关注投资者、客户、承包商等相关方需求，主动接受社会各界监督，实现持续改进。

三 处理剂危害

钻井液处理剂的危害与处理剂性质直接相关，对于基本的无机和有机化工产品，有些属于危险化学品，控制不当会造成大的危害，是安全防护的重点。

1. 安全危害

一些无机或有机处理剂，尤其是属于危险化学品方面的处理剂，其安全危害主要体现在如下方面。

（1）爆炸物

爆炸物（或混合物质）是指本身能够通过化学反应产生气体，而产生气体的温度、压力和速度能对周围环境造成破坏的一类固态或液态物质（或物质的混合物）。

爆炸性物品是含有一种或多种爆炸性物质或混合物的物品。

（2）易燃气体

易燃气体是指在 20℃和 101.3kPa 标准压力下，与空气混合有易燃风险的气体。

（3）易燃液体

易燃液体是指闪点不高于 93℃的液体。

（4）易燃固体

易燃固体是指容易燃烧或通过摩擦可能引燃或助燃的固体。为粉状、颗粒状或糊状物质，与燃烧着的火柴等火源短暂接触即可点燃，火焰迅速蔓延。

（5）自反应物质或混合物

自反应物质或混合物是即使没有氧（空气）也容易发生激烈放热分解的热不稳定液态或固态物质或者混合物。自反应物质或混合物如果在实验室实验中其组分容易起爆、迅速爆燃或在封闭条件下加热时显示剧烈效应，应视为具有爆炸性质。

（6）氧化性固体

氧化性固体是指本身未必燃烧，但通常因放出氧气可能引起或促使其他物质燃烧的固体。

（7）金属腐蚀剂

金属腐蚀剂是指腐蚀金属的物质或混合物，通过化学作用显著损坏或毁坏金属的物质或混合物。

2. 健康危害

一些基本的处理剂对健康危害主要体现在如下几方面。

（1）急性毒性

急性毒性是指在单剂量或在 24h 内多剂量口服或皮肤接触一种物质，或吸入接触 4h 之后出现的有害效应。

（2）皮肤腐蚀或刺激

皮肤腐蚀或刺激是指对皮肤造成不可逆损伤。即使用实验物质 4h 后，可观察到表皮和真皮坏死。

（3）严重眼损伤或眼刺激

严重眼损伤或眼刺激是指在眼前部表面施加实验物质之后，对眼部造成在使用 21d 内并不完全可逆的组织损伤，或严重的视觉物质衰退。

（4）呼吸或皮肤过敏

呼吸过敏物是吸入后会导致气管过敏反应的物质。

（5）生殖细胞致突变性

生殖细胞致突变性是指可能导致人类生殖细胞发生可传播给后代的突变。

（6）致癌性

致癌性是指毒性化学物质或化学物质混合物能使生物体因摄入此物质而导致癌细胞产生的特性。

（7）生殖毒性

生殖毒性是指对哺乳动物或对成年男性或女性的生殖和生育功能的有害作用，对生殖细胞、受孕、妊娠、分娩、哺乳等亲代生殖机能的不良影响，及对子代胚胎、胎儿发育、出生后发育的不良影响。

（8）吸入危害

吸入危害是指可能的外来化学物质对人类造成吸入中毒的危害性。“吸入”指液态或固态化学物质通过口腔或鼻腔直接进入或者因呕吐间接进入气管和下呼吸系统。吸入中毒的危害性包括化学性肺炎、不同程度的肺损伤或吸入后死亡等严重急性效反应。

四 防护措施

钻井液工在生产中经常接触到一些化学药品，其中不乏强酸、强碱等强腐蚀性及有毒药品，因此要特别注意个体保护。

1. 防止化学伤害的措施

①建立安全防护措施。强碱储备罐的罐口应高出地面 1m 以上；当与地面等高时，应在周围设置防护栏，并加设罐盖，以防人员跌入。

②接触和搬运腐蚀性较强的化学药品时，必须穿戴好相应的劳保用品。如口罩 、防腐手套、防护眼镜等用品，人要站在上风口，轻搬轻放，防止药品飞溅伤人。

③清除或排放腐蚀性液体时，应缓慢操作，开阀门要慢，以防液体飞溅伤人。人应站在安全部位，穿戴好防护用具，面部不要对着阀门。

2. 化学伤害的急救

皮肤或黏膜被化学物质灼伤后，造成局部或全身损害，往往需要一定的作用时间，时间越短，损害越轻。因此，应该尽量在最短的时间内采取自救或互救的方法进行现场急救处理。绝不要等待医生来现场或转送医院再作处理，以免延误时间，影响治疗效果。急救措施如下：

①迅速使受伤害者脱离致伤现场，去除受污染的衣物。

②清洗创面。立即就近用大量流动清水清洗创面的污物，防止污染物继续对皮肤组织的伤害，或经皮肤吸收而发生中毒。

③被污染的皮肤，经水彻底冲洗后，必要时可适当用中和剂，如酸灼伤可用3%～5%小苏打溶液洗涤，以中和创面残留的酸；如碱灼伤，经水洗后可用饱和硼酸溶液或1%醋酸溶液洗涤。注意中和时间不宜过长，然后用清水冲洗。

④创面经冲洗后，可用消毒敷料包扎，然后根据伤者的情况，决定是否转送医院进行治疗。

⑤遇有化学物质溅入眼内引起化学性眼灼伤，应立即用大量流动的清水或生理盐水冲洗眼睛，并不断转动眼球，直至污染物被全部冲洗干净为止。现场处理后根据灼伤情况，决定是否转送医院进行治疗。

思考题

1. 膨润土的定义与要求？膨润土在淡水钻井液中的作用？

2. 配浆土与配浆基液有哪几种类型？什么是有机土？在钻井液中具有的作用有哪些？

3. 常用的无机处理剂有哪些性质？什么是pH值调节剂？常用产品有哪些？

4. 常用的无机处理剂的性质有哪些？有机处理剂在钻井液中的主要作用有哪些？

5. 常用的有机处理剂中的降滤失剂有哪些类型？防塌剂有哪些类型？

6. 加重剂有哪些种类？其密度范围是多少？

7. 简述降滤失剂的作用？主要包括哪些？

8. 抑制剂的作用？主要包括哪些？

9. 常用的润滑剂产品有哪几种类型？

10. 钻井液处理剂储存要求？

11. 钻井液处理剂的健康危害有哪些？

12. 钻井液工在生产中防止化学伤害的措施？

扫一扫
获取更多资源

第四章

常用水基钻井液体系

PART 4

水基钻井液是使用历史最久、种类最多、最经济的钻井液类别，其配制方法简便，处理剂用量较少，适于配制密度较大的钻井液，某些体系还具有抗温性较强等优点。文中就国内中石化水基钻井液的常用类型及一些重要的应用环境下的钻井液类型及高温引起的性能变化维护与处理进行具体介绍。

第一节　聚合物钻井液

广义地讲，凡是使用水溶性聚合物作为处理剂的钻井液体系都可以称为聚合物钻井液，但通常是将聚合物作为主处理剂或主要用聚合物调控性能的钻井液体系称为聚合物钻井液。

一　聚合物钻井液概述

（一）聚合物钻井液的特点

①固相含量低，且亚微粒子所占比例低是聚合物钻井液的基本特征，也是聚合物处理剂选择性絮凝和抑制钻屑分散的结果，对提高钻井速度是极为有利的。

②具有较强的触变性、较强的剪切稀释特性和适宜的流态，即在环形空间中易形成平板型层流。因此聚合物钻井液悬浮和携带岩屑的效果较好，可有效地减少钻屑的重复破碎，使钻头进尺明显提高。

③由于聚合物可有效地抑制泥页岩的水化分散，所以稳定井壁的能力较强，井径比较规则。

④由于聚合物钻井液的密度低，可实现近平衡压力钻井，因而对油气层的损害小，有利于发现和保护产层。

⑤具有良好的防渗透性漏失的作用。

⑥由于聚合物钻井液的处理剂用量较少，钻井速度快，缩短了钻完井周期，因此可大幅度降低钻井总成本。

（二）聚合物钻井液的性能指标

聚合物钻井液所谓“不分散”具有两个含义：一是指组成钻井液的黏土颗粒直径尽量维持在 1 ~ 30μm 范围内，不易向小于 1μm 的方向发展；二是指混入这种钻井液体系的钻屑不容易分散变细。

①固相含量（主要指低密度的黏土和钻屑，不包括重晶石）应维持在 4%（体积分数）

或更小，相当于密度为 1.03 g/cm^3。

②钻屑与膨润土的比例不超过 2：1，膨润土含量一般维持在 1.3% ～1.5%比较合适。

③动切力（Pa）与塑性黏度（mPa·s）之比控制在 0.36～0.48，这是为了满足低返速（如 0.6 m / s）携沙的要求，保证钻井液在环形空间实现平板型层流。

④非加重钻井液的动切力应维持在 1.5～3 Pa。动切力是钻井液携带钻屑的关键参数，为保证良好的携带能力，必须满足动切力的要求，而且加重钻井液也必须满足重晶石悬浮的要求。

⑤滤失量控制应视具体情况而定。在稳定井壁的前提下可适当放宽，以利于提高钻速；在易坍塌地层应当从严。进入储油气层后，为减轻污染也应控制得低一些。

⑥优化流变参数。

⑦在整个钻井过程中应尽量不用分散剂。

（三）聚合物处理剂的主要作用机理

1. 桥联作用与包被作用

当一个聚合物高分子同时吸附在几个颗粒上，而一个颗粒又可以同时吸附几个高分子时，就会形成网架结构，聚合物的这种作用称为桥联作用。当高分子链吸附在一个颗粒上，并将其覆盖包裹时，称为包被作用。桥联作用易导致絮凝和增黏等，而包被作用有利于抑制钻屑的分散。

2. 絮凝作用

当聚合物在钻井液中主要发生桥联吸附时，能将一些细颗粒聚结在一起形成粒子团，这种作用称为絮凝作用。能起絮凝作用的聚合物称为絮凝剂。形成的絮凝粒子团易于靠重力沉降或被固控设备清除，有利于维持钻井液的低固相。所以，絮凝作用是钻井液实现低固相和不分散的关键。目前常用的絮凝剂是部分水解聚丙烯酰胺。

3. 增黏作用

加入钻井液后能够起增黏作用的聚合物称为增黏剂。它多用于低固相和无固相水基钻井液，以提高其悬浮力和携带力。增黏作用的发生：一是由于游离（未被吸附）的聚合物分子能增强水相的黏度，二是由于聚合物的桥联作用形成的网络结构能增强钻井液的结构黏度。常用的增黏剂有相对分子质量较高的 PHP、高黏度羧甲基纤维（CMC）、高黏度聚阴离子（PAC）等。

4. 降滤失作用

钻井液滤失量的大小主要取决于滤饼的质量（渗透率）和滤液的黏度，聚合物降滤失剂的作用是通过这两方面来实现的。

①保持钻井液中的粒子具有合理的粒度分布，使滤饼致密，而且聚合物分子发生桥联作用而形成的网络结构可以包裹大量的自由水，使其不能自由流动，从而降低滤失量。

②提高黏土颗粒的水化程度。降滤失剂分子中都带有水化能力很强的离子基团，可增厚黏土颗粒表面的水化膜，有效地阻止水的渗透。

③聚合物降滤失剂的分子大小在胶体颗粒的范围内，本身可对滤饼起堵孔作用，使滤饼致密。

④聚合物降滤失剂大分子可提高滤液黏度，从而降低滤失量。

5. 抑制与防塌作用

聚合物在钻屑表面的包被吸附是阻止钻屑分散的主要原因，包被能力越强，抑制钻屑分散的作用也就越强。

聚合物的防塌作用，一是由于长链聚合物在泥页岩井壁表面发生多点吸附，封堵了微裂缝，可阻止泥页岩剥落；二是由于聚合物浓度较大时，在泥页岩井壁上可形成较为致密的吸附膜，能阻止或减缓滤液进入泥页岩，从而抑制泥页岩的水化膨胀和剥落。

6. 降黏作用

聚合物钻井液的结构主要是由黏土颗粒与黏土颗粒、黏土颗粒与聚合物、聚合物与聚合物之间的相互作用组成的。降黏剂就是通过拆散这些结构中的部分结构而起到降黏作用的。

二 阴离子聚合物钻井液

（一）主要处理剂

1. 聚丙烯酰胺及其衍生物

①聚丙烯酰胺（PAM）：其结构式如下。

$$-(CH_2-\underset{\displaystyle CONH_2}{\underset{|}{CH}})_n-$$

相对分子质量是影响聚合物性能的重要参数，一般情况下，聚丙烯酰胺的相对分子质量在 100 万～500 万时主要用作絮凝剂，在 10 万～90 万时主要用作降滤失剂，10 万以下用作稳定剂。目前主要使用它的衍生物。

②部分水解聚丙烯酰胺（PHP 或 PHPA）：是由聚丙烯酰胺水溶液加碱水解制得，其结构式如下。

$$-(CH_2-\underset{\displaystyle CONH_2}{\underset{|}{CH}})_x-(CH_2-\underset{\displaystyle COONa}{\underset{|}{CH}})_y-$$

水解度（y 和 x 的比值）是影响 PHPA 性能的重要参数。现场一般采用水解度为 60%～70% 的 PHPA 来控制滤失量和提黏堵漏，采用水解度为 20%～40%的 PHPA 作为絮凝剂。

③水解聚丙烯腈（钠盐）：是腈纶在碱水溶液中水解后的产物。聚丙烯腈的结构式如下。

$$-(CH_2-\underset{\displaystyle CN}{\underset{|}{CH}})_n-$$

水解聚丙烯腈的结构式如下。

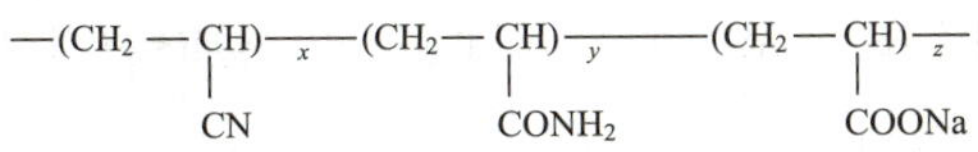

由此可知，水解聚丙烯腈是由丙烯腈、丙烯酸钠和丙烯酰胺三种单体共聚而成的产物。水解聚丙烯腈（钠盐）主要用作降滤失剂，另外它对淡水钻井液有增黏作用，而对盐水钻井液有降黏作用。它抗钠盐能力较强，而抗钙能力较弱。

④水解聚丙烯腈铵盐（NPAN 或 NH_4-HPAN）：是由腈纶废料在高温高压下水解而制得的，故也称为高压水解聚丙烯腈。它是一种抗高温降滤失剂。另外由于它可提供 NH_4^+，有很强的抑制黏土分散的能力，故也是一种较好的防塌剂。

⑤聚丙烯酸钙：是一种抗高钙、镁的降滤失剂，且能改善钻井液的流变性。聚丙烯酸钙不溶于水，使用时必须加入 Na_2CO_3 或 NaOH，使分子中的羧酸钙基部分地转化为羧酸钠基。

⑥磺甲基化聚丙烯酰胺（SPAM）：是由聚丙烯酰胺在一定条件下，与甲醛、亚硫酸氢钠反应制得的。它是一种性能良好的高温降滤失剂，并有一定的防塌和改善钻井液流变性的能力。

除上述类型的处理剂外，人们还相继研发了 80A 系列、SK 系列和 PAC 系列处理剂。80A 系列处理剂是由丙烯酸和丙烯酰胺共聚制成的一系列特征黏度不同的高聚物，如 80A44、80A46 和 80A51，具有降滤失和流变性调节等作用。SK 系列处理剂是丙烯酰胺、丙烯酸、丙烯磺酸钠、羧甲基丙烯酸的共聚物，如粉剂商品 SK-Ⅰ、SK-Ⅱ和 SK-Ⅲ，有抗高盐和抗钙、镁的能力，可作为良好的降滤失剂和流型调节剂。

2. 醋酸乙烯酯 - 顺丁烯二酸酐共聚物

醋酸乙烯酯 - 顺丁烯二酸酐共聚物（VAMA）是一种选择性絮凝剂，对膨润土不絮凝，有的还可以增效，对钻屑或劣质土则迅速絮凝，故常称为双功能聚合物。其相对分子质量在 7 万以下时是很好的降黏剂，并具有较好的降滤失作用。

3. 磺化苯乙烯 - 顺丁烯二酸酐共聚物

磺化苯乙烯 - 顺丁烯二酸酐共聚物（SSMA）是一种优良的降黏剂，具有很强的抗温、抗盐能力。抗盐可达饱和盐水，抗温可达 260℃以上。

（二）聚合物淡水钻井液

1. 无固相聚合物钻井液

使用无固相聚合物钻井液（又称清水钻井液）可达到最高钻速，但必须注意解决三个问题：一是必须使用高效絮凝剂使钻屑始终保持不分散状态，在地面循环系统中发生絮凝而全部清除；二是要有一定的提黏措施，并能按工程上的要求实现平板型层流并能顺利地携带岩屑；三是有一定的防塌措施，以保证井壁的稳定。生物聚合物和聚丙烯酰胺及其衍生物是配制无固相钻井液较理想的处理剂，要求其相对分子质量应大于 100 万，最好超过 300 万，水解度应小于 40%。

无固相聚合物钻井液配制与维护的要点：

①配制聚合物溶液。先用纯碱将水中的 Ca^{2+} 除去，以增加聚合物的溶解度，然后加入聚合物絮凝剂，一般加量为 6 kg/m^3。

②处理清水钻井液。将配好的聚合物溶液加入清水钻井液中，加入位置可以在导流管顶部或振动筛顶部，加入速度取决于井眼大小和钻速。

③促进絮凝。加适量石灰或 $CaCl_2$，通过储备池循环，避免搅拌，让钻屑尽量沉淀。

④适当清扫。在接单根或起下钻时，用增黏剂与清水配数方（立方米）黏稠的清扫液注入井内循环，以便把环空中堆积的岩屑清扫出来。只要保证上水池内的清水清洁，即可获得最大钻速。

2. 不分散低固相聚合物钻井液

由于无固相聚合物钻井液对固控要求高，工艺较复杂，故经常使用的是不分散低固相聚合物钻井液。

（1）不分散低固相聚合物钻井液配制的要点

①配新浆前应彻底清除钻井液罐底的沉沙。

②用纯碱除去配浆水中的 Ca^{2+}。

③用 1.7% ~ 2.3% 的优质膨润土或用量相当的预水化膨润土浆，加 0.02kg/m^3 的双功能聚合物，配制好基浆。

④必要时加入 0.03% ~ 0.15% 的纯碱，使膨润土充分水化。

⑤测定新配制的基浆性能，并调整到下述范范围内：

a. 漏斗黏度：30 ~ 40s。

b. 塑性黏度：4 ~ 7 mPa·s。

c. 动切力：4 Pa。

d. 静切力：(1 ~ 2)Pa/(1 ~ 3) Pa。

e.API 滤失量：15 ~ 30 mL。

（2）不分散低固相聚合物钻井液的维护要点

①为了维持钻井液体积和降低钻井液黏度以便有效地分离固相，要有控制地往体系中加水。

②每 5 根立柱淘一次振动筛下面的沉沙池，经常淘洗钻井液罐以清除沉沙，淘洗的次数应根据钻速而定。

③维持 pH 值在 7 ~ 9。

④钻进过程中要不断补充聚合物，以补充沉除钻屑所消耗的聚合物。

⑤为了保持低固相，在化学絮凝的同时，应连续使用除砂器、除泥器，适当使用离心分离机。

⑥如果要求提高黏度，可使用膨润土和双功能聚合物，并通过小型试验确定其加入量。

⑦为了降低动切力、静切力和滤失量，可使用聚丙烯酸钠，应通过小型试验确定其加入量。或按 0.03 % 的增量逐次加入聚丙烯酸钠，必要时加水稀释，直到性能达到要求为止。

⑧如果用不分散聚合物钻井液钻水泥塞时，在开钻前应先用0.14%的碳酸氢钠进行预处理。如果钻遇石膏（$CaSO_4$）层，应加入碳酸钠以沉除Ca^{2+}。但切记防止处理过度。

⑨如果钻遇高膨润土含量的地层，使用选择性絮凝剂比使用双功能聚合物的效果好。

⑩如果有少量盐水侵入，或者钻遇岩盐层时，只要盐浓度不超过10000 mg/L，不分散聚合物钻井液可以继续使用。若超过此浓度，为了维持所要求的钻井液性能，可加入预水化膨润土。在极端条件下，应使用盐水钻井液钻井。

（三）聚合物盐水钻井液

聚合物盐水钻井液主要应用在含盐膏的地层中以及海上钻井中。这类钻井液最主要的问题是滤失量较大，通常采取如下措施控制其滤失量。

①膨润土预水化。黏土在盐水中不易分散，因此钻井前将膨润土预先用淡水充分水化，并同时加入足够的纯碱，以除去高价离子并使钙质土转化为钠土，然后加入聚合物处理剂（如水解聚丙烯腈、聚丙烯酸盐及CMC钠盐等），使钻井液性能保持稳定。

②选用耐盐的配浆材料，如海泡石、凹凸棒石等。

③选用耐盐的降滤失剂。目前耐盐较好的降滤失剂有聚丙烯酸钙、磺化酚醛树脂、醋酸乙烯和丙烯酸酯的共聚物、CMC钠盐及CMS等。

④预处理水。所用化学试剂的种类及用量都要根据水型及其含盐量而定。一般含Mg^{2+}多的水用NaOH处理，含Ca^{2+}多的水用纯碱处理。

（四）不分散聚合物加重钻井液

在用重晶石加重的不分散聚合物钻井液中，聚合物的作用主要是絮凝和和包被钻屑、增效膨润土、包被重晶石，减少离子间的摩擦。由于重晶石对聚合物的吸附。在处理加重钻井液时聚合物的加量应高于非加重钻井液，加入重晶石一般也相应加入适量聚合物，加入量应通过试验来确定。

1. 不分散聚合物加重钻井液的配制

（1）井浆的转化

一般要求待加重钻井液的钻屑体积含量不超过4%，劣质土与膨润土之比接近1∶1。若待加重钻井液不符合要求，宁可放掉重配新浆；若井浆性能符合要求，即没有受到钻屑严重污染时，转化步骤为：按每1816 kg重晶石配0.91kg双功能聚合物或选择性聚合物的比例向井浆中加入重晶石，直到密度符合要求后，再以$0.29kg/m^3$为单位，逐渐加入聚丙烯酸钠，调节动切力、静切力和滤失量，直到性能符合要求为止。

（2）配制新浆

若井浆的钻屑含量和劣膨比不符合要求，重新配制不分散加重钻井液的步骤为：在彻底清洗钻井液罐之后，按计算的初始体积加水。用纯碱或烧碱处理配浆水以除去其中的Ca^{2+}、Mg^{2+}；按每227kg膨润土配合加入0.91kg双功能聚合物的比例，加膨润土和聚合物，直到膨润土加量达到要求为止；再按每1816kg重晶石配合加入0.91kg双功能聚合物或选择性聚合物的比例，加入重晶石和聚合物，达到所要求的密度。在钻井液密度达到要求后，再加入 0.299 ~ 0.57kg/m^3 的聚丙烯酸钠；直到将钻井液性能调节到适宜范围。

2. 不分散聚合物加重钻井液的维护

维护好不分散聚合物加重钻井液的关键是尽可能地清除钻屑。要实现这一点，一是要选择合适的机械固控设备，并有效地使用；二是要重视化学处理，采用选择性絮凝剂处理，能包被钻屑并抑制其分散，以便机械装置在地面上更容易地清除钻屑。

不分散聚合物加重钻井液的维护原则如下：

①为了保持钻井液体积，可以适当稀释钻井液以便清除钻屑，可在钻进过程中适量加水。切忌加水过量，以免造成重晶石悬浮困难。

②根据钻速快慢，按需要补加选择性絮凝剂。

③尽量利用固控设备清除钻屑。

④维持劣质土与膨润土的比例在 3∶1 以下。

三 阳离子聚合物钻井液

阳离子聚合物钻井液是以相对分子质量较大的阳离子聚合物（简称大阳离子）为包被絮凝剂，以相对分子质量较小的有机阳离子（简称小阳离子）为泥页岩抑制剂，并配合降滤失剂、增黏剂、降黏剂、封堵剂和润滑剂等处理剂配制而成。由于阳离子聚合物分子带有大量正电荷，在黏土或岩屑上有很强的吸附力，故阳离子聚合物钻井液具有优良的流变性、抑制性、稳定井壁、携带岩屑和防卡钻、防泥包等能力，在保证井下安全、提高钻速和保护油气层等方面都显示出优越性。

（一）主要的阳离子聚合物处理剂

1. 泥页岩抑制剂（小阳离子）

现场应用的泥页岩抑制剂（也称黏土稳定剂）是环氧丙基三甲基氯化铵，国内商品名为 NW–1，俗称小阳离子，有液体和干粉两个剂型，相对分子质量为 152。

小阳离子抑制岩屑分散的机理有两点。一是小阳离子是阳离子型表面活性剂，靠静电作用可吸附在岩屑表面，另外与岩屑层间可交换阳离子发生离子交换作用而进入岩屑晶层间。表面吸附的小阳离子的疏水基可形成疏水层，阻止水分子进入岩屑内部，层间吸附的小阳离子靠静电作用拉紧层片，这些作用可有效地抑制岩屑水化膨胀和分散。二是小阳离子所带的正电荷可中和岩屑所带的负电荷，削弱岩屑离子间的静电排斥作用，从而降低岩屑的分散趋势。

2. 絮凝剂（大阳离子）

目前使用的阳离子絮凝剂主要是季铵盐，它稳定性好，不受 pH 的影响。如阳离子聚丙烯酰胺（CPAM，简称大阳离子），相对分子质量在 100 万左右。大阳离子的主要作用是絮凝钻屑，清除无用固相，保持聚合物钻井液的低固相特性。大阳离子带有阳离子基团，靠静电作用吸附在钻屑上，吸附力较强，它的相对分子质量较大，分子链足够长，因而桥联作用较好；大阳离子可降低钻屑的负电性，降低粒子间的静电排斥作用，容易形成密实絮凝体，所以絮凝效果优于阴离子聚合物。除絮凝作用外，大阳离子也具有较强的抑制岩屑分散能力，一般絮凝能力强时，其抑制能力也较强。

3. 阳离子抑制剂和絮凝剂的协同作用

小阳离子的主要作用是抑制钻屑分散，大阳离子的主要作用是絮凝钻屑。由于相对分子质量的关系，小阳离子在钻屑上的吸附速度一般比大阳离子快，在钻进过程中首先，小阳离子吸附在新钻出的钻屑上抑制其分散其次，大阳离子再吸附在钻屑上靠桥联作用形成絮凝体；最后，利用固控设备便可有效地清除钻屑絮凝体。对负电性很强的有用固相膨润土颗粒，吸附的小阳离子比较多，削弱了大阳离子的吸附能力，使大阳离子对膨润土的絮凝作用相对较弱，因此钻井液中能够保持适量的有用固相。

目前在阳离子聚合物钻井液中，为了达到大、小阳离子的复配效果，在现场使用中，大阳离子加入量一般为0.2%~0.4%，小阳离子加入量一般为0.2%~0.5%，滤液中阳离子含量在20mmol/L左右。

4. 阳离子聚合物与阴离子聚合物的相容性

一般情况下，在钻井液中阴、阳离子聚合物之间会因相互作用而发生沉淀，从而失去各自的效能，但经室内试验和现场实践，只要配方合适，阴、阳离子聚合物处理剂可以同时使用，并能各自发挥作用。

另外，阴离子聚合物处理剂易与钙、镁、铁等高价金属离子发生作用而沉淀，从而降低效能甚至失效，表现为对高价金属离子的污染很敏感。而阳离子聚合物处理剂对高价金属离子表现出特殊的稳定性。

（二）阳离子聚合物钻井液的特点

①阳离子聚合物钻井液是以高分子阳离子聚合物作为絮凝剂，以小分子阳离子聚合物作为黏土稳定剂的一种新型水基钻井液体系，具有良好的抑制钻屑分散和稳定井壁的能力。

②在防止起钻遇卡、下钻遇阻及防止钻头泥包等方面具有较好的效果。

③流变性比较稳定，维护间隔时间较长。

④具有较好的抗高温、抗盐以及抗钙、镁等高价金属阳离子污染的能力。

⑤具有较好的抗膨润土和钻屑污染的能力。

⑥与氯化钾-聚合物钻井液相比它不会影响电测资料的解释。

（三）阳离子聚合物钻井液的维护与处理

①保持钻井液中大、小阳离子处理剂的足够浓度。为了有效地抑制页岩水化分散，防止地层坍塌，应保持钻井液中大、小阳离子处理剂的浓度不低于0.2%，并随钻井过程中的消耗做相应补充。当需同时加大、小阳离子处理剂时，应在第一循环周加入一种阳离子处理剂进行处理，下一循环周加入另一种阳离子处理剂，以避免发生絮凝结块现象。粉状处

理剂最好预先配成溶液使用。

②正常钻进时的维护。为保证钻井液的均匀稳定，应预先配好处理剂溶液和预水化膨润土浆。当钻井液性能因地层造浆而受到影响时，可添加处理剂溶液，以补充钻井液中处理剂的消耗，又起到降低固相含量的作用。当地层并不造浆，钻井液中膨润土含量不足时，应补充预水化膨润土浆，以保证钻井液中有足够浓度的胶体粒子，改善滤饼质量和提高洗井能力。

③在大斜度定向井钻进时，应加入 0.3%～0.5% 的润滑剂以使钻井液具有良好的润滑性。

④良好的固相控制是用好阳离子聚合物钻井液的必要条件，所以应充分重视固控设备的配备和使用。

四 两性离子聚合物钻井液

两性离子聚合物是指分子链中同时含有阴离子基团和阳离子基团的聚合物，与此同时，它还有一定数量的非离子基团。以两性离子聚合物为主处理剂配制的钻井液称为两性离子聚合物钻井液。

（一）主要的两性离子聚合物处理剂

目前现场使用的两性离子聚合物处理剂有两种，一是降黏剂，商品名为 XY 系列；二是絮凝剂，也称强包被剂，商品名为 FA 系列。

1. 降黏剂（XY 系列）

XY 系列降黏剂的分子结构特点如下。

①相对分子质量较小（一般小于 10000)。

②分子链中同时具有阳离子基团（10%～40%)、阴离子基团（20%～60%）和非离子基团（0～40%)

③属于线型聚合物。

传统的降黏剂在降低钻井液黏度的同时，往往对钻屑也有一定的分散作用，难以维持低固相。XY 系列降黏剂由于具备上述分子结构特点，所以它在有效地降低钻井液结构黏度和非结构黏度的同时，能增强钻井液的抑制能力。其中 XY-27 是目前常用的产品之一。

2. 强包被剂（FA 系列）

包被剂是能在钻屑表面发生包被吸附作用的处理剂，它可有效地抑制钻屑的水化分散，以利于清除无用固相，维持低固相。

两性离子聚合物强包被剂 FA 系列是相对分子质量较大（100 万～250 万）的线型聚合物处理剂，主要作用是抑制钻屑分散、增加钻井液黏度和降低滤失量，常被称为两性离子聚合物钻井液的主处理剂。其中 FA367 是目前常用的产品之一。

（二）两性离子聚合物钻井液的特点

①用这种体系钻出的岩屑成形，棱角分明，内部是干的，易于清除，有利于充分发挥固控设备的作用。

②抑制性强，剪切稀释特性好，并能防止地层造浆，抗岩屑污染能力较强，为实现不分散、低固相创造了条件。

③ FA367 和 XY-27 与现有其他处理剂相容性好，可以配制成低、中、高不同密度的钻井液，用于浅、中、深不同井段。在高密度盐水钻井液中应用具有独特的效果。

④ XY-27 加量少，降黏效果好，见效快，钻井液性能稳定的周期长，基本上解决了在造浆地层大冲大放的问题，减轻了劳动强度，节约了钻井成本，提高了经济效益。

但是，这种体系在使用中还存在问题。一是钻屑容量还不够大，当钻屑含量超过 20% 时，钻井液性能显著变坏，因此对固控的要求仍然很高。二是抗盐能力有限，若矿化度超过 100000mg/L，钻井液性能就开始恶化。

（三）两性离子聚合物钻井液的使用和维护

① FA367 的含量应达到 0.3% 以上，以防止井塌。

②滤失量控制在 8mL 以下。根据井下具体情况，如果地层稳定性差，应适当降低失水。

③ pH 值控制在 8～8.5 范围内。当 pH 值大于 9 时，XY-27 的降黏效果会明显下降。

④以性能正常为原则来调节 FA367 和 XY-27 的比例。加重钻井液可以不加 FA367。

⑤应以维护为主、处理为辅，坚持用胶液等浓度维护，切忌大处理。

⑥非加重钻井液的胶液比例为：H_2O：FA367：XY-27=100：1：0.5。遇强造浆地层，XY-27、FA-367 的量应加倍。

⑦加重钻井液的胶液比例为：H_2O：XY-27：SK-Ⅱ（或 PAC141)=100：2.5：2.5。密度大于 2.0g/cm^3 时，处理剂用量应加倍。

⑧最大限度地用好固控设备。

第二节　盐水钻井液

凡是含盐质量分数超过 1%（Cl^- 含量约为 6000mg/L）的钻井液统称为盐水钻井液。

一　盐水钻井液的主要处理剂

1. 降黏剂

降黏剂主要用来降低钻井液的黏度和切力，改善钻井液的流变性。降切的途径是减少黏土颗粒形成网络结构的可能性，降黏的本质是减少内摩擦阻力和拆散局部网络结构。降黏剂要易溶于水，受盐的影响不大，并具有热稳定性。下面介绍一下常用的降黏剂。

①单宁碱液（NaT）：又叫单宁酸钠，由有机弱酸单宁与烧碱（NaOH）配制而成。根据钻井液的不同需要，所需单宁和烧碱的质量比不同。单宁与烧碱用量之比可为 2∶1、1∶1 等，单宁碱液的质量分数可为 1/5、1/10 等。

单宁碱液是钻井液良好的降黏剂，能改善钻井液的流变性，抗温达 110～120℃。若遇到高浓度无机盐类，则会发生盐析而产生沉淀，故不适用于饱和盐水或高钙钻井液。使用单宁碱液时，pH 值应维持在碱性范围。

②磺甲基单宁（SMT）：是一种改性的降黏剂。它是由提纯的单宁在 pH 值为 9～10 的条件下与甲醛（HCHO）和亚硫酸氢钠（$NaHSO_3$）进行磺甲基化制得的。

磺甲基单宁作为良好的降黏剂可直接加入钻井液中。由于磺甲基化作用大大提高了单宁的抗温能力，其抗温可达 180～200℃。在盐水和饱和盐水钻井液中有一定的降黏作用，抗钙可达 1000mg/L，不建议在饱和盐水或高钙钻井液中使用。

③磺甲基栲胶（SMK）：又叫磺化栲胶，是由提纯的栲胶在碱性条件下进行磺甲基化制得的，其主要成分与磺甲基单宁相同。外观呈棕褐色粉末或细颗粒，易溶于水，水溶液呈碱性。

磺甲基栲胶作为良好的降黏剂可直接加入钻井液中。由于磺甲基化作用，其抗温可达 180℃。其降黏性与 SMT 相似，可任选一种使用。

2. 降滤失剂

①钠羧甲基纤维素（Na–CMC 或 CMC）：简称羧甲基纤维素。Na–CMC 是钻井液良好的降滤失剂、增黏剂和泥页岩抑制剂，其抗温可达 120℃，抗盐性能好，在碱性条件下使用效果最佳。

②水解聚丙烯腈（HPAN）：具有良好的降滤失作用、增黏作用和絮凝作用。由于遇到浓度较高的高价阳离子时易产生沉淀，所以它的抗盐能力很强，但抗钙能力较差，故不能在高钙钻井液中使用。抗温性能很好，可达 220～240℃。

③煤碱液（NaC）：又叫作腐殖酸碱液，可以由褐煤（其主要成分是腐殖酸）与 NaOH 溶液作用而制得。使用时褐煤与烧碱的比例可根据腐殖酸的含量和使用要求而定，一般的配比是：褐煤：烧碱：水＝ 15∶1∶100 或 3∶1∶100。煤碱液易溶于水，是钻井液良好的降滤失剂，抗盐性能好，抗温可达 180～190℃。在碱性条件下使用效果最佳。

④磺甲基褐煤（SMC）：磺甲基褐煤的成品为褐色粉末状或颗粒状，易溶于水，使用时可直接加入钻井液中。它在 200～220℃的高温下可有效地降低钻井液的黏度、切力和滤失量。具有一定的抗盐、抗钙能力，一般不用于饱和盐水或高钙钻井液中。

⑤磺甲基酚醛树脂（SMP）：又叫磺化酚醛树脂。磺甲基酚醛树脂是抗温抗盐的超深井钻井液降滤失剂，SMP–1 用于淡水和低浓度盐水体系，SMP–2 用于高浓度盐水体系。两种类型的热稳定性都很好，抗温均达 180～200℃。使用时可直接加入钻井液中。若配合磺甲基单宁、磺甲基褐煤一起使用，在 180～200℃的高温下仍能使淡水至饱和盐水钻井液均具

有合适的滤失量和流变性，而且它降低高温高压滤失量的效果尤其明显。

二 盐水钻井液的主要特点

① 由于矿化度高，盐水钻井液具有较强的抑制性，能有效地抑制泥页岩的水化膨胀，保持井壁稳定，防止坍塌，尤其在克服泥页岩的水化膨胀、坍塌和掉块方面效果显著。

②盐水钻井液不仅抗盐侵的能力很强，而且能够有效地抗钙侵和抗高温，适用于钻含岩盐地层或含盐膏地层，以及深井和超深井。

③由于钻出的岩屑不易在盐水中水化分散，在地面容易被清除，因此盐水钻井液有利于保持较低的固相含量。

④盐水钻井液能有效地抑制地层造浆，具有流动性好、性能稳定、悬浮能力强的特点。

⑤由于盐水钻井液滤液性质与地层原生水比较接近，故对油气层的损害较轻。

但该类钻井液的维护工艺比较复杂，对钻柱和设备的腐蚀性较大，钻井液配制成本也相对较高。

三 盐水钻井液的维护和处理

①对于盐水钻井液要不断观察，如有情况变化应及时进行钻井液全套性能的测量和滤液分析。盐水钻井液的类型不同，对含盐量的要求也不同，要根据 Cl^- 含量的变化及时调整，以保证钻井液性能和含盐量符合要求。

②一般情况下，盐水钻井液要经常补充烧碱水。实践证明，盐水钻井液的 pH 值在 9.0 ~ 11.0 范围内时，钻井液流动性好，滤失量小，性能稳定。当 pH 值大于 11.0 时，钻头易泥包。在钻进过程中，盐水钻井液的 pH 值会不断下降，原因在于：①固体 NaCl 中含有一定量的 $CaCl_2$、$MgCl_2$ 等，其中 Ca^{2+} 和 Mg^{2+} 易与 OH^- 生成沉淀而消耗 OH^-，致使钻井液的 pH 值下降；②钻井液中存在大量 Na^+，使黏土颗粒表面的部分 H^+ 解吸（Na^+ 大量存在，交换了 H^+），解吸下来的 H^+ 与钻井液中的 OH^- 结合生成水，致使钻井液的 pH 值下降。因此，要不断补充烧碱水，使钻井液的 pH 值维持在 9.0 ~ 11.0 范围内。

③盐水钻井液的降滤失剂主要是 CMC，其作用效果不如在淡水或钙处理钻井液中好，并且其作用效果随含盐量的增加而不断下降，因此应适时补充 CMC，以维持盐水钻井液滤失量。

④根据盐水钻井液的含盐量的要求，补充 NaCl。

⑤当钻井液产生气泡较多时，可能是由于缺乏烧碱水而导致其 pH 值偏低，也可能是地层流体如酸根污染影响。若补充烧碱水后，pH 值已达到要求，钻井液仍有气泡，并且严重影响钻井液性能，则可加除泡剂除泡。如还是不能消泡则考虑其他方面的原因，诸如配浆水矿化度、泥浆材料起泡等。

四 盐水钻井液的分类

根据含盐和用途的不同，盐水钻井液又可分为海水钻井液、一般盐水钻井液和饱和盐水钻井液。

（一）海水钻井液

1. 海水钻井液的特性

海水钻井液工艺技术得以发展是为了满足海滩、海洋钻井的需要。在海滩、海洋这些地区供给足够的淡水不仅难度大，而且成本很高，因此，最实际的办法是使用海水配浆，就地取材，经济方便。

海水中除含有浓度较高的 NaCl 以外，还含有一定浓度的钙盐和镁盐，其总矿化度一般为 3.3% ~ 3.7%，通常以 3.5% 作为世界海水总矿化度的平均值，海水的 pH 值在 7.4 ~ 8.4，密度为 1.03g/cm^3。渤海湾地区的海水总矿化度为 3.0% 左右。

海水中的主要成分是 NaCl，其矿化度处于不饱和范围。因此，海水钻井液的作用原理和配制、维护方法与一般盐水钻井液基本相同。在维护处理方面，降黏和护胶问题都存在。其不同之处在于体系中 Mg^{2+} 的含量较高，因而对钻井液性能产生了较大影响。此外，一般盐水钻井液的含盐量可随时调整，而海水钻井液一般直接采用天然海水来配制，其矿化度一般不做调整。

海水钻井液的配方有两种。一种是先用适量烧碱和纯碱对海水进行预处理，将海水中的 Ca^{2+}、Mg^{2+} 清除，再用于配浆。其中烧碱主要用于清除 Mg^{2+}，而纯碱主要用于清除 Ca^{2+}。这种体系的 pH 值应保持在 11 以上，其特点是分散性相对较强，流变和滤失性较稳定且容易控制，但抑制性较差。另一种是在体系中保留 Ca^{2+} 和 Mg^{2+}，显然这种海水钻井液的 pH 值较低，由于含有多种阳离子，护胶的难度较大，所选用的护胶剂既要抗盐又要抗钙和镁，但这种体系的抑制性和抗污染能力较强。

目前使用的海水钻井液配方与一般盐水钻井液相似。比如，较常用的单宁碱液—CMC 海水钻井液的 pH 值在 9 ~ 11 范围内可维持性能的稳定。

2. 海水钻井液的配制与维护

①计算欲配制一定浓度的海水钻井液所需的处理剂用量。

②在配制罐中加入定量海水后用 0.5% 烧碱和 0.2% 纯碱除掉海水中的钙、镁离子，然后加入膨润土充分搅拌，使膨润土充分水化，以备使用。

③小型试验：取 500mL 基浆，用天平精确称取计算好的处理剂量，在低速搅拌下加入，然后充分搅拌护胶，最后加入所需 NaCl 充分搅拌，测定所配海水钻井液的全套性能是否达到设计要求。

④按小型试验结果，在罐内加入 2/3 海水，打开剪切泵、低压循环管线、搅拌机，利用混合漏斗加入计算好的烧碱、纯碱，然后加入所需膨润土量，并充分循环搅拌预水化，然后加入烧碱、CMC（天然高分子降滤失剂）、SPNH（抗盐褐煤）等；最后加入

12% ~ 15% NaCl 充分搅拌，测定全套钻井液性能，性能要达到，FV：36 ~ 40s；FL：5 ~ 8mL；PV：低于 18 mPa·s；YP：4 ~ 8 Pa；Gel：1 ~ 3 Pa/3 ~ 6 Pa；pH：9 左右；ρ：1.15 ~ 1.20g/cm^3；MBT：40 ~ 70g/L；Cl^-：7 ~ 10 × 10^4 mg/L 以上。

⑤将配制好的海水钻井液打入储备罐。

（二）一般盐水钻井液

1. 一般盐水钻井液的特性

一般情况下，盐水钻井液的含盐量自 1% 至饱和之前控制在 5% ~ 7%。其含盐量的高低要根据所钻穿地层的需要来确定。一般盐水钻井液主要应用于以下情况：

①配浆水本身含盐量较高。

②钻遇盐水层时，淡水钻井液体系不可能继续维持。

③钻遇含盐地层或厚度不大的岩盐层以及为了抑制水敏性泥页岩地层的水化分散等。

在选择盐水钻井液时，可能只涉及以上某些因素，但也可能包含所有因素。多数情况下，盐水钻井液只用于某一特定的井段。例如，当预先已知在某一深度有一较薄盐层时，可在进入之前有准备地将盐和处理剂一并加入钻井液中，使之转化为盐水体系。从大量实践得知，盐水钻井液中含盐量越高，钻井液的抑制性越强，对岩盐层的溶解量越小，即越有利于井壁稳定，但护胶的难度亦同时增大，配制成本也会相应增加。因此确定钻井液的含盐量是十分重要的。

在配制盐水钻井液时，最好选用抗盐黏土（海泡石、凹凸棒石等）作为配浆土，这类黏土在盐水中可以很好地分散而获得较高的黏度和切力，因而配制方法比较简单。若用膨润土配浆，则必须先在淡水中经过预水化，再加入各种处理剂，最后加盐至所需浓度。否则，膨润土直接加到较高浓度的盐水中不容易发生水化，而是类似于一种惰性固体，无法再起到造浆和降滤失的作用。

盐水钻井液常用的处理剂有木质素磺酸盐、CMC、CMS、褐煤碱液和聚阴离子纤维素等。由于各地区使用的配方及对性能的要求不太一样，因此难以总结出其典型的配方及性能参数。目前使用的较简单的体系为木质素磺酸盐盐水钻井液，其基本组成为 1.5%的膨润土、5%的固体食盐、5%的木质素磺酸盐、1.5%的 NaOH 及一定量的重晶石。另一种体系为 CMC—木质素磺酸盐—表面活性剂盐水钻井液，主要用于井底温度达 150℃左右的深井中。

一般盐水钻井液维护处理的关键是保持体系中所需的含盐量，要做到这一点，需经常向钻井液中补充食盐或盐水，并用 $AgNO_3$ 滴定法定时检测滤液中 Cl^- 的质量浓度（NaCl 含量）。在维护过程中，应根据含盐量的高低和钻井液性能的变化及时处理好降黏和护胶这两方面的问题。只有这样，才能使盐水钻井液的流变参数和滤失量保持在合理的范围内，以满足钻井工程的要求。一般规律是，含盐量越低，降黏问题越突出；含盐量越高，护胶问题越重要。常用的降黏剂有木质素磺酸盐、单宁酸钠、栲胶碱液和磺化栲胶等。需要护胶时常选用高黏 CMC、煤碱液、磺甲基褐煤以及其他抗盐聚合物降滤失剂和包被剂，如水解聚丙烯腈等。

2. 一般盐水钻井液的配制与维护

①计算欲配制一定浓度的盐水钻井液所需的烧碱、氯化钠、各处理剂用量和膨润土用量，明确配方。

②在配制罐中加入定量清水后，开启剪切泵、混合漏斗，首先加入适量 Na_2CO_3 或 NaOH，再加入膨润土充分搅拌，使膨润土充分水化。

③使用混合加入 CMC 或 WNP-1 及 KFT、SMP 护胶剂并充分搅拌，然后加入所需 NaCl 充分搅拌，根据黏度高低实际情况再决定是否加入降黏剂。

④测定所配盐水钻井液的全套性能和 pH 值。

⑤将配制好的盐水钻井液打入储备罐。

3. 技术要求

①优选降滤失剂时要考虑抗盐效果好的处理剂。

②膨润土一定要预水化好后再加入 NaCl，否则黏土分散效果不好。

模拟配制密度为 $1.15g/cm^3$ 的盐水钻井液 $1m^3$，需要降黏剂（类型自定）2%，烧碱（NaOH）1%，食盐（NaCl）7%，膨润土若干（膨润土密度为 $2.2g/cm^3$，水的密度为 $1.0g/cm^3$，$1m^3$ 水看作 1000kg）。

a. 膨润土加量的计算。

已知：$V_{钻}=1m^3$，$\rho_{钻}=1.15g/cm^3$，$\rho_{水}=1.0g/cm^3$，$\rho_{土}=2.2\ g/cm^3$，则：

$$m_{土}=\frac{V_{钻}\rho_{土}(\rho_{钻}-\rho_{水})}{\rho_{土}-\rho_{水}}=\frac{1\times10^6\times2.2\times(1.15-1.0)}{2.2-1.0}=2.75\times10^5(g)=275(kg)$$

b. 降黏剂加量的计算。

$$1000\times2\%=20\ (kg)$$

c.NaOH 加量的计算。

$$1000\times1\%=10\ (kg)$$

d.NaCl 加量的计算。

$$1000\times7\%=70\ (kg)$$

（三）饱和盐水钻井液

1. 饱和盐水钻井液的特性

饱和盐水钻井液的滤液含盐量达到了饱和状态，即常温下含盐量达 31.5%(Cl^- 质量浓度为 $1.89\times10^5mg/L$）左右（注意：NaCl 溶解度随温度变化而变化）。这种钻井液配制及维护体系由于矿化度极高，因此除具有性能稳定、抗污染、抗温能力很强、对地层中黏土的水化膨胀和分散有很强的抑制作用外，能够防止可溶性盐类地层（如岩盐层）的溶解是其最突出的特点，这是其他水基钻井液所不能比拟的。故其一般用于钻进大段岩盐地层或钻进含盐量较高的盐水层，以防止因岩盐的溶解而形成“大肚子”井眼和盐水层的污染。

饱和盐水钻井液在使用时可采用三种方式。一是将岩盐层用淡水钻井液钻开，使岩盐不断溶解于钻井液中，在溶解的同时进行处理，直到钻井液中含盐量达到饱和（注意：该方法容易形成大盐腔，不利于后期携沙，不建议在大段盐层中使用）；同时用木质素磺酸盐、CMC 等处理剂调节好所需性能，即可得到饱和盐水钻井液，然后用此钻井液钻穿岩盐层。二是在上部地层使用淡水钻井液，进入岩盐层前将淡水钻井液在地面进行加盐及有关处理剂处理，使其含盐量和钻井液性能均达到要求，从而转化为饱和盐水钻井液。三是在地面预先配制好饱和盐水钻井液，在钻进岩盐层前一次性打入井内，然后钻穿岩盐层。

2. 饱和盐水钻井液的配制

①计算欲配制饱和盐水钻井液所需的烧碱、氯化钠、各处理剂和膨润土用量，明确配方。

②在配制罐中加入定量清水后，开启剪切泵、混合漏斗，先加入适量 NaOH，再加入膨润土充分搅拌，使膨润土充分水化。

③使用混合加入 CMC 或 WNP-1 及 KFT、SMP 护胶并充分搅拌，然后加入所需 NaCl 充分搅拌，根据黏度高低实际情况再决定是否加入降黏剂。

④测定所配盐水钻井液的全套性能和 pH 值。

⑤将配制好的盐水钻井液打入储备罐。

3. 饱和盐水钻井液的维护和处理

在维护处理饱和盐水钻井液时应注意以下问题。

①如果岩盐层较厚，埋藏较深，在地层压力作用下钻开的岩盐层容易塑性变形。此时应根据岩盐层的塑性变形曲线，确定较合理的钻井液密度，以避免因岩盐层塑性变形而引起缩径卡钻或挤坏套管。

②最好使用海泡石、凹凸棒石等抗盐黏土配制饱和盐水钻井液。若选用膨润土，则首先应进行预水化，但体系中总固相和膨润土含量都不宜太高，以防止在配制过程中出现黏度、切力过高的情况。膨润土浓度一般维持在 5%。若该体系由井浆转化而成，应在加盐前先将其固相含量及黏度和切力降下来。

③因盐的溶解度随温度上升而有所增大，所以在地面配制的饱和盐水钻井液当循环到井底时就变得不饱和了。为了解决因温差而可能引起的岩盐层井径溶解扩大的问题，比较有效的方法是在钻井液中加入适量的重结晶抑制剂，这样在岩盐层井段的井温下使钻井液的含盐量达到饱和，当钻井液返至地面时，就可抑制住盐的重结晶而保持原来的含盐量。

④维护和处理饱和盐水钻井液，应采取护胶为主、降黏为辅的办法。由于在该类钻井液中，黏土颗粒不易形成端 - 端或端 - 面连接的网架结构，而特别容易发生面 - 面聚结而变成大颗粒聚沉。因此需要大量的护胶剂维护其性能，否则会在使用过程中出现黏度、切力下降和滤失量上升等现象。若遇以上异常情况，应及时补充护胶剂如（CMC 等），同时配合提黏剂如烧碱水等。

⑤添加预水化膨润土也能起到提黏和降滤失作用，但加量不宜过大。在维护处理时还应注意，若进入岩盐层后，钻井液因处理不好，表现为切力过高、流动性较差时，可加入

木质素磺酸盐等降黏。同时要经常用饱和盐水和护胶剂进行补充处理维护，使钻井液含盐量始终处于饱和状态且性能始终达到要求。

第三节　深井抗高温钻井液

按国际上钻井行业比较一致的划分标准，井深在4570m（15000ft）以上的井称为深井，井深在6100m（20000ft）以上的井称为超深井。显然，井越深，技术难度越大。因此，国际上通常将钻探深度及深井钻速作为衡量钻井技术水平的重要标志。实践表明，钻井液的质量和性能对于确保深井和超深井的安全快速钻进起着十分关键的作用。常用的深井钻井液有水基钻井液和油基钻井液两大类，本书着重讨论深井水基钻井液。

一　深井水基钻井液的难点

1. 高温

井温随着井的深度增加而升高。按一般地温梯度计算，5000m深井井底温度为150～180℃，7000～8000m深井井底温度为230～265℃，15000m深井井底温度可达450～480℃（根据不同区块地温梯度，实际井底温度存在一定差异，根据具体区块来确定）。另外，井越深，地层年代越老，越可能出现温度异常，故实际情况一般只会高于上述井温。高温会对钻井液处理剂及其性能造成影响。

2. 高压

深部地层常出现压力非常高的油气层、盐水层，常需密度为2.0g/cm^{3}以上的钻井液，这给维护钻井液性能增加了难度。

3. 地层复杂

井越深，钻遇地层就越复杂，且深井经常在大段裸眼中钻进，维持井壁稳定难度增大。

4. 化学污染严重

钻深井常遇到大段石膏层、岩盐层、盐水层、芒硝层等无机盐类的地层，气层中的二氧化碳、硫化氢等酸性气体造成钻井液污染严重，性能变坏。

5. 钻井工艺复杂

井越深，井身剖面、钻具程序、套管程序越复杂，且深部井眼直径小、泵压高、排量小，携沙难度大。

二　深井水基钻井液应具备的特点

①具有抗高温的能力。这就要求在进行配方设计时，必须优选出各种能够抗高温钻井

液处理剂。

②具有较强的抑制能力，能够保证钻井液具有很好的流变性和携带、悬浮岩屑的能力。对于深井加重钻井液，尤其应加强固控，并控制膨润土含量以避免高温增稠。当钻井液密度在 2.0g/cm^3 以上时，膨润土含量更应严格控制。必要时可通过加入生物聚合物等改进流型，提高携岩能力，加入抗高温的稀释剂控制静切力。

③具有良好的润滑性。当钻井液固相含量很高时，防止卡钻尤为重要。此时可通过加入抗高温的液体或固体润滑剂等措施来降低摩擦阻力。

三 高温对深井水基钻井液性能的影响

在深井的特殊作业条件下，以温度的影响最大，所以深井水基钻井液需要解决的主要问题就是抗高温。

1. 高温对钻井液中黏土的影响

（1）高温分散作用

钻井液中的黏土颗粒在高温作用下，分散度增加、颗粒浓度增加、比表面积增大的现象称为高温分散。产生高温分散的原因主要是高温使黏土矿物片状微粒的热运动加剧，一方面增强了水分子渗入黏土晶层内部的能力；另一方面使黏土表面的阳离子扩散能力增强，导致扩散双电层增厚，ζ 电位提高，更有利于分散。

影响高温分散的因素主要有：一是黏土的种类。在常温下越容易水化的黏土，高温分散作用也越强。二是温度及作用时间。显然，温度越高，作用时间越长，高温分散作用也就越显著。三是 pH 值。由于 OH^- 的存在有利于黏土的水化，因此，pH 值升高，高温分散作用随之增强。四是一些高价无机阳离子，如 Ca^{2+}、Mg^{2+}、Al^{3+}、Fe^{3+} 等的存在，不利于黏土水化，因而它们对黏土的高温分散具有抑制作用。

高温分散作用对钻井液性能的影响有两个方面：一方面是高温增稠，即钻井液在高温条件下黏度、静切力和动切力上升，这是高温分散的必然结果，与黏土的数量有关。另一方面是高温胶凝，即当黏土含量达到一定数值时，高温分散造成钻井液中黏土颗粒浓度很大，在高温作用下彼此黏结，形成布满整个容积的网架结构，丧失了流动性，此现象称为高温胶凝。

（2）高温表面钝化作用

钻井液中的黏土颗粒经受高温作用后，表面活性显著降低的现象称为高温表面钝化。高温表面钝化现象可引起钻井液性能的高温减稠和高温固化。

2. 高温对钻井液处理剂的影响

（1）高温降解

有机高分子化合物受高温作用而裂解的现象称为高温降解。影响处理剂高温降解的主要因素：一是处理剂的分子结构。凡是含有在溶液中易被氧化和水解的键的处理剂分子都容易发生高温降解，如含有醚键。二是 pH 值、剪切作用等。高 pH 值往往会促进降解的发生，强烈的剪切作用也会加剧分子链的断裂。三是温度和作用的时间。温度越高，高温下作用时间越长，越易发生降解。

（2）高温交联

在高温作用下，处理剂分子中存在的各种不饱和键和活性基团会促使分子之间发生各种反应，彼此相互连接，从而使相对分子质量增大，这种现象称为高温交联。高温交联对钻井液性能的影响有好坏两个方面。如果交联适当，适度增大处理剂的相对分子质量，则可能抵消高温降解的破坏作用，甚至可能使处理剂进一步改性增效。但是，一旦交联过度，形成体型网状结构，则会导致处理剂水溶性变差，甚至失去水溶性而使处理剂完全失效。这种情况下，必然破坏钻井液的性能，严重时整个体系变成凝胶，丧失流动性。

3. 高温对处理剂与黏土相互作用的影响

（1）高温去水化作用

黏土颗粒表面和处理剂中的亲水基团，在高温条件下水化能力降低，水化膜变薄，从而导致处理剂的护胶能力显著降低，甚至完全失去作用的现象称为高温去水化。

高温去水化作用的结果致使处理剂的护胶能力大大下降，因而常导致钻井液滤失量增大，严重时还会促使高温胶凝和高温固化等现象的发生。

（2）高温解吸附作用

处理剂分子在黏土表面的吸附能力与吸附量因高温作用而显著降低，此现象称为高温解吸附。高温解吸附主要是由分子热运动加剧所造成的，它会直接影响处理剂的护胶能力，从而使黏土颗粒更加分散，影响钻井液的热稳定性和其他各种性能，常常表现出高温滤失量剧增，流变性失去控制。

处理剂在黏土表面的吸附与解吸附是一个可逆的动平衡过程。一旦温度降低，平衡又会向着有利于吸附的方向进行，因而处理剂又将较多地被黏土颗粒吸附，钻井液性能也会相应地得以恢复。

（3）高温降黏作用

温度升高，液相黏度降低。钻井液中各种粒子热运动加剧，流动阻力减小，导致黏度降低。

（4）高温加剧可溶性盐类对钻井液的污染

深井钻遇的地层多而复杂，遇到各种可溶性盐类污染的可能性就大，同时高温会加速化学反应，使钻井液的稳定性降低，故高温下钻井液对盐类的污染比较敏感。

4. 高温引起的钻井液性能变化

高温所引起的钻井液性能变化可归纳为不可逆和可逆两个方面。

（1）不可逆的性能变化

由高温分散、高温钝化作用和高温降解、高温交联作用所引起的钻井液高温增稠、高温胶凝、高温固化、高温减稠，导致滤失量上升、泥饼增厚等属于不可逆变化，即降温后不能恢复原来的性能指标。

（2）可逆的性能变化

由于高温解吸附、高温去水化和正常规律下的高温降黏作用所引起的钻井液滤失量增大、黏度降低等属于可逆变化，即温度降低后性能恢复。

四 抗高温钻井液处理剂

1. 对抗高温钻井液处理剂的一般要求

根据高温对钻井液处理剂性能的影响，对抗高温钻井液处理剂的一般要求如下：

①在高温条件下不易降解，高温稳定性好。

②对黏土颗粒有较强的吸附能力，受温度影响小。

③有较强的水化基团，使处理剂在高温下有良好的亲水性。

④能有效地抑制黏土的高温分散作用。

⑤在有效加量范围内，抗高温降滤失剂不得使钻井液严重增稠。

⑥在 pH 值较低（7 ~ 10）时也能充分发挥其效力，有利于控制高温分散，防止高温胶凝和高温固化现象的发生。

2. 抗高温处理剂的分子结构特征

①为了提高处理剂的热稳定性，其分子主链的连接键和主链与亲水基团的连接键最好是碳碳（C—C）键、碳氮（C—N）键和碳硫（C—S）键等，应尽量避免分子中含有易氧化的醚键和易水解的酯键。

②为了使处理剂在高温条件下对黏土表面有较强的吸附能力，通常在处理剂分子中引入 Fe^{3+} 等高价金属阳离子，使它们与有机处理剂形成络合物或螯合物，如铬—腐殖酸钠等。目的是用这些高价金属阳离子作为吸附基，它们在带负电荷的黏土表面上可产生牢固且受温度影响较小的静电吸附。与此同时，高价金属阳离子的引入对抑制黏土颗粒的高温分散也会起相当大的作用。

③为了尽量减弱高温去水化作用，处理剂分子中的主要水化基团应选用亲水性强的离子基，如磺酸基（$—SO_3H$）、磺甲基（$—CH_2SO_3H$）和羧基（—COOH）等，以保证处理剂吸附在黏土颗粒表面后能形成较厚的水化膜，使钻井液具有较强的热稳定性。这就是要对单宁、褐煤、酚醛树脂进行磺甲基化的原因，实质上就是在其分子上引入了磺甲基。另外，处理剂的取代度、磺化度应与温度和钻井液的矿化度相适应。

④为了使处理剂在较低 pH 值的情况下也能充分发挥作用，要求处理剂分子中的亲水基团的亲水性尽量不受 pH 值的影响。相比之下，带有磺酸基的处理剂可以较好地满足这一要求。

3. 常用的抗高温处理剂

（1）抗高温降黏剂

抗高温降黏剂是指能在高温条件下降低钻井液的黏度和切力的化学剂，也称抗高温降黏剂。抗高温降黏剂与一般降黏剂的不同之处在于：一是能有效地抑制黏土的高温分散；二是具有更强的亲水基团以克服高温去水化作用；三是参加络合的高价金属阳离子与黏土颗粒形成正电吸附，以克服高温解吸附作用。包括：磺甲基单宁（SMT）、磺甲基栲胶

（SMK）、硅氟降黏剂（SF-1）等。

（2）抗高温降滤失剂

抗高温降滤失剂是指在高温条件下能降低钻井液滤失量的化学剂。包括：磺甲基褐煤（SMC）、磺甲基酚醛树脂（SMP）、磺化木质素－磺甲基酚醛树脂缩合物（SLSP）、水解聚丙烯腈（HPAN）等。

另外，常用的抗高温滤失剂还有酚醛树脂与腐殖酸的缩合物（SPNH）、丙烯酸与丙烯酰胺的共聚物系列（如 PAC141、PAC142、PAC143）等。

五 常用抗高温水基钻井液体系

1. 磺化钻井液

磺化钻井液是以 SMC、SMP-1、SMT 和 SMK 等处理剂中的一种或多种为基础配制而成的钻井液。由于这些磺化处理剂均为分散剂，因此磺化钻井液体系是典型的分散钻井液体系。磺化钻井液体系的主要特点是热稳定性好，在高温高压下可保持良好的流变性和较低的滤失量，抗盐侵能力强，滤饼致密且可压缩性好，并具有良好的防塌、防卡性能。

（1）SMC 钻井液

这种体系不但用 SMC 作为抗高温稀释剂，而且用它作为降滤失剂，再加入适量的表面活性剂以进一步提高其热稳定性。这类钻井液可抗 200～220℃的高温，但抗盐、抗钙能力较弱，仅适用于淡水钻井液。这类钻井液的典型配方为：(4%～7%）膨润土＋（3%～7%) SMC +(0.3%～1%）表面活性剂（可从 AS、ABS、Span-80 和 OP-10 中进行筛选），并加入烧碱溶液将 pH 值控制在 9～10。必要时混入油以增强其润滑性。

在用膨润土配浆时，必须充分预水化，否则所配出的钻井液的黏度、切力过低，不能达到满意的性能。但需注意，膨润土切勿过量，若出现膨润土过度分散或含量过高，可加入适量 CaO 降低其分散度，然后加入 SMC 调整钻井液性能。在现场维护时，可以使用与井浆浓度相同的 SMC 护胶剂（5%～7%）控制井浆的黏度上升，并保持膨润土含量在 7%左右（密度较高时，可适当降低膨润土含量）。若因膨润土含量过低造成黏度达不到要求，则可补充预水化膨润土浆，并相应加入适量的 SMC。

（2）三磺钻井液

由于钻井液使用的主处理剂为 SMP-1（或 SMP-2)、SMC 和 SMT（或 SMK)，故称为三磺钻井液。其中 SMP-1 与 SMC 复配，可使钻井液高温高压滤失量得到有效的控制；SMT（或 SMK）用于调整高温下的流变性，从而显著提高了钻井液的防塌、防卡、抗温以及抗盐、抗钙能力。这种钻井液抗盐可至饱和，抗钙可达 4000mg/L；钻井液密度可提至 2.25g/cm^3。

配制三磺钻井液时，先配成预水化膨润土浆，再加入各种处理剂，亦可直接用井浆转化。维护时，通常加入按所需浓度比配成的处理剂混合液。若黏度、切力过高，可加入低浓度混合液或 SMT（或 SMK）；若滤失量过高，可同时补充 SMC 和 SMP-1。

三磺钻井液所用的三种磺化处理剂均能有效地降低高温高压滤失量，特别是磺化酚醛树脂效果更为明显，这一特性是使用钙处理钻井液所无法比拟的。这样就可显著改善滤饼质量，减少深井中常出现的坍塌、卡钻等井下复杂情况，在很大程度上提高了深井钻探的成功率。

2. 聚磺钻井液

聚磺钻井液是在钻井实践中将聚合物钻井液和磺化钻井液结合在一起而形成的一类抗高温钻井液体系，既保留了聚合物钻井液的优点，又对其在高温高压下的滤饼质量和流变性进行了改进，从而有利于深井钻速的提高和井壁的稳定。该类钻井液的抗温能力可达200 ~ 250℃，抗盐可至饱和。

（1）聚磺钻井液主要组分及作用

①膨润土含量一般情况下为 40 ~ 80g/L，随井温的升高、含盐量的增加和钻井液密度的上升，其含量应有所降低。密度超过 1.80g/cm^3 后控制在 20~35g/L。

②相对分子质量高的聚丙烯酸盐，如 80A51、FA367、PAC141 和 KPAM 等通常在钻井液中用作包被剂，其加量应随钻井液含盐量的升高而增大，随井温的升高而减少，一般加量范围是 0.1% ~ 1.0%。

③相对分子质量中等的聚合物处理剂，如水解聚丙烯腈的盐类，常在钻井液中起降滤失和适当增黏的作用，其加量为 0.3% ~ 1.0%。

④相对分子质量低的聚合物，如 XY–27 等，在钻井液中主要起降低黏度和切力的作用，其加量一般为 0.1% ~ 0.5%。

⑤磺化酚醛树脂类产品如 SMP–1、SPNH（磺化褐煤树脂）、SLSP 等，常与 SMC 复配使用，用于改善滤饼质量和降低钻井液的高温高压滤失量。前者加量一般为 1% ~ 3%，后者加量一般为 1% ~ 2%。此外，常加入 1% ~ 3% 的磺化沥青来封堵泥页岩的层理裂隙，增强钻井液的热稳定性。有时还需加入 0.1% ~ 0.3% 的抗高温稳定剂，以提高井壁稳定性，改善滤饼质量。

（2）配制与转化

上部地层所使用的聚合物钻井液通常在井内的技术套管中转化成聚磺钻井液。转化过程是先将聚合物和磺化类处理剂分别配制成溶液，然后按配方要求与一定数量的井浆混合；或者先用清水稀释井浆，使其中膨润土含量达到规定的范围，再加入适量的聚合物和磺化类处理剂。如果不是在技术套管内而是在裸眼内转化，则最好按配方将各种处理剂配成混合液，在钻进过程中逐渐加入井浆中，直至性能达到要求。对井浆进行维护时，通常使用与配方等浓度的各种处理剂的混合液。若发现井浆性能发生变化，可适当调整混合液中各种处理剂的配制比例。

适当的膨润土含量是聚磺钻井液保持良好性能的关键，必须严格控制。若滤饼质量变差，高温高压滤失量增大，应及时增加 SMP–1、SMC 和磺化沥青的加量。若流变性不符合要求，可调整不同相对分子质量的聚合物所占的比例和膨润土的含量。若抑制性差时，可适当增大高分子聚合物包被剂的加量或加入适量的 KCl。

聚磺钻井液所使用的主要处理剂可大致分成两类：一类是抑制剂类，包括各种聚合物处理剂以及 KCl 等无机盐，主要是起抑制地层造浆的作用，从而有利于地层的稳定：另一类是分散剂，以各种磺化类、褐煤类处理剂以及纤维素、淀粉类处理剂等，主要作用是降滤失和改善流变性，从而有利于钻井液性能的稳定。

第四节　水平井钻井液

水平井钻井技术是在定向井钻井技术的基础上发展起来的，它是指在石油钻井过程中，通过控制钻头钻进的轨迹，使之沿油层的走向钻进，以最大限度地增加油层的泄油面积，提高油田采收率和勘探效果。

由于钻水平井的过程中，钻遇油层长时间地裸露，与直井相比，水平井钻井作业增加了许多技术难题。如大斜度井段中，钻柱与井壁接触面积增大，增加了钻进和起下钻过程中的扭矩与摩擦阻力，容易产生卡钻故障；井眼清洗不利；井壁不稳定导致缩径、坍塌等复杂情况。

一　水平井的井眼净化

（一）水平井井眼净化的特点

随着井斜的增加，钻井液中的固相颗粒因偏心力的作用而向下井壁沉降产生岩屑床，给清除钻屑带来困难。

井眼净化的一般规律如下。

①环空流速是影响钻屑输送的关键因素，在不超出泵排量或流动限制的前提下，尽可能提高环空流速有利于改善钻屑的清除效率。

②在层流条件下，提高动塑比有利于清除钻屑：而在紊流条件下，钻井液的流变性对钻屑的清除影响不大．这一点适用于各种斜度的井。

③钻杆偏心时，钻屑的输送更困难。

④如果环空流态为层流，可用稀的紊流清扫液接稠的塞流携带液洗井、前面的稀浆搅起钻屑再由后面的稠液将其携带出井眼，这种方法对井眼清洁很有帮助。

⑤机械作用能够弥补水力学清洗井眼的不足。循环洗井时，在可能的前提下，保持钻柱一边旋转一边上下活动，可以扰动岩屑床，使钻屑的清除效率得到提高。

⑥井斜角是影响井眼净化的基本因素，井斜角从 0 到 90°，可分为三个井斜角区段，每个区段的井眼净化存在一些差异。

0 ~ 30° 区段：用高动塑比层流携沙具有最佳的清洁井眼效果。在本区段：岩屑床开始在下井壁上形成。

30°～60° 区段：层流和紊流具有相同的清洁效果，层流时，动塑比越高净化效果越好；紊流时，钻井液流变性对钻屑输送影响甚微。在此井斜区段岩屑床有向井底滑动的可能。

60°～90° 区段：紊流提供最佳的钻屑输送能力，而高动塑比则有利于改善层流携沙的能力。岩屑床在此井斜区段不会向井底滑动。

注：选择流态时必须考虑地层的承受能力。

（二）井眼净化推荐做法

根据现场经验和理论分析，为了能在水平井中有效地携岩，保持井眼清洁，应遵循以下推荐做法。

①在钻水平井时，流体类型相当重要，特别是对于复杂页岩层。油基或仿油基钻井液被认为可改善井眼稳定性，减少井眼扩大率和钻屑在井眼中的沉积。

②如果井眼不够清洁，首先应采取的措施是增加排量。水平井与许多类型井一样，排量是井眼净化的主要参数，在设计钻井水力学参数时，要考虑最大排量，这就需要一个准确的水力学程序，该程序应与泵功率和钻井液当量循环密度相适应。

③为保证斜井段井眼清洁，应适当增大低剪切速率下的流变参数。特别是钻水平井时，选择足够高的低剪切流变参数是十分重要的。要保持钻井液流态为层流或紊流，避免过渡流，因为这种流态携岩效果差。

④在水平井的井眼中，钻屑主要以滚动的形式被携带走，钻杆的转动能明显地改善井眼清洁效果，对于大尺寸井眼来说，提高转速可以促进井眼清洁。

⑤水平井需要多循环钻井液以保持井眼清洁。起钻前，应不断循环钻井液直至井内钻屑几乎全部返出。起钻前不充分循环会导致起下钻遇阻等严重问题。

⑥钻速对井眼清洁有一定的负面影响。保持恒定钻速，才能保证好的井眼清洁效果。应避免任何瞬时的高钻速，特别是在复杂的井眼清洁条件下。

⑦固相控制。钻屑在水平井中要比在直井、小斜度井中停留更长的时间，这些钻屑将在钻具和套管间或钻具和井壁间的钻井液中长时间停留。同时被重复研磨，所以提高净化设备使用效率是控制固相含量的因素。

⑧一旦静止岩屑床在环空底边井壁处形成，用高黏流体清除将非常困难，用低黏流体清除则有效得多，这也是极力推荐的方法。最好的办法是先用低黏流体以高速紊流状态清洗钻屑，紧接着用高黏流体在层流状态下将钻屑携向地面。

⑨在裸眼和已下套管的井眼中，必须密切监测静止岩屑床的形成。如有必要，可用高速倒划眼（如有掉块的情况下，为防止卡钻，应采用低速倒划眼）的方法清除岩屑床，这是非常有效的。

⑩密切监控钻井液的流变性。

⑪ 对井眼净化的监测。井下钻压和钻头扭矩测量短节装在下部钻具组合中，以测定清洗井眼的效果和补救措施（如起下钻通井、划眼、循环钻井液和开泵冲洗）的效果。测量短节装在 MWD 仪器下边，轴向和扭转应变仪数据被转换成力和扭矩的信号，然后随钻井

液脉冲输送到地面，作为标准数据结构的一部分。用地面和井下测量的钻压、扭矩、井眼几何形状、钻具结构和钻井液密度，借助地面计算机处理，可得出转动摩擦系数和阻力系数。这些计算的参数显示在一个卷轴记录表上，记在主要钻井参数的旁边，包括伽马曲线，以便对井眼净化状况做出判断。受过良好训练的 MWD 操作人员，利用这些资料可以很容易地做到这一点。

二 水平井的扭矩与摩阻

在大斜度井眼中，钻杆与井壁接触之处存在显著的运动摩擦阻力。当摩阻足够大时，它就成了水平井延伸井的制约因素。由于影响扭矩和摩阻的因素很多，因此要判定导致井下阻力增加的原因，有时是很困难的。解决水平井的扭矩和摩阻问题应从钻井工艺和钻井液两方面着手。

钻井液方面，通过降低钻井液的 API 和高温高压滤失量，形成薄而韧的可压缩滤饼，使用润滑性优良的钻井液体系，有助于降低水平井的摩阻。

大部分油基钻井液的润滑系数在 0.08 ~ 0.09，水基钻井液的润滑系数在 0.2 ~ 0.35，在加入适当的润滑剂后，水基钻井液的润滑系数可降到 0.10 以下。为保持较好的摩阻控制，水平井钻井液的润滑系数必须保持在 0.10 以下。

水基钻井液润滑性的改善，可以通过添加润滑剂的方法来实现。常见的润滑剂有以下几种：

1. 惰性固体润滑剂

主要有石墨、炭球、塑料小球、玻璃微珠及坚果圆粒等，它们的作用类似滚珠，存在于井壁和钻柱之间，将滑动摩擦变为滚动摩擦，能大幅度降低扭矩和阻力。其中塑料小球优点最多，它不溶于水和油，密度为 1.03 ~ 1.05 g/cm^3，抗温达 205℃以上，可与水基钻井液和油基钻井液配伍使用。粒度从 8~100 目不等，粗细应搭配使用，一般来说粗颗粒的润滑效果更好，但易被筛除。塑料小珠的加量一般为 1% ~ 2%，可降低扭矩 35%左右，降低起下钻阻力 20%左右。

2. 极压润滑剂

在高压条件下，极压润滑剂可在金属表面形成一层坚固的化学膜，以降低金属接触界面的摩阻，故更适应水平井钻柱对井壁在高的侧压力情况下的降摩阻需要。加量一般为 0.5% ~ 1.0%。

3. 无毒润滑剂

这是一种高相对分子质量含双键的有机物，无生物毒性，不污染环境，不干扰地质录井，润滑作用与极压油基润滑剂相似，可用于环境敏感地区的钻井作业。加量一般为 1% ~ 3%。

4. 改性的植物油和精制的多元醇

这些处理剂可应用于任何水基钻井液中，含有两个或三个羟基的聚合醇是理想的润滑剂和防钻头泥包剂。

三 水平井的井眼稳定

水平井井眼稳定受力学和化学两个方面的影响。井眼失稳是压缩或拉伸破坏造成的结果，地层破裂源于拉伸破坏，而井眼缩小和井径扩大源于压缩破坏。当井眼内压力超过周围岩石应力时，井眼被压裂。当井眼内压力过低，小于周围岩石的挤压力时，井壁可能坍塌。正确选择钻井液密度，使其既能满足支撑井壁防止坍塌的要求，又不会因密度过大压裂地层，是解决井眼稳定力学问题的主要途径。

对直井而言，传统的密度选择方法是参考地层孔隙流体压力和地层岩石破裂压力，在孔隙流体压力的基础上附加一个合理的压力值来确定钻井液的密度。对水平井来说，除孔隙流体压力外，还应考虑水平井水平状态下岩层失去平衡的那部分支撑负荷即井眼坍塌压力，它随井斜角的增大而变大。井眼坍塌压力梯度可根据原始地层应力、岩石强度和孔隙流体压力估算出来。为了使估算比较准确，需要进行岩石压裂试验，通过试验数据来估算地层原始应力和岩石强度。水平井的钻井液密度应由井眼坍塌压力和破裂压力确定。在其他条件相同的情况下，随着井斜角增大，钻井液的密度选择范围将变窄，即坍塌压力与破裂压力更接近。

水平井的井眼稳定还受井眼走向的影响，在地壳构造应力区，若地壳构造应力中一个横向地层原始应力大于另一个横向地层原始应力，井眼沿最小地层原始应力方向倾斜比沿大的原始应力方向钻进更加稳定。

模拟试验还表明，岩石的坍塌次序是碳酸盐岩最易坍塌，其次是页岩，而沙岩最稳定。从井眼深度看，一般是井眼越深越易坍塌。

化学因素引起的井眼不稳定，主要是由于钻井液的浸泡使井眼周围的岩石强度变弱而使井眼变得容易坍塌。在易坍塌层钻进，由于斜井或水平井比直井的井段更长，在直井中不出现坍塌的地层，在斜井或水平井中也可能出现坍塌。对于这样的情况，解决井眼不稳定的途径有两个：一方面是从钻井工艺上，改长曲率半径井为中短曲率半径井，可减少易塌裸眼井段的长度；另一方面是从钻井液的性能上加以改善，使钻井液具有更强的抑制性和良好的造壁性，水平井钻井液的高温高压滤失量应控制在 10mL 以内。川渝工区页岩气水平井或其他井壁稳定性较差的水平井要求控制在 5mL 以内，油基钻井液尽量控制在 3mL 以内。

四 水平井的漏失

（一）水平井井漏的原因

钻井过程中发生井漏必然具备两个条件，一是要有足够大的岩石裂缝（应大于钻井液中最大固相颗粒的粒径）；二是有比地层孔隙压力大的井眼液柱压力，即存在压差。开发后期的储层（能量已降低）和裂缝性储层往往是选择水平井开发的主要类型，而这两类地层恰恰是容易发生井漏的地层，使得水平井钻井过程发生井漏的机会比直井大得多。

因钻井液导致的水平井漏失归纳起来有以下几种情况。

①在垂直井深和地层孔隙压力相同的情况下，水平井钻井液的循环压降随井眼的延伸而增加，增大了钻井液的当量循环密度。

②水平井容易形成岩屑床，环空岩屑浓度高使环空流动通道变窄，引起流动阻力增大，增大了对地层的压差。

③为了改善井眼净化条件，水平井常采用增大排量和提高钻井液黏度的措施，因而产生更大的流动阻力，增大了钻井液的当量循环密度。

④水平井钻井由于地层应力的变化，常常需要比直井更高的钻井液密度才能稳定井壁，这就产生了更大的钻井液液柱压力，增大了压差。

⑤随着井斜角的增加，地层的坍塌压力一般会增大，而地层的破裂压力却会降低，这样就使钻井液密度实际的可调范围变窄，更容易发生井漏。

（二）防漏堵漏措施

①确定合理的钻井液密度，使钻井液的当量循环密度小于地层的破裂压力梯度。

②确保井眼净化，环空钻屑浓度不应超过5%，应着重从提高钻井液的携岩能力入手，避免因提高返速增大井漏的危险。

③控制钻井液的流变性，减少钻井液的环空循环压耗。

④减少压力激动的影响。

⑤运用屏蔽暂堵技术来加固井壁，防止井漏。

⑥运用低密度流体钻进。

五 水平井的储层保护

由于水平井在产层中钻进的井段很长，钻井液与储层接触的面积和时间大大增加，钻井液伤害储层的机会也相应地增大。钻水平井的目的是提高油气井的产量，为了使水平井达到尽可能高的产能，就必须使水平井钻井液具有保护储层的能力，将储层伤害控制到最低限度。为此，用于水平井的钻井液，必须测试它与储层岩芯的相容性，只有那些渗透率恢复值大于80%的钻井液才可用于水平井钻井，渗透率恢复值小于80%的钻井液必须进行改造，使其达到80%以上，否则应避免使用。

六 水平井的钻井液体系

根据水平井钻井的特殊性，选择或设计钻井液体系时，首先应满足有利于保护油气层并容易转化成完井液的要求。除此之外，水平井钻井液还需特别注意以下几个方面：①良好的抑制性；②良好的润滑性：③较好的流变性；④良好的井眼清洁能力；⑤适当的密度；

⑥较好的经济性；⑦满足环境保护要求。

目前国内外水平井钻井过程中采用的钻井液体系主要有油基钻井液、合成基钻井液、聚合醇水基钻井液、水基聚合物钻井液、无黏土盐水钻井液正电胶 (MMH) 钻井液以及泡沫或充气钻井液等。

1. 油基钻井液体系

油基钻井液具有许多优点：对储层伤害最轻；有很好的润滑性，可显著降低起下管柱时的摩擦阻力和钻进时的扭矩；对井眼的稳定能力最高；受外界因素影响较小；性能可保持长期稳定。因此，在水平井钻井中油基钻井液被优先考虑使用。目前国内页岩油、气水平井大都使用油基钻井液。

油基钻井液存在的不足是成本较高、易产生环境污染、携岩和井眼清洁能力较差。

2. 合成基钻井液体系

合成基钻井液解决了传统油基钻井液的环境污染问题，它的优点和不足与传统油基钻井液相似，而且它的润滑性甚至超过了传统油基钻井液，但成本也比传统油基钻井液高。

3. 聚合醇水基钻井液体系

聚合醇水基钻井液（PEM 钻井液）在传统的水基聚合物钻井液中加入聚合醇添加剂，使水基钻井被的润滑性和抑制性得到显著提高，性能上达到接近油基钻井液的水平。水基钻井液中加入 5%的聚合醇处理剂，钻井液润滑系数可下降 80% 以上。聚合醇水基钻井液体系可代替油基钻井液用于环境敏感的地区。

4. 水基聚合物钻井液体系

这类体系如 KCl/PHPA 钻井液、阳离子聚合物钻井液等，主要用于沙岩储层的水平井钻井。

优点：环境污染小，成本较低，性能易调节，有利于井漏的预防和处理。缺点：润滑性欠佳，保护油气层能力不够，洗井能力不足。

5. 无黏土盐水钻井液体系

该体系由无机盐（KCl、NaCl）水溶液加可溶性暂堵剂和调节流变性的聚合物（XC、HEC）组成。

优点：黏度小，环空压降低，在环空容易形成紊流，井眼净化好且易于防漏堵漏。缺点：抑制性和润滑性不足。

6. 正电胶（MMH）钻井液体系

由正电胶（MMH)、钠膨润土和水组成的结构体具有高切力、高动塑比的独特流变特性，使其悬浮和携岩能力明显优于其他水基钻井液；另外 MMH 对黏土矿物具有很好的抑制性，比 KCl 强十倍；再配合使用超细碳酸钙进行加重并作暂堵剂，可有效地保护油气产层。MMH 钻井液适用于胶结差的沙岩和在破碎性地层钻的水平井。

7. 泡沫或充气钻井液体系

泡沫或充气钻井液携岩能力强，对钻屑的处理容量大，并可对漏失地层进行有效的封堵。

第五节　保护油气层的钻井液技术

在钻开油气层的时候，钻井液与储层将直接接触，钻井液中的流体和固相都会不同程度的进入储层之中，这就可能造成接触钻井液的储层岩石孔隙的堵塞和流体性质的改变。本节将介绍保护油气层的意义以及降低钻井液对储层的伤害，达到保护油气层的目的。

一　保护油气层的技术概论

油气层损害的主要表现形式为油气层渗透率的降低，包括油藏岩石绝对渗透率和油气相对渗透率的降低。渗透率降低越多，对油气层损害越严重。一方面，油气层损害是不可避免的。在钻井、完井、修井、实施增产措施和油气开采等各个作业环节中，均可能由于工作流体与储层之间物理的、化学的或生物的相互作用而破坏储层原有的平衡状态，从而增大油气流动的阻力。另一方面，油气层损害又是可以控制的。通过实施保护油气层、防止污染的技术和措施，完全可能将油气层损害降至最低限度。

在储层油气流入井内的过程中，压力损失主要集中在井眼附近的近井壁带。该区域内油气通道连通条件和渗透性的好坏，即被污染的程度或受保护的效果，对油气井的产能影响很大。因此，保护油气层主要是指尽可能防止近井壁带的油气层受到不应有的损害。

（一）保护油气层的重要性

①钻井的目的是勘探和开发油气田，因此在钻井过程中油气层保护的好坏直接关系到能否及时发现油气层和对储量的正确估算。

②保护油气层有利于油气井产量和油气田开发经济效益的提高。

③有利于油气井的增产稳产。

微粒运移引起的损害是最普遍的，其次是乳状液堵塞和水锁，再次是润湿反转和结垢等引起的损害。在钻井和固井作业中，损害最严重的是钻井液固相颗粒堵塞和黏土的水化膨胀。

（二）油气层损害的因素

1. 固体颗粒堵塞造成的损害

①当井眼中钻井液的液柱压力大于油气层孔隙压力时，钻井液中的固体颗粒就会进入油气层，其结果会堵塞油气层而引起损害。特别在泥饼形成之前，固体颗粒侵入的可能性更大。

②由于在油气层中含有许多粒度极小的黏土和其他矿物的微粒，在未受到外力作用时，这些微粒附着在岩石表面被相对固定；但在一定外力作用下，它们可脱离岩石表面而随孔

隙中的流体一起运动，当运动到小孔隙时滞留并堵塞孔隙，会破坏油气通道。

2. 钻井液与油气层岩石不配伍造成的损害

①水敏性损害。当进入油气层的钻井液滤液与油气层中的水敏性矿物不相配伍时，会使这类矿物发生水化膨胀和分散，从而导致油气层的渗透率降低。油气层中水敏性矿物含量越高，水敏性损害的程度越大；水敏性矿物与其组成有关，蒙脱石水敏性损害程度最大，伊利石次之，绿泥石更次之，高岭石最差；当油气层水敏性矿物的含量相似时，低渗透性油气层的水敏性损害程度要大于高渗透性油气层的水敏性损害程度；钻井液矿化度越低，水敏性损害越严重。

②碱敏性损害。当高 pH 值的钻井液侵入油气层后，与油气层中的碱敏性矿物发生相互作用造成油气层渗透率下降的现象称为碱敏性损害。产生碱敏性损害的原因主要有：一是碱性环境下更有利于油气层中黏土矿物的水化膨胀。二是碱可与隐晶质石英、蛋白石等矿物反应生成硅凝胶而堵塞孔道。

如果油气层中碱敏性矿物的含量越高、地层流体的 pH 值越高以及外来流体的侵入量越大，碱敏性损害程度越严重。

③酸敏性损害。由于酸化作业时所使用的酸化液与油气层岩石不配伍而导致油气层渗透率下降的现象称为酸敏性损害。损害形式，一是造成微粒释放，二是某些已溶解矿物所电离出的离子在一定条件下再次生成沉淀。造成酸敏性损害的沉淀物和凝胶有 $Fe(OH)_3$、$Fe(OH)_2$、CaF_2、MgF_2、Na_2SiF_6、Na_3AlF_6 以及硅酸凝胶等。影响酸敏性损害程度的因素有油气层中酸敏性矿物的含量、酸液的组成及质量分数，还有酸化后反排酸液的时间。大部分沉淀在酸液质量分数很低时才能形成。

④油气层岩石润湿反转造成的损害。在外来流体中某些表面活性剂或原油中沥青质等极性物质的作用下，岩石表面会发生从亲水变为亲油的润湿反转。润湿反转通常会对油气层造成损害：一是油相由原来占据孔隙的中间位置变成占据较小孔隙的角隅或吸附于颗粒表面，从而大大减少了油流通道。二是毛管力由原来的驱油动力变成驱油阻力，会使注水过程中的驱油效率显著降低。三是使相对渗透率曲线发生改变，造成油、气的相对渗透率趋于降低。影响润湿性发生改变的因素主要有外来流体中表面活性剂的类型及质量分数、原油沥青质的含量及组成，以及水相的离子组成及强度、pH 值和地层温度。

3. 钻井液与油气层中流体不配伍造成的损害

①无机垢堵塞。当钻井液与油气层流体各含有不相配伍的离子时，会在一定条件下形成无机垢，堵塞油气层孔隙。常见的无机垢类型有 $CaCO_3$、$CaSO_4 \cdot 2H_2O$、FeS 等。在钻井、完井、修井和油气开采等各作业环节中，都可能遇到无机垢堵塞问题。

②有机垢堵塞。当钻井液性质与油气层的原油不配伍时，可导致形成有机垢而堵塞油气孔隙。有机垢一般以石蜡为主要成分，同时还有含量不等的沥青质、胶质、树脂及泥沙等。

③乳化堵塞。若使用含有表面活性剂的钻井液，表面活性剂会在油气层界面产生吸附而使其界面性质发生改变，从而增加油气流动阻力。

④细菌堵塞。在各作业环节或油气开采过程中，地层中原有的细菌或随外来流体一起侵入的细菌在遇到适宜的生长环境时，便会迅速繁殖，所产生的菌落和黏液可堵塞油气孔道而对油气层造成损害。常见的细菌类型有硫酸盐还原菌、腐生菌和铁细菌等。

4. 油气层岩石毛细管阻力造成的损害

当油和水两相在岩石孔隙中渗流时，水滴在流经孔隙窄小处遇阻，从而导致油相渗透率降低，这种损害形式称为水锁效应。对于低渗透和特低渗透油气层，水锁效应往往损害很大。水锁效应通常是钻井液等外来流体的滤液侵入而引起的，因此，控制钻井液滤失量是防止水锁效应损害的有效措施。

二 保护油气层的钻井液类型及其应用

钻开油气层的完井液实际上就是钻开油气层的钻井液，它必须具有保护油气层、保证井下安全和钻井工作顺利进行的功能。因此，完井液实际上是钻井液技术与油气层保护技术的综合应用技术。

（一）保护油气层对钻井液的要求

钻开油气层的过程一般都要维持一段时间，它对油气层的伤害包括从钻开油气层起一直到固井完成为止的全过程中多个环节，其中对压差、钻井液浸泡时间以及环空返速均有影响。因此，钻进过程对油气层伤害的影响也应分段研究，但就其对油气层伤害的一般规律，可对其影响因素归纳如下：

①钻井液中的固相含量及固相颗粒的级配。在钻开油气层时，使用钻井液必然对油气层造成一定程度的固相粒子堵塞，钻井液中固相含量愈高，对油气层伤害愈大。固相对油气层伤害的大小取决于固相粒子的形状、大小及性质和级配。在钻井过程中，大于油层孔喉直径的颗粒不会侵入油层造成伤害，而比油层孔喉直径小的颗粒进入油层则会造成伤害。颗粒愈小，侵入深度愈大。若钻井液中含有细颗粒或超细颗粒，则侵入深度和伤害程度更大。若钻井液中各种大小直径的颗粒都有，则细粒子及超细颗粒的侵入深度将降低，但在伤害带的伤害程度并不减小。

固相颗粒的伤害对裂缝油藏更为突出。因此，做好固相颗粒控制，减少钻井液中固相含量，特别是细及超细颗粒含量，并使它们保持在一个合理的级配，是减少钻井液固相对油层伤害的重要内容。同样若钻进中井壁不稳定、页岩坍塌、井径扩大。泥页岩造浆等因素造成钻井液的固相含量增加，都会加剧固相对油层的伤害。

②钻井液对黏土水化作用的抑制能力。油层中黏土的水化膨胀、分散，运移是造成油层水敏性损害的根本原因，钻井液对黏土水化的抑制性愈强，则地层水敏性损害愈小，因此，针对油层中的黏土类型和性质，增强钻井液的抑制性是保护油层钻井技术的另一主要内容。

③钻井液液相与地层流体的配伍性。钻井液液相与地层流体若经化学作用产生沉淀或

形成乳状液，都会堵塞油层，其中水基钻井液滤液与地层水的不配伍可能形成各类沉淀，是最常见的伤害（结垢）。

④各种钻井液处理剂对油层的伤害。各类钻井液处理剂随钻井液滤液进入油层都将与油层发生作用，尽管其作用类型、机理会因处理剂种类和油层组分不同而异，但大都会对油层产生不同程度的伤害。由于处理剂是钻井液的必要成分，因此，针对油藏特性，选择适当的处理剂是钻井过程中保护油层技术的又一重要内容。

为了实现其对油层的保护功能，钻井完井液必须满足以下要求：

①保持钻井完井液的液相与地层的相容性。

a. 与油气层中液相的配伍性。包括不与地层水发生沉淀，不与油发生乳化，无气泡产生。

b. 与油气层敏感性的配伍性，尤其是水敏、盐敏、碱敏较为严重的地层更需特别注意。

c. 对油气层润湿性的影响。

以上与储层各方面的配伍性需要适当选择完井液的组成结构，包括处理剂，无机盐，表面活性剂等，应采用有效的评价方法加以验证评价后确定。

②严格按照储层孔喉结构特点，控制钻井完井液中固相（特别是黏土、重晶石）的含量及其级配。以减少钻井完井液中固相粒子对储层的伤害。

③注意防止完井液对钻具、套管的腐蚀作用，由于完井液中大多含有各类无机盐（$NaCl$、KCl、$CaCl_2$ 等），它们对钻具和套管的腐蚀更为突出，不仅降低钻具和油井的寿命，而且腐蚀产物会伤害地层。

④对环境无污染或污染可以消除。

⑤体系性能稳定，保证井下安全，在深井中还需考虑其热稳定性问题。

⑥成本低，应用工艺简单。成本低、应用工艺简单的钻井完井液，是目前国内外完井液技术的主要研究内容及发展方向。

（二）保护油气层的钻井液

水基钻井完井液是目前国内外油田使用最普遍的一类钻井完井液，现已形成无固相清洁盐水钻井完井液、无膨润土聚合物暂堵型钻井完井液、低膨润土聚合物钻井完井液、改性钻井完井液、阳离子聚合物钻井完井液、屏蔽暂堵型钻井完井液、两性离子聚合物钻井完井液、正电胶 / 阳离子聚合物钻井完井液和水包油型钻井完井液等比较成熟的类型。

（1）改性钻井完井液

改性钻井完井液是将打开油气层前使用的常规钻井液经过改性处理，使其成为具有一定保护油气层效果的钻井完井液。

技术要点：

①降低钻井液中黏土和无用固相的含量，尽量调节固相颗粒的级配，使其与油气层孔喉匹配。选用合适的暂堵剂类型和加量，无酸敏的地层可选用酸溶性暂堵剂，有酸敏的地层可选用油溶性暂堵剂，特殊情况可选用水溶性暂堵剂。加量以形成有效的暂堵泥饼为宜。

②增强钻井液的抑制性，对低渗特低渗储层还应加入适当的表面活性剂，降低钻井液的界面张力，从而减轻水敏性损害和水锁效应。

③降低钻井液的失水量，改善流变性和泥饼质量，调节 pH 值在 7.5 ~ 8.5，以减少滤液侵入量和防止碱敏损害，通过调节钻井液配方，使钻井液对钻屑的回收率大于 90%，对岩芯的渗透率恢复值大于 70%，才能用于钻开油气层。

这种钻井完井液具有成本低、使用工艺简单、对井身结构和钻井设备及工艺无特殊要求、具有一定保护油气层效果和应用广泛等优点。缺点是保护油气层效果不如新配的钻井完井液好，有时由于上部钻井液性能太差，较难达到保护油气层改性要求。

抑制性聚磺改性钻井完井液的配方见表 4–5–1。

表 4-5-1　抑制性聚磺改性钻井完井液的配方

材料与处理剂	功用	用量 /（kg/m³）
膨润土	基浆	30.0 ~ 50.0
PAC141	包被和页岩抑制	1.0 ~ 3.0
KPAM	包被和页岩抑制	1.0 ~ 3.0
水解铵盐	降黏、降失水	10.0 ~ 20.0
CMC	降失水	3.0 ~ 5.0
SMP	降失水、提高抗温性	10.0 ~ 20.0
SPNH	降失水、提高抗温性	8.0 ~ 12.0
磺化沥青	页岩抑制、提高抗温性	3.0 ~ 5.0
加重剂	提高密度	按设计要求

（2）低膨润土聚合物钻井完井液

膨润土对油气层具有一定的堵塞损害，但使用膨润土来调节钻井液的流变性和降低失水量，可以减少其他钻井液添加剂的用量，而降低钻井液的成本，同时，膨润土的加入对形成致密的泥饼、减少钻井液滤液对储层的损害程度也具有帮助作用。该钻井液的特点就是把其中的膨润土含量降低到一个适当范围，使膨润土对储层损害的影响尽量减小，而又不严重影响钻井液的成本和性能。这种钻井液中的膨润土含量一般为 2% ~3%，通过加入抑制黏土膨胀的处理剂和其他添加剂起到保护油气层的作用。

与改性钻井液相比，这种钻井液的优点是与油气层的配伍性更好、固相含量较低、抑制水化膨胀的能力强、保护油气层的效果更好、应用较广泛。缺点是成本较高，要求用套管将储层上部地层封隔才能取得好的效果。

膨润土淡水钻井完井液的配方见表 4–5–2。

表 4-5-2 膨润土淡水钻井完井液的配方

材料与处理剂	功用	用量 / (kg/m^3)
膨润土	基浆	20.0 ~ 30.0
PHP	包被和页岩抑制	1.0 ~ 3.0
SMC	降黏、降失水	18.0 ~ 22.0
水解铵盐	降黏、降失水	10.0 ~ 20.0
FPK	降失水	8.0 ~ 20.0
SMP	降失水、提高抗温性	20.0 ~ 30.0
碳酸钙	提高密度	按设计要求

盐水聚合物钻井完井液的配方见表 4-5-3。

表 4-5-3 盐水聚合物钻井完井液的配方

材料与处理剂	功用	用量 / (kg/m^3)
膨润土	基浆	20.0 ~ 30.0
KPAM (80A51)	包被和页岩抑制	2.0 ~ 5.0
Ca-PAN	降黏、降失水	4.0 ~ 6.0
水解铵盐	降黏、降失水	4.0 ~ 6.0
K-HPAN	降失水	20.0 ~ 30.0
SPNH	降失水、提高抗温性	10.0 ~ 50.0
盐水	提高密度	按设计要求

(3) 无膨润土聚合物暂堵型钻井完井液

无膨润土聚合物钻井完井液中不含膨润土。这类钻井完井液主要由水相 (一般为盐溶液)、低损害聚合物和暂堵剂固相颗粒组成，其密度采用加入不同种类的可溶性盐类或通过改变盐类的加量来进行调节，这种盐溶液也可以起到防止水敏性损害的作用。加入低损害聚合物的目的是控制和调节钻井液的流变性，以及与暂堵剂配合形成好的滤饼，以降低钻井液的滤失量。加入暂堵剂颗粒的目的是让其与加入的聚合物配合在井壁周围形成比较好的暂堵性滤饼，以阻止钻屑和钻井液滤液进入储层深部造成损害。暂堵剂颗粒的粒径一般要求有适当的分布，最好与油气层孔喉大小分布匹配，暂堵剂的加量以可以快速形成暂堵性滤饼为宜，且要求暂堵剂形成的滤饼可以通过适当的方式 (如酸溶、水溶、油溶或压力反排等) 加以解除。按使用的暂堵剂不同，这类钻井液又分为以下四种。

①酸溶性暂堵型无膨润土钻井完井液。

这种钻井完井液使用的暂堵剂是酸溶性暂堵剂。常用的酸溶性暂堵剂有细目或超细目的碳酸钙、碳酸铁、氧化铁等的粉末。这种暂堵剂形成的内、外滤饼在投产前可以用酸溶的方法解除。酸溶性暂堵型无膨润土钻井完井液的配方见表 4-5-4。

表 4-5-4 酸溶性暂堵型无膨润土钻井完井液的配方

材料与处理剂	功用	用量 /（kg/m^3）
PAC141（PAC143）	降失水、提黏	12.0 ~ 17.0
PHP	包被和页岩抑制	1.0 ~ 3.0
SLSP	降黏、降失水	25.0 ~ 35.0
水解铵盐	降黏、降失水	10.0 ~ 20.0
SMC	降失水	10.0 ~ 20.0
有机硅腐殖酸钾	页岩抑制	10.0 ~ 20.0
KOH	维持 pH 值	3.0 ~ 5.0
碳酸钙	暂堵	按设计要求

②油溶性暂堵型无膨润土钻井完井液。

这种钻井完井液使用的暂堵剂是油溶性暂堵剂。常用的油溶性暂堵剂是油溶性树脂粉末，其在油中的溶解率大于 85%。这种暂堵剂形成的内、外滤饼在投产前可以通过储层产出的原油流动加以溶解去除，也可以通过注入柴油或亲油的表面活性剂加以溶解而解堵。这类钻井完井液体系特别适用于有酸敏性的稀油油藏和凝析油藏，一般不用于气藏，若用于气藏，则需要增加油溶解堵工序或使用油基射孔液。油溶性暂堵型无膨润土钻井完井液的配方见表 4-5-5。

表 4-5-5 油溶性暂堵型无膨润土钻井完井液的配方

材料与处理剂	功用	用量 /（kg/m^3）
PAC141（PAC143）	降失水、提黏	12.0 ~ 17.0
PHP	包被和页岩抑制	1.0 ~ 3.0
SLSP	降黏、降失水	25.0 ~ 35.0
水解铵盐	降黏、降失水	10.0 ~ 20.0
SMC	降失水	10.0 ~ 20.0
有机硅腐殖酸钾	页岩抑制	10.0 ~ 20.0
KOH	维持 pH 值	3.0 ~ 5.0
油溶性树脂	暂堵	按设计要求

③水溶性暂堵型无膨润土钻井完井液。

该种钻井完井液使用的暂堵剂是水溶性暂堵剂。常用的水溶性暂堵剂是细目或超细目的氯化钠和硼酸盐的粉末。这种暂堵剂在井壁形成的内、外滤饼在投产前可以用低矿化度的水溶解去除。这类钻井完井液体系仅适用于加有盐溶解抑制剂和缓蚀剂的盐水体系。水溶性暂堵型无膨润土钻井完井液的配方见表 4-5-6。

表 4-5-6 水溶性暂堵型无膨润土钻井完井液的配方

材料与处理剂	功用	用量 /（kg/m^3）
KCl	页岩抑制	20.0 ~ 40.0
LV-CMC	降失水	14.0 ~ 18.0
NTA+ 细粒盐粉	提高密度	按设计要求

④油、水都不溶性暂堵型无膨润土钻井完井液。

该种钻井完井液使用的暂堵剂是油、水都不溶性的单向压力暂堵剂。常用的不溶性暂堵剂有改性纤维素和各种粉碎为极细的改性果壳及木屑等粉末。这种暂堵剂在压差作用下进入油气层，以其与油气层孔喉直径相匹配的颗粒暂时堵塞孔喉。当油气井投产时，在反排压差作用下，将单向压力暂堵剂从孔喉中反排出来实现解堵，从而达到保护油气层的目的。

这类暂堵型钻井完井液一般用于渗透率很高的孔隙油气藏和裂缝性油气藏，且要保证暂堵较好，还常与磺化沥青、油溶性树脂等一起使用。

这类钻井液的共同优点是不存在人为加入的黏土引起油气层损害问题，所以保护油气层的效果较好。缺点是要求把储层上部的造浆地层用套管封住，成本较高，在有些场合使用受到限制。该类体系适用于将套管下到油气层顶部，油气层压力系统比较单一的低压油气层，稠油和古潜山裂缝性油气层。

⑤屏蔽暂堵型钻井完井液。

屏蔽暂堵型钻井完井液实际上是在暂堵型钻井液和改性钻井液基础之上，发展起来的新型保护油气层的钻井完井液技术，其核心是通过向钻井液中加入粒径与油气层孔喉大小和分布相匹配的刚性及可变形固相粒子，对普通钻井液进行改性，使改性钻井液中的固相粒子可以很快地在一定正压差作用下，在井壁附近形成可被射孔弹穿透的、非常致密的泥饼，从而阻止钻井液中的固相和滤液继续侵入储层深部造成损害。这种致密泥饼可以在投产前通过射孔解除，从而使这种改性的钻井液具有保护油气层的效果。

实施屏蔽暂堵型钻井液完井液方案的技术要点：收集、测定或估算待钻储层的孔喉大小及其分布资料：钻开油气层前，向钻井液中加入 2% ~ 3% 的粒径大小为储层孔喉直径 1/2 ~ 2/3 的刚性架桥粒子（超细碳酸钙、单向压力封闭剂等），1.5% ~ 2% 的粒径大小为孔喉直径 1/4 的填充粒子，1% ~ 2% 的可变形粒子（如油溶性树脂、磺化沥青、氧化沥青、石蜡等）对钻井液进行改性。调节钻井液的密度，使钻井液的液柱压力与储层孔隙压力之差为 3MPa 左右后，再钻开油气层，以利于形成有效的屏蔽暂堵泥饼。投产前采用可以穿透屏蔽带的射孔弹打开油气层，解除屏蔽暂堵泥饼的堵塞。

该项技术的优点是成本低、适用多压力层系储层、工艺比较简单、具有一定的保护储层的效果。缺点是地下孔喉资料很难取得和多层系储层有时孔喉相差较大，给暂堵剂粒径的选择带来不准确性。该项技术特别适用于多压力层系储层的长裸眼井段钻井，以及采用射孔完成的孔隙型油气藏。由于屏蔽暂堵型钻井完井液就是在普通的水基聚合物钻井液中加入屏蔽暂堵剂改性而成，所以其配方就是在无固相清洁盐水和水包油钻井液以外的水基钻井液中加入屏蔽暂堵剂即可。屏蔽暂堵型钻井完井液的配方见表4-5-7。

表4-5-7 屏蔽暂堵型钻井完井液的配方

材料与处理剂	功用	用量/（kg/m³）
超细碳酸钙、单向压力封闭剂	刚性架桥粒子	20.0～30.0
膨润土	填充粒子	15.0～20.0
油溶性树脂、磺化沥青、氧化沥青、石蜡	变形粒子	10.0～20.0

⑥无固相清洁盐水钻井完井液。

无固相清洁盐水钻井完井液是指体系中不含黏土矿物和其他粒径大于2μm的固相颗粒的盐水钻井完井液。这种钻井完井液主要由水、可溶性盐类、低损害聚合物和缓蚀剂组成。其中的可溶性盐类用于调节密度和防止储层水敏损害，选择不同种类的盐类和改变其加量，可将钻井液的密度在1.0～2.4g/cm³范围内进行调节，聚合物用于调节钻井液的流变性和控制失水量，缓蚀剂用于减轻盐水对钻具的腐蚀。这种钻井完井液的优点是不含黏土和粒径大于2μm的固相，基本可以消除固相对油气层的损害，滤液为一定浓度的盐溶液，对黏土矿物的水化膨胀具有一定的抑制作用，可以基本消除水敏性损害，对油气层起到很好的保护作用。

无固相清洁盐水钻井完井液的配方见表4-5-8。

表4-5-8 无固相清洁盐水钻井完井液的配方

材料与处理剂	功用	用量/（kg/m³）
盐水：NaCl、KCl、$CaCl_2$等无机盐类配成	基液	按设计要求
PAM、PAC141、SK-1104、XC、PHP	页岩抑制、提黏	1.0～3.0
HEC	降失水、提黏	3.0～5.0
CM—HEC	降失水、提黏	3.0～5.0
CMC	降失水	3.0～5.0

使用技术要求：

a. 应用无固相完井液，必须配备良好的净化设备，将钻屑全部清除掉。

b. 钻进过程中，应随时补充完井液的消耗。地面应该配备相应的储备大罐。

c. 完井液成本昂贵，使用中应减少浪费。使用完后，应回收再利用。

配制要求；

a. 配制前，必须将技术套管内井浆用清水替出，并清洗地面循环系统。

b. 按设计要求加入处理剂。循环配制，在达到设计性能指标时开钻。

c. 按配方配制一部分完井液储备，以补充钻进过程中的消耗。

思考题

1. 聚合物钻井液的特点是什么？使用无固相聚合物钻井液应注意的问题有哪些？

2. 简述阳离子抑制剂和絮凝剂的协同作用。

3. 简述两性离子聚合物定义。

4. 盐水钻井液特点是什么？在维护处理饱和盐水钻井液时应注意的问题有哪些？

5. 简述高温对深井水基钻井液性能的影响。

6. 简述抗高温处理剂的分子结构特征。

7. 简述油气层损害的因素？钻井液与油气层中流体不配伍造成哪些损害？

8. 钻井液对油气层的损害有哪些？改性钻井液完井液技术要点是什么？

9. 简述井斜角对井眼净化的影响是什么？水平井井眼净化推荐做法有哪些？

10. 水平井井眼稳定与直井有何异同？

11. 保护油气层的重要性？

扫一扫
获取更多资源

第五章

油基钻井液

PART

油基钻井液是指以油作为连续相的钻井液。在长期实践、发展、完善过程中，总结出了现在常用的以柴油为连续相的两种油基钻井液，即全油基钻井液和油包水乳化钻井液。在全油基钻井液中，水是无用的组分，其含水量不应超过 7%；而在油包水乳化钻井液中，水作为必要的组分均匀地分散在柴油中，其含水量一般为 10% ~60%。

第一节　全油基钻井液

全油基钻井液是以柴油（或白油、合成基液）为分散介质，以氧化沥青作为分散相配制而成的特种钻井液，其中水和黏土是无用组分，故不含水和黏土（或含量很少）。

一　全油基钻井液的特点及用途

1. 全油基钻井液的优点

①全油基钻井液一般不受可溶性盐类（如 NaCl、Na_2SO_4 等）和高价阳离子（如 Ca^{2+}、Mg^{2+} 等）的影响和污染。

②密度调节范围广，可采用密度低于 1.0g/cm^3 的全油基钻井液钻进低压油气层。

③可保持井壁稳定、井径规则，井下复杂情况出现的概率低。

④凝固点低，高温下不稠化、不聚结，有良好的热稳定性。

⑤润滑性良好，能够润滑钻头、钻具，延长钻头、钻具的使用寿命，并可改善钻井液质量。

⑥尤其突出的是不损害油气层，并且在钻进过程中能够获得比较真实的地下地质资料。

2. 全油基钻井液的缺点

①使用全油基钻井液时，观察油气显示比较困难，不如水基钻井液那样显而易见。

②全油基钻井液配制工艺严格、复杂，维护、处理辛苦、麻烦。

③全油基钻井液成本高，劳动条件较差。

3. 全油基钻井液的用途

（1）用于钻进油层

全油基钻井液用于钻进油层，尤其是低压油、气层更为有利。因其分散相是油，与油层中油、气亲油的毛细通道是同类型的，因此避免了水基钻井液带来的所有损害，有利于产油和试油。

（2）用于油层或重要地层取芯

油层或重要地层的取芯目的是获取地下油层的原始含油饱和度、原始渗透率以及地层的原始岩石构造和特性。由于全油基钻井液分散相是油，对油层和重要地层的原始状态破坏较小，取出的岩芯也基本保持了原始状态，有利于根据对岩芯的分析而获取比较准确的油层储量和地下地质情况。

（3）用于钻进复杂地层

泥页岩及各种含盐类的地层，在水基钻井液中容易水化膨胀、分散和溶解，以致造成井塌、缩径、“大肚子”井眼、井壁不稳定及某些井下故障。若使用全油基钻井液钻进，泥页岩及含各种盐类的地层在油相中呈不水化分散、不溶解的惰性状态，避免或减少了使用水基钻井液时的不利因素。

（4）用于超深井

由于全油基钻井液热稳定性好，抗温能力很强，因此可用于深井或超深井中。

（5）用于定向井和水平井

由于全油基钻井液润滑性好，能形成润滑性好、质量高的滤饼，大幅度减少了摩擦阻力，因此可用于大斜度的定向井、水平井中。

（6）其他用途

由于全油基钻井液的特殊性质，还广泛地用作解卡液、射孔完井液、修井液等。

二 油基钻井液的组成

1. 连续相

全油基钻井液的连续相是柴油（或白油、合成基液），如同水基钻井液的连续相是水一样。油（或白油、合成基液）基钻井液中的主要成分是芳香烃和石蜡烃，沥青质易溶解于芳香烃而难溶于石蜡烃。因此，控制芳香烃在柴油中的含量就可控制沥青在柴油中的分散性。全油基钻井液使用的柴油芳香烃含量一般为 5%～10%较好，最大不能超过 20%，其石蜡烃含量以 40%左右为宜。柴油可以作为全油基钻井液的密度、黏度和切力等性能的控制剂。

2. 分散相

全油基钻井液的分散相是有机土、氧化沥青等，统称为亲油胶体。在早期使用的全油基钻井液中，使用氧化沥青较普遍，它可以将全油基钻井液的 API 滤失量降至 0，高温高压滤失量也可控制在 5mL 以下。它的最大缺点是对提高钻速不利，因此在目前常用的全油基钻井液配方中已对其限制使用。目前使用最普遍的分散相是有机土。有机土可以使全油基钻井液的性能像水基钻井液那样很方便地做出必要的调整。有机土是由亲水的膨润土与季铵盐类阴离子表面活性剂发生相互作用后制成的亲油黏土。所选择的季铵盐必须有很强的润湿反转作用，目前常用的有十二烷基三甲基溴化铵、十二烷基二甲基苄基氯化铵等。有机土很容易分散在油中，起提黏和悬浮重晶石的作用。

3. 稳定剂（皂化剂）

以前通常使用的稳定剂为硬脂酸钠皂，是由工业硬脂酸与 NaOH 配制而得的。它可以增加钻井液的黏度和切力，有利于悬浮重晶石。目前常用的稳定剂多为低聚酰胺类乳化剂，也可用其他表面活性剂作为稳定剂。

4. 热稳定剂

全油基钻井液中的熟石灰 [$Ca(OH)_2$] 一般用作热稳定剂。随着温度的上升，分子热运动加剧，可使全油基钻井液稳定剂硬脂酸钠皂的网架结构沿薄弱环节断裂，逐渐破碎成为单一的皂分子，从而使网架结构破坏，全油基钻井液的稳定性也显著变差。若加入适量熟石灰，使部分稳定剂由钠皂变为钙皂，则可提高全油基钻井液的网架结构强度，从而提高全油基钻井液的稳定性。

生石灰、食盐也可作为防水剂。由于它们加入全油基钻井液后可使水乳化，并使钻井液中的水相具有一定的矿化度，减少了水相在全油基钻井液中的危害。

5. 加重剂

使用重晶石（$BaSO_4$）粉或石灰石（$CaCO_3$）粉作为全油基钻井液的加重剂，其作用与在水基钻井液中的作用相同。

三 配制及处理过程中应注意的问题

①全油基钻井液与水基钻井液不同，在配制和使用过程中要严防着火，循环系统和钻台周围必须严禁烟火，并应配备配套的消防工具。

②要防止全油基钻井液受水侵，所以循环槽、循环罐、储备罐最好用铁制且加盖。

③钻井泵活塞和阀上的胶皮配件最好用耐油橡胶制成，否则会很快被油腐蚀变形而报废。

④要求所用振动筛的筛网面积比一般使用的大一些，循环过程中应经常地、及时地用钢丝刷刷洗。

四 全油基钻井液稳定性的判断

全油基钻井液与水基钻井液不同，稳定性问题是全油基钻井液的重要问题。其稳定性的好坏大致可由下列标准判断。

①初切必须大于零或某一数值，切力允许在一定范围内波动，但不能有持续降低的趋势。

②由于钻进过程中钻屑和黏土的侵入，钻井液密度会升高，若使用固相控制设备予以清除，则密度应比较稳定，不会有大幅度变化。若密度下降，说明全油基钻井液稳定性不好。全油基钻井液的稳定性通常采用在相当于井底温度条件下静置 24h，容器上、下密度的差值不得超过 0.05g/cm^3 的方法来检验。

③全油基钻井液的滤失量一般为零，最大不超过 1mL。若超过 1mL 说明钻井液稳定性不好。

④全油基钻井液的含水量通常在 1%～3%范围内，最大不能超过 7%。

第二节　油包水乳化钻井液

油包水乳化钻井液又称反相乳化钻井液或逆乳化钻井液，代号 W/O，它是以油作为连续相（又称外相），以水分散成稳定的不连续的细小水滴作为不连续相（又称分散相或内相），并添加适量的添加剂（如乳化剂、润湿剂、亲油胶体和加重剂等），形成一个稳定的乳状液体系，这个体系称为油包水乳化钻井液。

一　油包水乳化钻井液的特点

油包水乳化钻井液具有全油基钻井液的一切特性，故其特点也基本相同。

①由于连续相是油，泥页岩不水化膨胀，所以可应用于任何易出问题的泥页岩中钻进，包括在水化性能极强和水化性能差但容易破碎、垮塌的页岩中钻进。

②由于润滑性很好，所以可应用于经常发生压差卡钻的地层中钻进。

③由于润滑性很好，故经常用于钻进大斜度定向井和水平井。

④可以在存在各种污染物质使得水基钻井液难以对付的地层中钻进。这是由于油包水乳化钻井液的连续相是油，不受碳酸盐、硫化氢、硬石膏、食盐或水泥的影响，具有很强的抗污染能力和容纳钻屑的能力。

⑤由于抗温性很好，可达 200℃以上，所以，可以应用于钻进井底温度过高致使水基钻井液难以对付的地层。

⑥因为与其他类型的钻井液相比，油包水乳化钻井液对储油层的损害是相当小的，所以，可以应用于钻进敏感的生产层，并且对低压油气层的保护更为有利。

⑦与全油基钻井液相比，不仅安全，而且成本低。可以控制内相水活度，能更有效地防止泥页岩坍塌。

二　油包水乳化钻井液的组成

（一）油相

油相是油包水乳化钻井液的连续相（外相），也称基油。目前使用的基油为柴油（非冰冻期常用零号柴油）和各种低毒矿物油。柴油用作基油时应具备以下条件。

①为确保安全，其闪点和燃点应分别在 82℃和 93℃以上。

②由于柴油中所含的芳香烃对钻井设备的橡胶部件有较强的腐蚀作用，因此其芳香烃含量不宜过高，通常要求其苯胺点在 60℃以上。苯胺点是指等体积的油和苯胺相互溶解时的最低温度。苯胺点越高，表明烷烃含量越高，芳香烃含量越低。

③为了使乳状液的密度不至于降得太低，并降低钻井成本，应尽量减少油相体积和增加水相体积，油相体积分数一般不超过 70%。用油量越少，用水量越多，说明配制乳状液的技术水平越高，乳化剂的乳化作用越强。

（二）水相

水相是油包水乳化钻井液的分散相（内相），它可以是淡水、海水、盐水或饱和盐水。但通常使用含一定量 $CaCl_2$ 或 NaCl 的盐水，其主要目的如下。

①有利于乳化，以提高乳状液的稳定性。

②有利于控制水相的活度，以防止或减弱泥页岩地层的水化膨胀，保持井壁稳定。

③有利于提高油包水乳化钻井液的抗无机盐类污染的能力。

④提高密度，因为一定矿化度的水比淡水密度要大。

（三）乳化剂

正确地选择和使用乳化剂，是形成稳定的油包水乳化钻井液的关键。乳化剂通常采用表面活性剂，其作用机理一般认为有三个方面：一是在油水界面上形成具有一定强度的吸附膜；二是降低油水界面张力；三是增加外相黏度。上述三方面均可阻止分散相液滴聚集变大，从而使乳状液保持稳定。其中以吸附膜的强度最为重要，被认为是乳状液能否保持稳定的决定性因素。

根据作用机理，在选择其乳化作用的表面活性剂时，需要其分子结构满足下列要求。

①活性剂中非极性基的碳链要有一定的长度，一般要求碳原子数为 10 ~ 20 个。

②碳链是正构的。

③不同类型的乳状液要求用不同类型的活性剂。当乳化剂是亲油性的活性剂时，HLB 值（亲水亲油平衡值）应小于 7，形成油包水型乳状液；当乳化剂是亲水性的活性剂时，HLB 值应大于 7，则形成水包油型乳状液。

绝大多数用于油包水乳化钻井液的乳化剂是亲油性较强的表面活性剂，其 HLB 值一般在 3.5 ~ 6。它加入乳状液体系后，亲油部分指向油相，亲水部分指向水相，于是在油水界面上形成一层界面膜，从而稳定了乳状液体系。但为了形成密堆复合膜，增强乳化效果，在配制油包水乳化钻井液时，有时也使用 HLB 值大于 7 的表面活性剂作为辅助乳化剂，称为复配乳化剂。主乳化剂主要起成型作用，是成膜的关键；辅助乳化剂一方面在成膜方面起加强膜的作用；另一方面可使主乳化剂更加稳定，增加外相黏度。（注意：在选择合适的乳化剂时，需通过室内试验来确定。）

在油包水乳化钻井液中，常用的乳化剂有：高级脂肪酸的二价金属皂，如硬脂酸钙，烷基磺酸钙，烃链为 C_{12} ~ C_{18}；烷基苯磺酸钙，烃链为 C_{10} ~ C_{14}；SP-80。还有环烷酸钙、石油磺酸铁、油酸、环烷酸酰胺和腐殖酸酰胺等。有些亲油性固体粉末也可以作乳化剂，如有机膨润土、炭黑、石墨等，但形成的乳状液稳定性较差。

（四）润湿剂

主要是对钻井液中的重晶石和钻屑颗粒起润湿作用，即由亲水固体颗粒转变为亲油固体颗粒。以保证重晶石悬浮在钻井液中并保证将钻屑携带到地面上来。一般要求油包水乳化钻井液中润湿剂的 HLB 值在 7 ~ 9 范围内。目前常用的润湿剂有季铵盐（如十二烷基三甲基溴化铵）、卵磷脂和石油磺酸盐等。

（五）亲油胶体或油中可分散胶体

亲油胶体是油包水乳化钻井液的添加剂。正是由于这种亲油胶体的出现，使油包水乳化钻井液如同水基钻井液一样，可自如地、准确地调整性能。亲油胶体通常有氧化沥青、有机膨润土、亲油褐煤及皂类等，它们可作为增稠剂及降滤失剂使用。有机膨润土的增稠效果最好，皂类次之，氧化沥青更次之。

（六）加重剂

钻井液需要加重时，通常使用加重剂，如重晶石、石灰石等。但在加重过程中必须使用润湿剂和乳化剂，将重晶石颗粒及时由亲水转变为亲油，从而提高分散和悬浮效果。

三 油包水乳化钻井液的性能要求

（一）流变性

油包水乳化钻井液是水和亲油性固体颗粒分散在油相中形成的多相分散体系，影响其流变性的因素及影响程度与水基钻井液有较大区别，主要表现在：一是除亲油胶体能够增黏外，乳状液中的油水比例对黏度、切力也有较大的影响；二是在一定温度下，若压力增加，其表观黏度也明显增大；三是体系的乳化稳定性对流变参数也有直接影响。

（二）密度

通常使用的加重剂是重晶石和碳酸钙。重晶石一般用于加重密度不超过 $2.30g/cm^3$ 的钻井液，而碳酸钙一般只能用于配制密度不超过 $1.68g/cm^3$ 的钻井液。不使用加重材料，而采取调整油水比例和改变水相密度的方法也能在一定程度上控制乳状液的密度。无机盐是用来增加水相密度的主要物质，其中最常用的盐为 $CaCl_2$ 和 NaCl。

（三）碱度

pH 值一般应保持在 8.5 ~ 10.5 范围内，原因主要为：一是油包水乳化钻井液中的乳化剂在 pH:（8.5 ~ 10.5）时效果最好，石灰是控制 pH 值的无机处理剂。二是油包水乳化钻井液易受 H_2S、CO_2 的污染，这两种气体都是弱酸性的低 pH 值气体，它们可以改变乳化剂的溶解度，并改变体系的 pH 值，使乳状液流动性变差，滤失量增加。三是石灰同其他电解质一样，可作为离子化合物使用。

（四）滤失量

滤失量低，滤液主要是油而不是水，这是油包水乳化钻井液在性能方面的一个重要特点，也是油包水乳化钻井液适于钻强水敏性易坍塌复杂地层以及能够有效地保护油气层的主要原因。通常情况下，只要具有良好的乳化稳定性，其 API 滤失量可调整至接近 0，高温高压（HTHP）滤失量也不超过 5mL（目前设计多为 3mL 以内）。若滤失量不断增加，就需要加处理剂进行处理；若滤液中含水，则应立即加乳化剂进行处理。

（五）乳状液的电稳定性

油包水乳化钻井液的核心问题是必须确保乳状液的稳定性。显然破乳电压越高，钻井液越稳定。通常要求油包水乳化钻井液的破乳电压不得低于 400V。实际上，许多性能良好的油包水乳化钻井液，其破乳电压都在 2000V 以上。油包水乳化钻井液一旦稳定性变差，应及时补充乳化剂和润湿剂，并注意调整好油水比例，使原有的乳化稳定性尽快恢复。

（六）固相含量

油包水乳化钻井液对固相含量的要求与水基钻井液相似，无用固相应尽可能地清除。

第三节　合成基钻井液

合成基钻井液是一种使用环保型合成基油替代基础配浆材料的柴油或矿物油的油基钻井液体系。它是在水基钻井液不能满足井下复杂情况的性能要求，柴油基钻井液和矿物油基钻井液不能满足环境保护要求的情况下应运而生的，是一种在性能上具有柴油基钻井液特性，而在性质上具有环保特性的一种新型钻井液体系。

一　技术特点

①抑制性、润滑性和储层保护效果优良；
②运动黏度低，特别是在低温时具有优良的黏温特性；
③闪点高，降低火灾风险，更安全；
④倾点低，适合于高寒地区使用；
⑤不含硫和多环芳香烃，对钻具腐蚀极低且容易微生物降解；
⑥挥发性极低、无味，保障了现场施工人员的身体健康。

二 配方及关键处理剂

①体系配方合成基液 +2% ~ 3% 主乳化剂 +1% ~ 2% 辅乳化剂 + 氯化钙水溶液 +2.5% 碱度调节剂。

②关键处理剂：

a. 有机土：具有良好的分散、增黏、提切性能，且能抗 200℃高温。

b. 增黏提切剂：在纯油基体系和水相体积分数较大的体系中均有良好的效果。

c. 降滤失剂：选用改性腐植酸，降滤失效果明显。

三 钻井的性能要求

①具有良好的流变性、高温稳定性、油气层保护性能、符合环保要求。

②实现了基液水比为 50% ~ 90%：10% ~ 50%，API 滤失量≤ 2mL，密度最高达 2.3g/cm^3，抗 230℃高温。

思考题

1. 全油基钻井液的特点有哪些？
2. 简述油包水乳化钻井液乳化剂作用机理。
3. 油基钻井液配制与处理中应注意哪些问题？
4. 如何判断全油基钻井液稳定性的好与差？
5. 油包水乳化钻井液有哪些特点？其破乳电压有何要求？
6. 简述合成基钻井液的技术特点。
7. 阐述乳化剂作用机理？乳化剂分子结构需要满足哪些要求？

第六章

钻井液配制及污染处理

PART 6

文中将介绍各种钻井液体系的配制方法和流程，以及不同钻井液之间的转换使用技术。另外，与钻井液的常规性能维护不同，当钻井液受到严重的地层流体污染后，其判别和处理办法也将在本章内进行介绍。

第一节　钻井液基浆和处理剂溶液配制

钻井液基浆和主要处理剂溶液的配制是各种钻井液体系配制的重要步骤，是保证现场钻井液达到预期性能指标的重要技术措施。

一　膨润土浆配制

1. 准备工作

①穿戴好劳保用品。

②检查剪切泵、混合漏斗、钻井液低压循环管汇、储备罐等设备，确保完好无损。

③黏土、纯碱等处理剂，充足的水源。

2. 操作步骤

①根据所需配制膨润土浆性能及总量，计算所需各种配浆使用的膨润土量、纯碱量及水量。

②在配浆罐中加入清水，再加入纯碱，最后加入膨润土，搅拌均匀达标后放入储备罐中。

3. 技术要求

①配制膨润土浆时必须使用剪切泵、钻井液低压循环管汇、混合漏斗，确保剪切充分、不结块。

②将配好的膨润土浆加入储备罐中预水化 24h 后方可使用。

③膨润土主要以蒙脱石为主，因其所吸附的阳离子不同而分为钠土和钙土两种。因为钠土水化能力较强，造浆能力较高，所以适合钻井液使用。钠土一般较少，多为钙土。现场使用时，常把钙土改造成钠土（采用纯碱或烧碱改造）来满足钻井液用土的需要。

④天然土矿必须经机械加工成粒度大小适宜的粉末后才能使用。其颜色为白、灰、灰黄及紫红色，易吸潮结块，故一般采用聚乙烯薄膜袋为内层而聚丙烯编织袋为外层包装。

二 加重钻井液配制

1. 准备工作

①穿戴好劳保用品。

②按设计要求备足加重剂。备足降黏剂、NaOH、PHP 胶液。

③检查剪切泵、混合漏斗、循环管汇、各阀门、加重罐、通气管线、压力表、安全阀等，确保运转正常、阀门灵活好用。

④一套常规钻井液性能测量仪，充足的水源。

2. 操作步骤

①根据钻井液总量和加重剂的密度，计算加重剂用量：

$$m_{加}=\frac{V_{原}\rho_{加}\left(\rho_{重}-\rho_{原}\right)}{\rho_{加}-\rho_{原}}$$

式中 $m_{加}$——加重剂用量，t。

$V_{原}$——原钻井液体积，m^3。

$\rho_{加}$——加重剂密度，g/cm^3。

$\rho_{重}$——加重后钻井液的密度，g/cm^3。

$\rho_{原}$——原钻井液密度，g/cm^3。

②打开加重灰罐气阀门进气，开启剪切泵和混合漏斗。

③打开加重灰罐出料阀门，使加重剂通过混合漏斗进入钻井液循环罐。

④通过出料阀门控制加重速度，使钻井液密度每周升高 0.02～0.03g/cm^3（特殊情况除外）。

⑤钻井液加重完毕，关闭气源。停止钻井液低压循环。

⑥加重完毕后进行循环周钻井液密度检测，以检查加重质量。

3. 技术要求

①加重前钻井液黏度、切力必须处于设计最低限，并具有良好的流动性。

②加重在钻井过程中进行，加重幅度必须控制在每周升高 0.02～0.03g/cm^3，防止压漏地层（特殊情况除外）。

③加重剂必须经过混合漏斗，使之充分分散水化。加重过程必须连续，防止加重不均匀而压漏地层。

④根据加重剂用量加 0.05%～0.1% 的聚合物，增强加重后钻井液的稳定性。

⑤加重过程中尽量避免在钻井液中加大量水，可配合稀释剂处理。

⑥加重后的钻井液性能必须调整到设计要求范围内。

⑦若加重过程中出现加重灰罐出灰量大小变化，导致钻井液密度不均匀，则可用低密度钻井液进行适量补充，使密度均匀，防止因压力激动而压漏地层。

三 配制烧碱溶液

1. 准备工作

①穿戴好劳保用品。

②检查配药罐容积、标记是否完好，搅拌机、阀门是否灵活好用。

③准备充足的烧碱和水。

2. 操作步骤

①计算欲配质量浓度与体积的烧碱溶液所需要的纯烧碱量和水的体积。

②加入已计算好的纯固体烧碱量，再加入适量的水使固体烧碱溶解。

③开动搅拌机进行搅拌。

④补充水至计算所需水量，待搅拌好后切断电源。

3. 技术要求（注意事项）

①敲砸或搬运烧碱时必须穿戴好劳保用品，以防灼伤。有原包装的可直接砸碎，无包装的要盖上草袋等物品再砸，但是砸时用力不能太猛，以防碎块飞溅伤人。

②开动搅拌机时，要等搅拌机运转正常后方能离开。

③配制时要先加入烧碱再加入水，以防外溅。配制烧碱溶液时应防止烫伤，并连续搅拌，以防烧碱在池底重结晶。烧碱溶于酒精和甘油，难溶于醚和烃类，易吸潮，从空气中吸收 CO_2 可变成 Na_2CO_3。在水溶液中全部电离，水溶液呈强碱性，pH 值为 14，对皮肤和衣物有强腐蚀性，故使用时应注意安全。

四 聚合物胶液配制

1. 准备工作

①穿戴好劳保用品。

②一套配药罐，备足固体水解聚丙烯酰胺，检查搅拌机，确保运转正常。

③配药罐上接加水管线，检查水源确保充足。

2. 操作步骤

①根据欲配聚合物胶液的质量浓度和配液量，计算聚合物干粉用量。

②注入配药罐所需水量。

③开动搅拌机，使之运转正常，并缓慢加入所需聚合物干粉。

④充分搅拌使聚合物干粉完全溶解后，停止使用搅拌机。

3. 技术要求

①加聚合物干粉时必须均匀缓慢地加入，防止因聚合物结块而不易溶解。

②配药罐应具有容积刻度。

第二节　钻井液配制

配制好钻井液的基浆和处理剂溶液后，不同类型的钻井液也有要求各异的现场配制流程，本节将分别进行介绍。

一　钙处理钻井液配制

1. 准备工作

①穿戴好劳保用品。

②备好配制罐和储备罐。

③备足钻井液处理剂，据钻井液体系选择相应的絮凝剂、降黏剂、降滤失剂、氯化钙等。

④备足黏土、烧碱等。

⑤检查固控设备、搅拌器、剪切泵、混合漏斗，确保运转正常好用；检查配制罐、储备罐，确保清洁，检查水源，确保充足等。

2. 操作步骤

①计算配制总量和确定所需相应处理剂的用量。

②在配制罐中加入定量清水，然后加入烧碱溶解。

③开启剪切泵、使用混合漏斗加入纯碱、黏土搅拌水化后，再加入氯化钙、降失水剂及流型调节剂，搅拌水化。

④测量性能达标后，储存在储备罐中。

3. 技术要求

①配制时应首先加入纯碱或烧碱，有利于黏土水化分散。

②把配置好的钻井液打入储备罐静置 24h 后方可使用。

③各处理剂选择及作用。

一是无机絮凝剂主要作用是提供 Ca^{2+}，使部分钠土转化为钙土，使黏土形成一定的絮凝，多用石灰、石膏、氯化钙。二是降黏剂主要由单宁碱液、硅氟降黏剂、磺甲基褐煤等。其作用是将一定絮凝程度的黏土保护起来，拆散较大、较强的絮凝结构，使黏土处于适度的絮凝状态。三是降滤失剂一般用 CMC、WNP-1 降低和控制滤失量效果较好。四是烧碱主要作用是调节 pH 值，控制石灰的溶解度，使处理剂处于溶解状态。

二　聚合物抑制性钻井液配制

1. 准备工作

①穿戴好劳保用品。

②备足钻井液处理剂、高分子聚合物、NaOH、CMC、PHP、膨润土等。

③检查水源是否充足，固控设备、搅拌器运转是否正常。

④检查配制罐、储备罐。

⑤钻井液全套性能测试仪、pH 试纸等。

2. 操作步骤

①计算配制钻井液所需处理剂用量和膨润土的用量。

②首先在注入定量水的配制罐中加入膨润土并充分搅拌，使膨润土充分水化。

③在配制罐中加入高分子聚合物及所用处理剂，充分搅拌均匀。

④测定钻井液性能及 pH 值。

⑤将配好的钻井液打入储备罐。

⑥清洗全部仪器。

3. 技术要求

必须注意聚合物在钻井液中的含量，应因地层的不同而异。

模拟配制密度为 $1.15g/cm^3$ 的聚合物抑制性钻井液 $1m^3$，需要质量分数为 5%、水解度为 30% 的部分水解聚丙烯酰胺（PHP）3%，Na-CMC 2%，膨润土若干，计算各组分的加量（膨润土密度为 $2.2g/cm^3$，水的密度为 $1.0g/cm^3$，$1m^3$ 水看作 1000kg）。

①膨润土加量的计算：

已知：$V_{钻}=1m^3$，$\rho_{土}=2.2g/cm^3$，$\rho_{钻}=1.15g/cm^3$，$\rho_{水}=1.0g/cm^3$，则：

$$m_{土}=\frac{V_{钻}\rho_{土}(\rho_{钻}-\rho_{水})}{\rho_{土}-\rho_{水}}=\frac{1\times10^6\times2.2\times(1.15-1.0)}{2.2-1.0}=2.75\times10^5(g)=275\ (kg)$$

② PHP 加量的计算：

$$1000\times2\%=20\ (kg)\ (约合\ 20L)$$

③ Na-CMC 加量的计算：

$$1000\times1\%=10\ (kg)$$

三 复合盐钻井液配制

1. 准备工作

①穿戴好劳保用品。

②检查剪切泵、低压循环管线、混合漏斗、配制罐、储备罐和各处阀门，确保灵活好用。

③备足钻井液处理剂，如硅氟降黏剂、CMC、WNP-1、NaOH、NaCl、KCl、膨润土、重晶石等。

④钻井液全套性能测试仪，pH 试纸（1 ~ 14）。

⑤天平、高搅机、量筒、待配液、搪瓷量杯、秒表、计算器等。

2. 操作步骤

①计算欲配制一定浓度的盐水（复合盐）钻井液所需的处理剂用量。

②在配制罐中加入定量清水后，首先加入 5% 膨润土充分搅拌，使膨润土充分水化，以备使用。

③小型试验：取 500mL 基浆，用天平精确称取计算好的处理剂量，在低速搅拌下加入，然后充分搅拌护胶，最后加入所需 KCl、NaCl 充分搅拌，测定所配盐水钻井液的全套性能是否达到设计要求。

④按小型试验结果，在罐内加入 2/3 清水，打开剪切泵、低压循环管线、搅拌机，利用混合漏斗加入计算好的膨润土量，并充分循环搅拌预水化，然后加入烧碱、CMC（或天然高分子降滤失剂）、SPNH（抗盐褐煤）等；最后加入 10% ~ 15% NaCl、6% KCl 充分搅拌，测定全套钻井液性能，性能要达到，FV：36 ~ 40s；FL：5 ~ 8mL；PV：低于 18mPa·s；YP：4 ~ 8Pa；Gel：1 ~ 3Pa/3 ~ 6Pa；pH：9 左右；ρ：1.15 ~ 1.20g/cm^3；MBT：40 ~ 70g/L；Cl^-：$(5 \sim 10) \times 10^4$ mg/L；K^+：$(3 \sim 4) \times 10^4$ mg/L。

⑤将配制好的盐水钻井液打入储备罐。

3. 技术要求

①小型试验所用基浆及处理剂必须严格称量。

②加膨润土时，一定要使膨润土充分预水化。

模拟配制密度为 1.25g/cm^3 的盐水钻井液 1m^3，需要降黏剂（类型自定）2%，烧碱（NaOH）1%，KCl 7%，NaCl 10%，膨润土若干（膨润土密度为 2.2 g/cm^3，水的密度为 1.0 g/cm^3，1 m^3 水看作 1000 kg）。

①膨润土加量的计算：

已知：$V_{钻} = 1$ m^3，$\rho_{钻} = 1.25$g/cm^3，$\rho_{水} = 1.0$g/cm^3，$\rho_{土} = 2.2$g/cm^3，则：

$$m_{土} = \frac{V_{钻}\rho_{土}\left(\rho_{钻} - \rho_{水}\right)}{\rho_{土} - \rho_{水}} = \frac{1 \times 10^6 \times 2.2 \times (1.25 - 1)}{2.2 - 1} = 458\text{kg}$$

②降黏剂加量的计算：

$$1000 \times 2\% = 20\text{kg}$$

③ NaOH 加量的计算：

$$1000 \times 1\% = 10\text{kg}$$

④ KCl 加量的计算：

$$1000 \times 7\% = 70\text{kg}$$

⑤ NaCl 加量的计算：

$$1000 \times 10\% = 100\text{kg}$$

四 盐水钻井液配制

1. 准备工作

①穿戴好劳保用品。

②备好配制罐和储备罐。

③备足钻井液处理剂，如 SF-1、CMC、WNP-1、KFT、SMP、NaOH、NaCl、膨润土等。

④钻井液全套性能测试仪，pH 试纸。

⑤检查固控设备、搅拌器、剪切泵、混合漏斗、低压管线等，确保运转正常好用。

2. 操作步骤

①计算欲配制一定浓度的盐水钻井液所需的烧碱、氯化钠、各处理剂用量和膨润土用量，明确配方。

②在配制罐中加入定量清水后，开启剪切泵、混合漏斗，首先加入适量 $NaCO_3$ 或 NaOH，再加入膨润土充分搅拌，使膨润土充分水化。

③使用混合漏斗加入 CMC 或 WNP-1 及 KFT、SMP 护胶并充分搅拌，然后加入所需 NaCl 充分搅拌，根据黏度高低实际情况决定是否加入降黏剂。

④测定所配盐水钻井液的全套性能和 pH 值。

⑤将配制好的盐水钻井液打入储备罐。

3. 技术要求

①选择降滤失剂时要考虑抗盐效果好的处理剂，如：CMC、WNP-1 等。

②膨润土一定要预水化好后再加入 NaCl，否则黏土分散效果不好。

模拟配制密度为 1.15g/cm^3 的盐水钻井液 1m^3，需要降黏剂（类型自定）2%，烧碱（NaOH）1%，食盐（NaCl）7%，膨润土若干（膨润土密度为 2.2g/cm^3，水的密度为 1.0 g/cm^3，1m^3 水看作 1000kg）。

①膨润土加量的计算：

已知：$V_{钻}=1m^3$，$\rho_{钻}=1.15g/cm^3$，$\rho_{水}=1.0g/cm^3$，$\rho_{土}=2.2\ g/cm^3$，则：

$$m_{土}=\frac{V_{钻}\rho_{土}(\rho_{钻}-\rho_{水})}{\rho_{土}-\rho_{水}}=\frac{1\times10^6\times2.2\times(1.15-1.0)}{2.2-1.0}=2.75\times10^5(g)=275(kg)$$

②降黏剂加量的计算：

$$1000\times2\%=20\ (kg)$$

③ NaOH 加量的计算：

$$1000\times1\%=10\ (kg)$$

④ NaCl 加量的计算：

$$1000\times7\%=70\ (kg)$$

五 海水钻井液配制

1. 准备工作

①穿戴好劳保用品。

②检查剪切泵、低压循环管线、混合漏斗、配制罐、储备罐和各处阀门，确保灵活好用。

③备足钻井液处理剂，如硅氟降黏剂、CMC、WNP-1、NaOH、NaCl、KCl、膨润土、重晶石等。

④钻井液全套性能测试仪，pH 试纸（1 ~ 14）。

⑤天平、高搅机、量筒、待配液、搪瓷量杯、秒表、计算器等。

2. 操作步骤

①计算欲配制一定浓度的海水钻井液所需的处理剂用量。

②在配制罐中加入定量海水后用 0.5% 烧碱和 0.2% 纯碱去除海水中的钙镁离子，然后加入膨润土充分搅拌，使膨润土充分水化，以备使用。

③小型实验：取 500mL 基浆，用天平精确称取计算好的处理剂量，在低速搅拌下加入，然后充分搅拌护胶，最后加入所需 NaCl 充分搅拌，测定所配海水钻井液的全套性能是否达到设计要求。

④按小型实验结果，在罐内加入 2/3 海水，打开剪切泵、低压循环管线、高搅机，利用混合漏斗加入计算好的烧碱、纯碱，然后加入所需膨润土量，并充分循环搅拌预水化，然后加入烧碱、CMC（天然高分子降滤失剂）、SPNH（抗盐褐煤）等；最后加入 12% ~ 15% NaCl 充分搅拌，测定全套钻井液性能，性能要达到以下标准，FV：36 ~ 40s；FL：5 ~ 8mL；PV：低于 18mPa·s；YP：4 ~ 8Pa；Gel：1 ~ 3Pa/3 ~ 6Pa；pH：9 左右；ρ：1.15 ~ 1.20g/cm^3；MBT：40 ~ 70g/L；Cl^-：（7 ~ 10）$\times 10^4$ mg/L。

⑤将配制好的海水钻井液打入储备罐。

3. 技术要求

①配制海水钻井液时用烧碱和纯碱去除海水中的钙镁离子。

②加膨润土时，一定要使膨润土预水化。

六 油基钻井液配制

1. 准备工作

①配备相应的储备罐和配制罐。

②检查剪切泵、混合漏斗、各个阀门等，确保灵活好用。

③检查搅拌机转动情况，确保灵活好用。

④配备好各种防火工具。

⑤根据配制数量准备足够的各类配制材料，并摆放到规定位置。

⑥穿戴好劳保用品。

2. 操作步骤

①根据配制钻井液的数量取定量白油加入配制罐中。

②开启剪切泵、混合漏斗，将有机土通过混合漏斗加入白油中，再加入激活剂，搅拌

2h 左右，使之完全分散，具有一定的切力。

③在配制好的白油有机土浆中，通过混合漏斗加入主乳化剂和生石灰，再加入改性沥青，充分搅拌 0.5 h。

④边搅拌边加入重晶石粉，搅拌 1.5h，使密度达到性能要求，打入储备罐。

3. 技术要求

①必须保证加料时所要求的搅拌时间。

②必须加入石灰，以提高其稳定性，使配成的油基钻井液滤失量小于 2mL。

模拟配制密度为 1.15 g/cm^3 的油基钻井液 1m^3，需要有机土 5%、激活剂 0.5%、主乳化剂 1%、生石灰 2.5%、改性沥青 2%、重晶石（密度为 4.0g/cm^3）若干，计算各组分的加量（白油有机土浆密度近似看作 1.0g/cm^3，1m^3 白油有机土浆近似看作 1000kg）。

①有机土加量的计算：

$$1000 \times 5\% = 50\text{（kg）}$$

②激活剂加量的计算：

$$1000 \times 0.5\% = 5\text{（kg）}$$

③主乳化剂加量的计算：

$$1000 \times 1\% = 10\text{（kg）}$$

④生石灰加量的计算：

$$1000 \times 2.5\% = 25\text{（kg）}$$

⑤改性沥青加量的计算：

$$1000 \times 2\% = 20\text{（kg）}$$

⑥重晶石加量的计算：

已知 $V_{原} = 1m^3$，$\rho_{加} = 4.0\ g/cm^3$，$\rho_{重} = 1.15\ g/cm^3$，$\rho_{原} = 1.0\ g/cm^3$，则：

$$m_{加} = \frac{V_{原}\rho_{加}\left(\rho_{重} - \rho_{原}\right)}{\rho_{加} - \rho_{重}} = \frac{1\times10^6 \times 4.0 \times (1.15 - 1.0)}{4.0 - 1.15} \approx 2.11\times10^5\ (g) = 211\ (kg)$$

七 油包水乳化钻井液配制

1. 准备工作

①穿戴好劳保用品。

②配备相应的储备罐和配制罐。

③检查剪切泵、混合漏斗、各阀门等，确保灵活好用。

④检查搅拌机转动情况，确保灵活好用。

⑤配备好各种防火工具。

⑥配备温度计一支，量程 150℃。

⑦根据配制数量准备足够的各类配制材料，并摆放到规定位置。

2. 操作步骤

①把所需的白油放入配制罐，加量一般为 60% ~ 90%。

②水相一般为 10% ~ 40%，均匀混入白油中。

③氧化沥青粉 3%。

④有机土 3%。

⑤缓慢地加入各种盐类和硝酸盐类，加量是水相质量的 2% ~ 5%。

⑥搅拌 30min。

⑦按一定数量选择乳化剂。

⑧ pH 值调整在 8.5 ~ 10.5。

⑨按设计加重到需要的密度。

⑩搅拌 1h。

3. 技术要求

①需充分搅拌和剪切。

②检查乳化程度。

③检查水珠的大小，一般保持在 3 ~ 5μm。

④钻井泵、活塞和阀上的橡胶配件，需用耐油橡胶制作。

⑤钻井液槽、配制罐、储备罐必须是铁制的并加盖。

⑥要求流动性能良好。

八 水包油乳化钻井液配制

1. 准备工作

①穿戴好劳保用品。

②估算油类材料的用量。

③备足各种处理剂，并摆放到位。

④准备相应的储备罐。

⑤检查回水闸门、混合漏斗等，确保灵活好用。

⑥检查搅拌机转动情况，确保灵活好用。

⑦配备防火工具。

2. 操作步骤

①对钻井液进行处理。

②加入油品，含量一般在 5% ~ 15%，最多不超过 35%。

③加入一定数量、选择好的乳化剂。

④碱度：pH 值调整到 10 以上。

⑤边循环边搅拌，观察乳化效果。

3. 技术要求

①性能要求：流动性良好。

②混油必须在正常钻进过程中进行。混油过程中应保持较大的排量，充分循环，以便混合均匀。

③混油速度按所需用量分 1 ~ 2 周均匀加入。

④必要时可补加一定量的乳化剂。

⑤钻井泵、活塞和阀上的橡胶配件需用耐油橡胶制作。与钻井液接触的橡胶器件尽可能采用抗油橡胶产品。

4. 注意事项

①混油钻井液应根据对钻井液性能的要求和地质、工程、钻井液工艺等具体情况而定，最多不超过 35%。

②先将基浆处理好再加油品。尤其不能把油品用作处理坏钻井液的处理剂。

③油量以 5% ~ 30% 为宜。加多少与所要求的钻井液性能有关。

④混油时要逐步加入，尤其重钻井液更应注意。

⑤与钻井液接触的橡胶器件尽可能采用抗油橡胶产品。

⑥混油过程中应保持较大的排量，充分循环，以便混合均匀。

九 泡沫钻井液配制

1. 准备工作

①穿戴好劳保用品。

②备足水、稳定剂、发泡剂、气体（氮气、二氧化碳）。

③检查泡沫钻井装置是否齐全、正常。

2. 操作步骤

①将泡沫液体按设计比例配制好后，用供液泵送到管汇车，经过滤清器、蓄能器、液体流量计、压力表和单流阀进入泡沫发生器。

②压风机将气体输送到泡沫发生器。

③泡沫液进入泡沫发生器后，经过气体的吹混击碎，生成泡沫，合格后可进入井内。

3. 技术要求

①为防止泡沫堵塞必须设计两个滤清器，轮换使用。

②送气管线上应有一个防空扣调节器。

③天然气易燃易爆不安全，最好用氮气或二氧化碳。

在 100L 水中加入 5% 的十二烷基苯磺酸钠（ABS）和 1% 的 PAC141，计算各组分的加量（水的密度为 $1.0g/cm^3$，100L 水可看作 100kg）。

① ABS 加量的计算：

$$100 \times 5\% = 5\ (\text{kg})$$

② PAC141 加量的计算：

$$100 \times 1\% = 1\ (\text{kg})$$

十 充气钻井液配制

1. 准备工作

①穿戴好劳保用品。

②备足钻井液处理剂，如增黏剂、降滤失剂、封堵剂和黏土稳定剂。

③检查混合漏斗、搅拌器运转是否正常。

④检查混合器、携沙液混合器、地面管汇、计量仪表等。

⑤检查配制罐与钻井液储备罐。

⑥配备钻井液全套性能测试仪一套。

2. 操作步骤

①计算配制基液所需水及处理剂用量。

②将水和处理剂加入配制罐充分搅拌，将基液配好。

③启动充气钻井液设备，使气体和基液混合。

④测定钻井液全套性能。

3. 技术要求

①密度范围：0.6 ~ 1.0g/cm^3。

②所配基液应有较好的质量、较低的切力，易充气脱气、气泡均匀稳定不分层，且能反复泵送。

十一 深井钻井液配制

1. 准备工作

①穿戴好劳保用品。

②备足钻井液处理剂（抗高温），如加重剂、膨润土、降黏剂、烧碱、降滤失剂、防塌剂及清水等。

③检查剪切泵、混合漏斗、低压管汇、各阀门、搅拌器等，确保运转正常。

④检查配制罐及钻井液储备罐。

⑤配备恒温箱一台。

⑥配备钻井液全套性能测试仪一套。

2. 操作步骤

①按钻井液性能及总量，计算所需各种处理剂用量和膨润土用量。

②在配制罐中加入清水，开启剪切泵、混合漏斗，打开阀门，加入膨润土充分剪切搅拌，使膨润土充分水化。

③加入足量的聚合物，然后加入降滤失剂和防塌剂搅拌均匀。

④取适量钻井液置于恒温箱中，在高温及对应饱和蒸气压下恒温一定时间，在室温下检测其性能。

⑤钻井液达标后打入储备罐中，水化 24h 后即可使用。

3. 技术要求

①各种设备灵活好用。

②配浆罐、储备罐不漏。

③温度和恒温时间要精确。

模拟配制密度为 $1.15g/cm^3$ 的三磺钻井液 $1m^3$，需要 2% 的磺甲基单宁（SMT）、5% 的磺甲基褐煤（SMC）、3% 的磺甲基酚醛树脂（SMP）和 0.5% 的 NaOH，膨润土若干，计算各组分的加量（膨润土密度为 $2.5g/cm^3$，水的密度为 $1.0g/cm^3$，$1m^3$ 水看作 1000kg）。

①膨润土加量的计算：

已知：$V_{钻}=1m^3$，$\rho_{土}=2.5g/cm^3$，$\rho_{钻}=1.15g/cm^3$，$\rho_{水}=1.0g/cm^3$，则：

$$m_{土}=\frac{V_{钻}\rho_{土}\left(\rho_{钻}-\rho_{水}\right)}{\rho_{土}-\rho_{水}}=\frac{1\times10^6\times2.5\times(1.15-1.0)}{2.5-1.0}=2.5\times10^5(g)=250(kg)$$

② SMT 加量的计算：

$$1000\times2\%=20\ (kg)$$

③ SMC 加量的计算：

$$1000\times5\%=50\ (kg)$$

④ SMP 加量的计算：

$$1000\times3\%=30\ (kg)$$

⑤ NaOH 加量的计算：

$$1000\times0.5\%=5\ (kg)$$

十二 盐水无黏土钻井液配制

1. 准备工作

①穿戴好劳保用品。

②检查剪切泵与混合漏斗、低压管线、阀门，确保运转正常、灵活好用。

③准备好待用钻井液处理剂，如：羟乙基纤维素、磺酸盐共聚物、高分子聚合物、超细碳酸钙、沥青类防塌剂、乳化石蜡、SMP、XC、NaOH 等。准备各种盐类，如：$CaCl_2$、NaCl、$ZnCl_2$。

④根据含量要求计算各盐类和处理剂用量，制定配方。

2. 操作步骤

①向配制罐内打入清水，首先开启剪切泵，调节好混合漏斗。

②配制基液：按配方加量要求加入 NaCl、$CaCl_2$。

③依次加入增黏剂：XC（根据井温要求使用）、羟乙基纤维素、磺酸盐共聚物，降失水剂：SMP、磺酸盐共聚物等，加入 NaOH 提高 pH 值达到要求，加入超细碳酸钙、沥青类防塌剂等；加入高分子聚合物处理剂等。

④加完各种处理剂打扫罐面卫生，测量钻井液性能指标是否达标。

⑤填写各处理剂用量，填写全资料。

3. 技术要求

①据不同井深要考虑地温和处理剂抗温能力，做小型实验要模拟井底温度优选处理剂。

②无黏土盐水钻井液中的高分子聚合物要有相对较高的含量。

③ pH 值要保持在要求的范围内，以保证钻井液体系稳定。

④无黏土盐水钻井液需要调节密度时，要使用无机盐类，如 $CaCl_2$、NaCl、$ZnCl_2$ 等。

十三 甲基葡萄糖甙钻井液配制

1. 准备工作

①穿戴好劳保用品。

②检查剪切泵与混合漏斗、低压管线、各阀门，确保运转正常、灵活好用。

③准备好待用钻井液处理剂，如：MEG、SF-1、XC、Na_2CO_3、聚阴离子纤维素、羧甲基淀粉、褐煤类降滤失剂、高分子聚合物、NaOH 等，准备好膨润土、水等。

④制定好配方，根据含量要求计算各盐类和处理剂用量。

2. 操作步骤

①首先开启剪切泵，调节好混合漏斗。

②配制基浆：按配方加量要求加入水、Na_2CO_3、膨润土（根据要求）。

③按配方加量要求加入各处理剂：XC、聚阴离子纤维素、降失水剂、MEG、羧甲基淀粉等，加入 NaOH 调节 pH 值达到要求，加入超细碳酸钙、沥青类防塌剂等，加入高分子聚合物处理剂等。

④加完各种处理剂打扫罐面卫生，测量钻井液性能指标是否达标。

⑤填写各处理剂用量，填写全资料。

3. 技术要求

①据不同井型、地层岩性、设计加量加入足量的 MEG；要做好小型试验。

② pH 值要保持在要求的范围内，以保证钻井液体系稳定。

③为了使钻井液具有理想的页岩抑制性，MEG 加量应在 35% 以上，理想用量为 45%～60%，在现场应用中不应低于 10%。

④ MEG 由于独特的分子结构，在加量适当时，对泥页岩及黏土具有很强的抑制能力；

加入钻井液中具有提高抑制性、润滑性、抗污染能力强及良好的储层保护作用。MEG 能与其他水溶性聚合物相互作用而达到最佳降滤失效果；可以提高天然聚合物在钻井液中的使用温度，且可生物降解，不仅有利于油气层保护而且环境友好。

十四 甲酸盐钻井液配制

1. 准备工作

①穿戴好劳保用品。

②检查剪切泵与混合漏斗、低压管线、各阀门，确保运转正常、灵活好用。

③准备好待用钻井液处理剂，如：LV-CMC、SF-1、Na_2CO_3、KAHM、HFT、PYZ、甲酸盐、NaOH、超细碳酸钙等，准备配浆用抗盐膨润土、水。

④根据含量要求计算各盐类和处理剂用量，制定配方。

2. 操作步骤

①首先开启剪切泵，调节好混合漏斗。

②配制基浆：按配方加量要求加入水、Na_2CO_3、抗盐膨润土（根据要求）；将 KAHM 配制成高浓度胶液备用。

③按配方加量要求加入各处理剂：KAHM 胶液（浓度达到要求）、甲酸盐、HFT、PYZ、超细碳酸钙、沥青类防塌剂（根据要求）等，加入 NaOH 调节 pH 值达到要求。

④加完各种处理剂打扫罐面卫生，测量钻井液性能指标是否达标。

⑤填写各处理剂用量，填写全资料。

3. 技术要求

①首先配制基浆水化 24h 以上，KAHM 配制成高浓度胶液加入。

②甲酸盐加量须不低于 5% 才能有较好效果，若有气泡可加入消泡剂进行消泡。

③ pH 值要保持在要求的范围内，以保证钻井液体系稳定。

④随着井深的增加，要控制好膨润土含量与低密度固相的含量，保持钻井液具有良好的流变性。

⑤根据摩阻系数和井下情况，可加入适量的环保型润滑剂。

十五 抑制性胺基钻井液配制

1. 准备工作

①穿戴好劳保用品。

②检查剪切泵、混合漏斗、各阀门，确保运转正常、灵活好用。

③准备好待用钻井液处理剂，如：LV-CMC、SF-1、XC、Na_2CO_3、高分子质量聚丙烯酰胺或共聚物、褐煤类降滤失剂、胺基聚醚、消泡剂、NaOH、无机盐（氯化钠、氯化钾或硫酸钾）等，准备配浆用膨润土、水。

④根据含量要求计算各盐类和处理剂用量，制定配方。

2. 操作步骤

①首先开启剪切泵，调节好混合漏斗。

②配制基浆：按配方加量要求加入水、Na_2CO_3、膨润土（根据要求）；将XC、高分子聚合物配制成高浓度胶液备用。

③按配方加量要求加入各处理剂：XC、高分子聚合物胶液（浓度达到要求）、胺基聚醚、降失水剂、LV-CMC，加入NaOH调节pH值达到要求，封堵类防塌剂：超细碳酸钙、沥青类防塌剂（根据要求）等；也可转换为复合盐胺基钻井液，可加入氯化钠、氯化钾等。

④加完各种处理剂打扫罐面卫生，测量钻井液性能指标是否达标。

⑤填写各处理剂用量，填写全资料。

3. 技术要求

①首先配制基浆水化24h以上，XC、高分子聚合物配制成高浓度胶液加入。

②胺基聚醚加量在1%～3%效果较好，定期检测钻井液中胺基聚醚含量在1%以上；若有气泡可加入消泡剂进行消泡。

③pH值要保持在要求的范围内，以保证钻井液体系稳定。

④随着井深的增加，要控制好膨润土含量与低密度固相的含量，保持钻井液具有良好的流变性。

⑤根据摩阻系数和井下情况，可加入适量的环保型润滑剂。

第三节　钻井液转化工艺技术

在现场实际应用过程中，为保证不同地层顺利钻进，往往要针对性使用不同种类的钻井液，这就要求在实际施工过程中进行钻井液体系的转换。本节将讲解一下钻井液转换的工艺技术措施。

一　老浆转化复合盐钻井液工艺技术

1. 准备工作

①穿戴好劳保用品。

②老浆准备：提前按设计钻井液密度准备60%循环量的老浆，老浆到井后应取样进行黏度、膨润土含量、滤液、FLAPI、密度、pH值等分析测定。

③备足钻井液处理剂，如硅氟降黏剂、CMC、WNP-1、NaOH、NaCl、KCl、膨润土、重晶石等。

④钻井液全套性能测试仪，pH试纸（1～14），天平，高搅机，量筒，搪瓷量杯、秒表、

计算器等。

⑤检查固控设备、剪切泵、混合漏斗、搅拌器和各处阀门等，确保灵活好用。

⑥小型试验：结合老浆及井浆性能，调节老浆、井浆、清水加量，通过室内小型实验确定各流体加量，转换完性能应基本达到以下标准，FV：36～40s，密度：接近设计密度，FL：5～10mL，Gel：1～2Pa/2～4Pa，PV：低于15mPa·s，YP：4～6Pa。

⑦准备好泵或倒好阀门，将老浆充分搅拌，清空敞口罐，循环罐液面尽量控制在最低位，组织好人员，循环罐与钻台保持通信畅通，准备替换老浆入井。

2. 操作步骤

①按小型试验对应的各流体量，打开进浆口阀门，在上水罐加入老浆、清水，同时1号罐出口排放井浆，确保在上水罐混合入井的钻井液达到预期性能范围。替浆应在一个循环周内完成，要保持连续循环，钻具保持连续活动，中间不要接单根（立柱）。

②要控制地面钻井液循环量，替浆完成后液面不要太高，要预留出混入膨润土浆的空间。要及时进行性能及滤液分析测定，为进一步性能调整提供依据。

③替浆完成后要根据钻井液性能进行进一步护胶，护胶材料应使用剪切泵和混合漏斗按循环周加入，并补充NaCl、KCl加量，推荐性能控制范围，FV：36～40s；FL：5～8mL；PV: 低于18mPa·s；YP：4～8Pa；Gel：1～3 Pa/3～6 Pa；pH：9左右；Cl^-：$(5\sim8)\times10^4$ mg/L；K^+：$(3\sim4)\times10^4$ mg/L；密度、膨润土含量结合设计密度确定。护胶材料：设计3500 m（垂深）以浅的井，宜选择CMC或天然高分子降滤失剂、褐煤树脂或抗盐褐煤类降滤失剂、磺化酚醛树脂。设计3500m（垂深）以深的井，宜选择磺酸盐共聚物、抗高温淀粉、褐煤树脂或抗盐褐煤类降滤失剂、磺化酚醛树脂。

④性能稳定后如果黏切过低，适度提高钻井液静切力、动切力，提高携岩能力。转浆后如有停泵上提下放钻具遇阻卡、开泵憋泵等异常显示，不得盲目接单根（立柱）、短起下或停泵修理，要保持循环，同时进一步提高钻井液流变参数。要逐步改善滤失造壁性能，滤饼质量要薄、致密、坚韧、光滑，摩擦系数要降低。

3. 技术要求

①要保持盐含量及抑制能力：要根据进尺及滤液分析，及时补充NaCl、KCl加量，KCl含量要不低于6%，Cl^-含量为$(5\sim8)\times10^4$ mg/L，同时要保持胺基聚醇加量不低于0.5%。

②土浆加量应结合膨润土含量、滤饼质量、流变参数等确定。

二　井浆直接转化复合盐钻井液工艺技术

1. 准备工作

①穿戴好劳保用品。

②井浆分析：除了漏斗黏度、密度基本性能外，有条件的还要进行滤液分析、膨润土含量测定。

③备足钻井液处理剂，如硅氟降黏剂、CMC、WNP-1、NaOH、NaCl、KCl、膨润土、

重晶石等。

④钻井液全套性能测试仪，pH 试纸（1～14），天平，高搅机，量筒，搪瓷量杯、秒表、计算器等。

⑤检查固控设备、剪切泵、混合漏斗、搅拌器和各处阀门等，确保灵活好用。

⑥小型试验：根据井浆性能，先确定是否需要清水稀释，如需要确定加量，采用 1.5% ～2% CMC（天然高分子降滤失剂）、1%～1.5% SPNH（抗盐褐煤）护胶，测定 FL_{API} 及流变参数，FL_{API} 应低于 5 mL，加入 NaOH 溶液调节并保持 pH 值为 9～10。分别加入 10% ～15% NaCl、6% KCl，转换完性能应基本达到以下标准，FV：36～40s，密度：接近设计密度，FL：低于 8 mL，Gel：1～2 Pa/2～4 Pa，PV：低于 15 mPa·s，YP：3～6Pa。所有处理剂加入应使用托盘天平、量筒（搪瓷量杯）精确量化，使用高搅机搅拌至处理剂充分溶解。如小型实验加盐后稠化明显，可对井浆按更大比例清水稀释，也可加大护胶材料加量。滤失量超标可加大 CMC（天然高分子降滤失剂）加量。直至实验结果达到预期。

⑦盐浆转换工作量较大，要合理组织好人员，循环罐与钻台保持通信畅通，要保持连续循环，钻具保持连续活动，中间不要接单根（立柱）。

2. 操作步骤

①转换顺序为：按小型试验结果，在 1# 罐出浆口先排放井浆，清水稀释（如膨润土含量不高可省略），完成后地面钻井液循环量要预留空间；按小型试验结果，打开剪切泵，进浆口阀门，利用混合漏斗按循环周加入 CMC（天然高分子降滤失剂）、SPNH（抗盐褐煤）护胶；按小型试验结果，加入 10%～15% NaCl、6% KCl；转换完，循环两周后，测定全套钻井液性能，进行再调整，性能要达到以下标准，FV：36～40s；FL：5～8mL；PV：低于 18 mPa·s；YP：4～8Pa；Gel：1～3Pa/3～6Pa；pH：9 左右；Cl^-：$(5\sim10)\times10^4$ mg/L；K^+：$(3\sim4)\times10^4$ mg/L；密度、膨润土含量结合设计密度确定。

②加水稀释要在一个循环周内完成，护胶可在两个循环周内完成，每一步都要严格按小型实验加量进行，每一步都要测定性能，如与小型实验结果差距大要及时分析原因，不要盲目处理。

③性能稳定后如果黏切过低，适度提高钻井液静切力、动切力，提高携岩能力。转浆后如有停泵上提下放钻具遇阻卡、开泵憋泵等异常显示，不得盲目接单根（立柱）、短起下或停泵修理，要保持循环，同时进一步提高钻井液流变参数。要逐步改善滤失造壁性能，滤饼质量要薄、致密、坚韧、光滑，摩擦系数要降低。

3. 技术要求

①要保持盐含量及抑制能力：要根据进尺及滤液分析，及时补充 NaCl、KCl 加量，KCl 含量要不低于 6%，Cl^- 含量为 $(5\sim8)\times10^4$ mg/L，同时要保持胺基聚醇加量不低于 0.5%。

②土浆加量应结合膨润土含量、滤饼质量、流变参数等确定。

三 抑制性钻井液转化工艺技术

1. 准备工作

①穿戴好劳保用品。

②备足钻井液处理剂，如高分子聚合物、胺基聚醇、降黏剂、NaOH、CMC、加重剂等，确保水源充足。

③检查固相控制设备、剪切泵、混合漏斗、低压循环管汇、各阀门，确保运转正常，

④准备钻井液全套性能测量仪、pH 试纸等。

2. 操作步骤

①根据检测的钻井液性能指标的情况，掌握抑制剂含量，若抑制性差计算补充抑制剂用量。

②开启剪切泵、调节混合漏斗、加入胺基聚醇；按比例加入配制好的高分子聚合物胶液。

③保持钻井液良好的流变性能。

④待钻井液处理完循环一周后，做性能检测。

⑤清洗并摆放好仪器；保持罐面清洁卫生。

3. 技术要求

①上部造浆地层主要采用聚合物，以低黏切和低固相钻井液钻进。

②钻井液转化处理，首先要使用固控设备清除有害固相，加清水调整，再加稀释剂、NaOH、CMC、PHP 进行综合处理。

③转化处理后，用 PHP 配合 NaOH 溶液进行维护。NaOH 的加量以维持要求的 pH 值为准。

④每只钻头下完钻，据性能要求用清水、稀释剂和 NaOH 处理，CMC 控制滤失量，PHP 维持性能要求。降黏剂和 NaOH 的比例一般按淡水 2∶1，咸水 1∶1 或 1∶2 处理。

⑤加重前一般可先进行降黏切处理。

⑥完钻前先用降黏剂和 NaOH 溶液处理，再加入降滤失剂，充分洗井，以确保电测成功。

⑦咸水产生泡沫时，可加入适量的消泡剂，对易塌井段加入防塌剂。

⑧每次维护处理要认真测量钻井液全套性能。

四 屏蔽暂堵钻井液转化工艺技术

1. 准备工作

①穿戴好劳保用品。

②检查固控设备、搅拌器、剪切泵、混合漏斗、低压管线、各阀门等，确保运转正常、灵活好用。

③备足钻井液处理剂，如：降黏剂（SF-1、海水降黏剂）、降滤失剂（KFT、WNP-1、SMP）、屏蔽暂堵剂、烧碱。

④准备钻井液全套性能测定仪 1 套。

2. 操作步骤

①根据地质设计预测和邻近井的资料确定油气层的深度、厚度、压力，在钻开前 50 米按设计要求加入油保材料屏蔽暂堵剂，提高钻井液油气层保护性能。

②根据屏蔽暂堵剂粒径更换适合的振动筛筛布（< 80 目），避免加入后处理剂被筛除。

③开启剪切泵，混合漏斗、低压管线，打开阀门，首先加入降黏剂，并配合加入烧碱水，使钻井液具有低黏度、低切力，良好的流变性；然后根据设计要求加量均匀加入屏蔽暂堵剂。

④测定调整后的钻井液性能。

⑤性能达标后要及时清洗仪器，清理作业现场卫生。

3. 技术要求

①根据不同地层、油气层特点选择钻井液体系。

②加入时要使用好剪切泵、混合漏斗，循环周均匀加入。

③如果使用的封堵剂粒径小于 100 目，必须更换小于 100 目的筛布，以免筛除。

第四节　钻井液污染与处理

除了正常的钻井液体系性能维护调整。钻井液在钻遇具有特殊流体及岩层的过程中，将会发生钻井液性能的突变，这可能是因为一些地层中原有的物质进入钻井液后影响了钻井液的性能。本节介绍黏土、盐水、石膏、水泥以及一些其他地层流体进入钻井液后产生的现象，并讲解钻井液的性能调整方法。

一　黏土侵

（一）黏土侵的概念

在钻进大段黏土层、松软或易水化分散造浆的泥页岩时，大量黏土或钻屑进入钻井液，且迅速水化造浆，分散成很细的颗粒，此时钻井液密度增加，黏度、切力急剧上升，导致钻井液越来越稠，甚至完全失去流动性，这种现象叫作黏土侵。

（二）黏土侵的现象

钻井液发生黏土侵后，钻井液密度增加，黏度和切力急剧上升，导致钻井液越来越稠，甚至失去流动性；钻井液滤失量有时无变化，有时降低，pH 值无变化；钻进中钻速降低，泵压升高，所钻出的井眼无扩大率，易缩径、井壁形成厚滤饼；可导致起钻拔活塞、下钻遇阻等现象。

黏土侵使钻井液黏度、切力急剧升高，大量的蒙脱石（黏土）易水化膨胀，使井径缩小，加之钻井液黏切很高在井壁易形成滞留层或厚滤饼；若不加以控制，钻井液中膨润土含量越来越高，可导致整口井的钻井液性能受到影响。所以，发生黏土侵后必须对钻井液进行及时处理、维护，调整钻井液性能，使之适应钻井需求。

（三）处理黏土侵钻井液性能处理

1. 准备工作

①备足钻井液体系所需的处理剂，降黏剂，如：铵盐、SF-1 等；降滤失剂，如：褐煤类降滤失剂、SMP-1、SMP-2、WNP-1、LV-CMC 等；确保高分子聚合物和 NaOH，水源充足。

②检查剪切泵、加料漏斗是否运转正常，管线是否畅通好用，确保完好。

③检查振动筛是否使用 150 目及更高目数筛布和有无破损情况，确保完好。

④确保振动筛、除砂器、除泥器、离心机等固控设备运转正常。

2. 操作步骤

①对于非加重钻井液可以使用大量的稀聚合物胶液或清水在钻井液循环过程中循环周加入；使用好振动筛、除砂器、除泥器、离心机降低固相含量，使密度降至 1.15g/cm^3 或以下（根据设计）。

②开启剪切泵、加料漏斗，再加入降黏剂，调整好钻井液流型，再加入降滤失剂降低钻井液失水量（达到设计要求）。

③补充加入高分子聚合物，使其含量达到 0.5% 及以上，提高钻井液抑制剂性，抑制黏土的水化分散。

④对于加重钻井液，使用与钻井液体系相配伍的处理剂溶液进行降黏处理，使钻井液中黏土含量达到要求，加重至设计要求，然后与非加重钻井液作相同处理。

3. 技术要求

①在处理过程中，要充分使用细目振动筛、除砂器、除泥器、离心机，彻底清除劣质固相、保持膨润土含量在 40 ~ 80g/L 范围（根据需求）。

②调整好性能后要补充足量的高分子聚合物，确保钻井液良好的抑制性。

③加水或用低黏度稀浆替换处理后，钻井液性能指标必须调节至设计要求范围内。

4. 相关知识

钻井液发生黏土侵后，钻井液密度增加、黏度、切力急剧上升，导致钻井液越来越稠，甚至失去流动性，导致井眼缩径或糊井壁、起钻拔活塞下钻遇阻、开泵困难等复杂情况。所以发现钻井液发生黏土侵现象时，要及时进行处理，以达到钻井所需性能指标。控制黏土侵的钻井液技术主要是使钻井液具有良好的抑制性，并使用好四级固控净化设备。

二 盐水侵

（一）盐水侵的概念

当钻遇盐层时，由于井壁附近盐的溶解使钻井液中 NaCl 浓度迅速增大，从而发生盐侵，钻达盐水层时，若钻井液的静液压力不足以压住高压盐水流，盐水便会进入钻井液发生盐水侵。

（二）盐水侵的现象

分散钻井液受到盐侵或盐水侵之后，钻井液的流变和滤失性能将发生如图 6-4-1 所示的规律性变化。

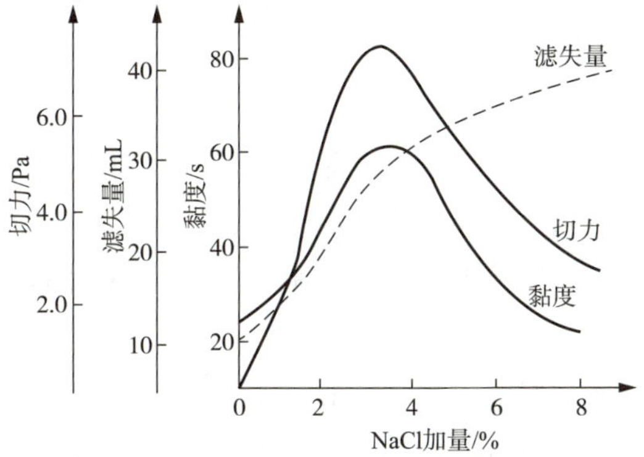

图 6-4-1 加入 NaCl 后分散钻井液性能的变化

钻井液的黏度、切力和滤失量均逐渐上升。当 Na^+ 浓度增大到一定程度之后，钻井液的黏度和切力在分别达到其最大值后又转为下降，滤失量则继续上升，此时如不及时处理，钻井液的稳定性将完全丧失。从图 6-4-1 可见，当 NaCl 浓度在 3%左右时，分散钻井液的黏度和切力分别达到最大值。

盐侵的另一表现是随含盐量增加，钻井液的 pH 值逐渐降低。

（三）盐水侵及盐侵钻井液性能处理

当钻井液受到盐侵或盐水侵之后，采取化学方法除去钻井液中的 Na^+ 是十分困难的，因此目前常用的处理方法是及时补充抗盐性强的各种处理剂，将分散钻井液转化为盐水钻井液。

①对于钻井液受盐水侵严重，钻井液黏度降低的处理。立即混入预水化膨润土浆或储备的老浆，也可加入抗盐膨润土，保持钻井液的胶体稳定性；使用混合漏斗加入 CMC 或 WNP-1、配合加入烧碱，确保钻井液性能稳定；同时加重提高钻井液密度压稳盐水层。

②对于盐水侵入较少钻井液黏度、切力升高，流动性变差的处理。开启剪切泵、混合

漏斗，加入高效降黏剂 SF-1 配合烧碱溶液，调整钻井液流变性，再加入降滤失剂降低钻井液失水量（达到设计要求），同时加重提高钻井液密度压稳盐水层。

③盐水层压稳后，钻井液性能调整达标后补充加入高分子聚合物，使其含量达到 0.5% 及以上。

④测量钻井液性能指标，确保良好的流变性、较低的滤失量、密度，以压稳盐水层为目的，若性能不达标要继续处理。

⑤钻井液处理调整达到要求后，循环观察盐水层是否压稳，也可进行短程起下钻验证，确保钻井液液柱压力能压稳盐水层。

1. 准备工作

①穿戴好劳保用品。

②备足钻井液体系所需的处理剂，降黏剂，如：SF-1、海水降黏剂等；降滤失剂，如：KFT、SMP-1、SMP-2、WNP-1、LV-CMC 等；确保预水化膨润土浆或膨润土、纯碱；高分子聚合物和 NaOH、水源充足。

③检查、确保钻井液常规仪器完好。

④检查剪切泵、混合漏斗、低压管汇、各阀门，确保正常运转，管线畅通好用。

⑤检查振动筛使用 150 目及更高目数筛布，筛布确保完好无破损。

⑥确保振动筛、除砂器、除泥器、离心机等固控设备运转正常。

2. 操作步骤

①将钻井液密度提高到适宜数值，以克服岩盐层的塑性变形。

②将等浓度聚合物（水解聚丙烯酰胺）胶液加入钻井液，增加聚合物的含量，保持稳定的钻井液性能。因为随着含盐量增加，聚合物的效能降低，所以必须增加聚合物含量。

③开启剪切泵、混合漏斗，通过混合漏斗加入适量抗盐降滤失处理剂（如 CMC 或磺酸盐共聚物降滤失剂），降低滤失量。

④加大无机盐 NaCl 的用量，配制饱和盐水钻井液。

⑤钻井液性能测定完后及时清洗测定仪。

3. 技术要求

①在边处理边加重时，要保持钻井液的密度每循环周提高幅度 $< 0.05g/cm^3$，加重钻井液密度要均匀，防止井漏发生，直至压稳盐水层。

②调整好性能后要补充足量的高分子聚合物，确保钻井液良好的抑制性。抗盐降滤失处理剂（如 CMC 或磺酸盐共聚物降滤失剂）必须加足。

③若盐水侵入量大，钻井液黏度下降明显，钻井液黏度低于 28Pa·s 或近似清水时，必须关井求压，配制适当密度重浆替入，力求压稳盐水层。

④保持 pH 值在 10 ~ 11，及时测量并补充烧碱水。

⑤有条件时，最好使用饱和盐水钻井液快速钻穿盐层。

三 石膏侵

（一）石膏侵现象

石膏有生石膏和熟石膏，主要成分是含水硫酸钙，化学分子式 $CaSO_4$，白色，易溶于水，溶解度较低，易发生塑性变形，钻井液受石膏侵后，使黏度、切力、滤失量增大，滤饼变厚，pH 值降低，流动性变差。

（二）石膏侵钻井液性能处理

单纯使用纯碱 Na^+ 置换石膏中的 Ca^{2+} 处理效果不好，因沉淀了部分 Ca^{2+} 的同时又产生了可溶性的硫酸钠，故应配合高碱比混合剂进行处理。石膏污染严重或钻纯石膏层可改为石膏或 $CaCl_2$ 钻井液体系。

①处理石膏侵钻井液时必须配合使用高碱比降黏剂。

②调整好性能后要补充足量的高分子聚合物，确保钻井液良好的抑制性。

③对于大段的石膏层应转化为钙处理钻井液，转化必须彻底，使钻井液性能稳定，以防止井下复杂情况发生。

④对于大段石膏层不宜使用纯碱除钙，其原因是除钙的同时产生了可溶性的硫酸钠，使黏度、切力、滤失量增大，pH 值降低。因此，应配合高碱比的降黏剂、降滤失剂进行处理，以免对钻井液和井眼产生不良影响。

1. 准备工作

①穿戴好劳保用品。

②备足钻井液所需处理剂，降黏剂，如：SF-1、海水降黏剂等；降滤失剂，如：KFT、SMP-1、WNP-1、LV-CMC 等；确保高分子聚合物和 NaOH、纯碱、水源充足。

③检查、确保钻井液常规仪器完好。

④检查剪切泵、混合漏斗、低压管汇、各阀门，确保正常运转，管线畅通好用。

⑤检查振动筛使用 150 目及更高目数筛布，确保筛布完好无破损。

⑥确保振动筛、除砂器、除泥器、离心机等固控设备运转正常。

2. 操作步骤

①首先测定 Ca^{2+} 含量，计算 Na_2CO_3 使用量。

②开启剪切泵、混合漏斗，按计算使用 Na_2CO_3 量的 50% 加入，保持相对较高的 pH 值。

③石膏侵后钻井液黏度上升、滤失量升高。加入 KFT 或 SMP-1、WNP-1 调整滤失量达标，同时加入 SF-1 配合烧碱溶液，保持钻井液良好的流变性；钻井液性能调整达标后补充加入高分子聚合物，使其含量达到 0.5% 及以上。

④测量钻井液性能指标，确保良好的流变性、较低的滤失量，若性能不达标要继续处理。

⑤若是大段石膏层，可将钻井液转化为钙处理钻井液体系。

3. 技术要求

①处理石膏侵钻井液时必须配合使用高碱比降黏剂。

②调整好性能后要补充足量的高分子聚合物，确保钻井液良好的抑制性。

③对于大段的石膏层应转化为钙处理钻井液，转化必须彻底，使钻井液性能稳定，以防止井下复杂情况发生。

④对于大段石膏层不宜使用纯碱除钙，其原因是除钙的同时产生了可溶性的硫酸钠，使黏度、切力、滤失量增大，pH 值降低。因此，应配合高碱比的降黏剂、降滤失剂进行处理，以免对钻井液和井眼产生不良影响。

⑤石膏污染严重或钻纯石膏层可改石膏或 $CaCl_2$ 钻井液体系。

四 水泥侵

（一）水泥侵的现象

目前我国最常用而且最普遍生产的是硅酸盐类水泥，其主要成分是硅酸二钙（Ca_2SiO_4）、硅酸三钙（Ca_3SiO_5）和石膏粉，故水泥侵主要是钙离子侵入钻井液，使钻井液黏度、切力上升，滤失量增大，严重时失去流动性。

（二）水泥侵钻井液性能处理

处理时不能单纯用纯碱降低钙离子浓度，还必须配合降黏剂进行处理。

（1）处理水泥侵时虽然理论上是加入 Na_2CO_3 沉除 Ca^{2+}，但在实际应用中大多数情况事与愿违，效果截然相反。因此，加入纯碱时要少量不要过量，而且边加入边观察加入后上水罐内效果，若是越加越稠须立即停止使用纯碱处理。

（2）处理水泥侵钻井液，通过实践经验 GD18 抗水泥污染效果优于其他降黏剂。

1. 准备工作

①穿戴好劳保用品。

②备足钻井液体系所需的处理剂，降黏剂，如：GD18（经现场使用验证抗水泥污染效果非常好）、SF-1、海水降黏剂等；降滤失剂，如：KFT、SMP-1、WNP-1、LV-CMC 等；确保高分子聚合物和 NaOH、纯碱、水源充足。

③检查、确保钻井液常规仪器完好。

④检查剪切泵、混合漏斗、低压管汇、各阀门，确保正常运转，管线畅通好用。

⑤检查振动筛使用 150 目及更高目数筛布，确保筛布完好无破损。

⑥确保振动筛、除砂器、除泥器、离心机等固控设备运转正常。

2. 操作步骤

①在现场固井或钻水泥塞作业中，若返出大段的水泥浆，必须放掉，再处理被污染的

钻井液。

②测定 Ca^{2+} 含量，计算 Na_2CO_3 使用量；开启剪切泵、混合漏斗，按计算使用 Na_2CO_3 量的 50% 加入。

③水泥侵污染钻井液使黏度上升、流动性变差、滤失量升高，加入 GD18（应首选）或 SF-1 配合烧碱溶液进行降黏处理以调整钻井液有良好的流变性；然后根据滤饼质量、滤失量调整好相应性能指标。

④补充加入高分子聚合物，使其含量达到 0.5% 及以上。

⑤二开可选用清水钻水泥塞，钻穿后再使用低黏、低切、低密度钻井液开钻。

五 碳酸根、碳酸氢根污染

（一）碳酸根与碳酸氢根污染现象

碳酸根与碳酸氢根污染钻井液，将导致钻井液出现流动性能变差且调整困难、失水增大、pH 降低、钻井液变质等问题，严重时钻井液失去流动性，出现起下钻困难、卡钻等故障。

（二）碳酸根与碳酸氢根对钻井液性能的影响

当钻井液中 CO_3^{2-}、HCO_3^- 的总含量不大于 2000mg/L 时，能有效地稳定钻井液性能；当钻井液中 CO_3^{2-} 的含量达到 2400mg/L 以后，黏度、切力升高；当 CO_3^{2-}、HCO_3^- 同时存在、总含量大于 2500mg/L 且 pH 值不大于 9 时，钻井液黏度、切力剧增，pH 值随时间延长下降明显，调整和控制钻井液性能困难。随井温的升高，CO_3^{2-}、HCO_3^- 对钻井液性能的影响加剧。

不同原因产生的 CO_3^{2-}、HCO_3^- 对钻井液的影响程度差别较大，同样浓度的情况下，因 CO_2 污染产生的 CO_3^{2-}、HCO_3^- 对钻井液性能影响大；而由碳酸盐岩、$NaHCO_3$ 及 Na_2CO_3 水溶液、处理剂分解等产生的 CO_3^{2-}、HCO_3^- 对钻井液的影响相对较小。施工经验表明，由碳酸盐岩、$NaHCO_3$ 及 Na_2CO_3 水溶液、处理剂分解等产生的 CO_3^{2-}、HCO_3^- 总含量不大于 7000mg/L 时，能有效地稳定钻井液性能。

CO_3^{2-}、HCO_3^- 污染后钻井液性能具有以下特征：钻井液呈暗灰色或棕灰色，污染严重时呈黑色胶油状，含有较多气泡且不易消除。钻井液黏度切力居高不下，性能极不稳定；流动性差且起皮现象严重，有明显挂壁现象，加降黏剂效果不明显。泥饼质量差，测定钻井液流变性时黏度计指针不回零，膨润土与固相含量在正常范围内，但触变性强，静置后呈“豆腐块”状。

（三）碳酸根与碳酸氢根污染的预防与处理方法

钻井液发生碳酸根与碳酸氢根污染后，严重影响钻井液性能，威胁施工安全，现场施工中对其污染的预防与处理方法如下：

①控制钻井液 pH 值在 11.0~11.5 是处理 CO_3^{2-}、HCO_3^- 污染的重要措施。

②使钻井液中含有一定量的 Ca^{2+}，将污染物从钻井液中除掉。通常使用石灰提供所需的 Ca^{2+}。由碱度测定计算出钻井液中 OH^-、CO_3^{2-}、HCO_3^- 的浓度，然后计算出石灰的加量。注意对于井温超过 150℃或低密度固相含量过高时，尽量不要使用石灰处理 CO_3^{2-}、HCO_3^- 的污染，防止钻井液出现固化现象。高密度钻井液确实需要使用石灰时，要控制加入速度，最好加入石灰水。实践应用表明，在高温高密度钻井液受到 CO_3^{2-}、HCO_3^- 的污染处理中，开始使用石灰处理效果明显，但使用 4~5 次后，再加入石灰对改善钻井液性能效果不明显，钻井液流变性常变得难以控制。

③尽量选择高温性能稳定的钻井液处理剂。一些处理剂如淀粉类、纤维素类、木质素类及部分高分子处理剂在高温下产生较多的 CO_3^{2-}、HCO_3^-，因此在深井施工中应尽量选择高温稳定性好的钻井液处理剂，减少因处理剂分解的原因而产生的 CO_3^{2-}、HCO_3^-。

④提高钻井液抑制性，可以增强钻井液抗 CO_3^{2-}、HCO_3^- 污染的能力。CO_3^{2-} 与 HCO_3^- 对钻井液性能的影响，主要是通过对钻井液处理剂的影响从而影响钻井液中低密度固相的分散状态，进而影响钻井液性能。通过提高钻井液抑制性，控制黏土的分散状态，使黏土钝化，达到提高钻井液抗 CO_3^{2-}、HCO_3^- 污染能力的目的。当前提高钻井液抑制性比较有效的方法：一是使用复合盐水钻井液，特别是 KCl，能较大地提高钻井液的抑制性，抑制黏土的水化分散，提高钻井液抗污染的能力。二是使用有机胺处理剂，提高钻井液的抑制性，对提高钻井液抗 CO_3^{2-}、HCO_3^- 的能力效果良好。并且使用有机胺处理剂操作简单，不影响钻井液的滤失量，有利于井壁稳定。

1. 准备工作

①穿戴好劳保用品。

②备足钻井液体系所需的抗二氧化碳污染处理剂：$CaSO_4$、$Ca(OH)_2$、降黏剂：SF–1、海水降黏剂等；确保 NaOH、水源充足。

③检查、确保钻井液常规仪器完好。

④检查剪切泵、混合漏斗、低压管汇、各阀门，确保正常运转、管线畅通好用。

⑤检查振动筛使用 150 目及更高目数筛布，确保筛布完好无破损。

⑥确保振动筛、除砂器、除泥器、离心机等固控设备运转正常。

2. 操作步骤

①首先测定含量，计算 Ca^{2+} 使用量。

②若钻井液 pH 值适中，优先使用 $CaSO_4$ 进行处理，清除 1mg/L 的污染物，在 $1m^3$ 钻井液中 $CaSO_4$ 加量为 0.00285mg/L；若 pH 值较低优先使用 $Ca(OH)_2$ 进行处理，在 $1m^3$ 钻井液中 $Ca(OH)_2$ 加量为 0.00123mg/L。

③开启剪切泵、混合漏斗，按计算加量加入；钻井液性能调整达标后，保持般含相对较低并补充加入高分子聚合物，使其含量达到 0.5% 及以上。

④测量钻井液性能指标，确保良好的流变性、较低的滤失量，若性能不达标要继续进行处理。

3. 技术要求

①处理二氧化碳侵钻井液时必须配合使用高碱比降黏剂。

②调整好性能后要补充足量的高分子聚合物，确保钻井液良好的抑制性。

③若 pH 值适中优先使用 $CaSO_4$ 处理，加量为 0.00285mg/L；若 pH 值较低优先使用 $Ca(OH)_2$ 处理，加量为 0.00123mg/L。

④在处理 Ca^{2+} 污染钻井液时，使用 Na_2CO_3 除去 Ca^{2+}，而在处理 CO_2 污染钻井液时，使用 $Ca(OH)_2$ 电离出来的 Ca^{2+} 除去 CO_3^{2-}。这两者并不矛盾，恰恰表明在不同的受污染情况下，应采取不同的处理方法。

⑤在容易引起 CO_2 污染的钻井液中，应尽量保持 Ca^{2+} 的质量浓度在 50 ~ 75mg/L 范围内。

六 硫化氢污染

（一）H_2S 的物理性质及化学性质

①颜色：H_2S 是无色、剧毒、强酸性气体，人的肉眼看不见；

②气味：它有一种特殊的臭鸡蛋味，浓度低也可伤害嗅觉，故不能用鼻子监测该气体；

③密度：它是一种比空气重的气体，密度为 1.176g/cm^3；

④爆炸极限：当 H_2S 气体以适当的比例（4.3% ~ 46%）与空气或氧气混合时，遇火会爆炸；

⑤可燃性：易燃，燃烧时发出蓝色火焰，并产生有毒的 SO_2 气体，SO_2 会伤害人的眼睛和肺；

⑥可溶性：可在液体中溶解，溶解度与温度、气压有关；

⑦沸点：液态的 H_2S 沸点很低，故通常为气态。

（二）钻井液中硫化氢的主要来源

①打开含硫化氢地层，地层流体侵入钻井液，是钻井液中硫化氢的主要来源。

②某些钻井液处理剂经过高温高压热分解产生硫化氢，可能来自钻井完井液中的有机磺化物（磺化酚醛树脂、磺化沥青、磺化褐煤等）在温度超过 150℃条件下发生的热分解产生硫化氢，也可能来自硫酸盐还原而产生的硫化氢。

③因细菌作用产生硫化氢。

④某些钻具丝扣用螺纹脂在高温下与游离硫反应生成硫化氢（在含硫气井中禁止使用红丹螺纹脂）。

（三）职业性安全暴露极限及毒气的强度等级

H_2S 气体的职业性直接暴露的安全规定如下：

① 10ppm 限时加权平均值是日工作 8h 的暴露安全极限。倘若不超过 20ppm 安全暴露工作极限，工人可在限时加权平均值为 10ppm 的气体中暴露工作 8h。

② 15ppm 为短期暴露限制，日工作 8h 内不能超过 4 次接触，每次接触不能超过 15min，每次间隔时间不少于 60min。

③ 20ppm 是最大暴露限制，没有人能在 20ppm 的 H_2S 气体中停留，在 19ppm 的 H_2S 气体中人们可停留很短的时间，且必须按照职业性直接暴露的安全限制去做。

不同浓度的 H_2S 气体对人体的影响（毒性等级）见表 6–4–1。

表 6–4–1　毒性等级

H_2S 浓度 / ppm	人体安全情况
1	有明显难闻的气味
10	暴露工作 8h 尚安全
20	暴露工作的最高限度
100	2 ~ 5min 失去嗅觉、咽喉肿痛、头痛、恶心
200	迅速失去知觉、眼痛、咽喉痛
500	失去理智和平衡能力；2 ~ 15min 呼吸困难（需人工呼吸）
700	立刻神志不清；大、小便失禁；抢救不及时将导致死亡
1000	知觉立即丧失；抢救不及时将导致死亡或大脑永久性损伤

说明：ppm 是指 H_2S 气体占空气体积的百分比 $1ppm=10^{-6}$。

（四）H_2S 气体对钻井液的污染现象

H_2S 主要对水基钻井液有较大的污染，它会使钻井液性能发生很大的变化。如密度降低、pH 值下降、黏度上升，颜色变为瓦灰色、墨色或墨绿色。

（五）处理硫化氢污染的钻井液措施

1. 提高钻井液体系 pH 值

当发生硫化氢侵的时候，推荐使用石灰和烧碱（有条件的可用氢氧化钾）作为体系 pH 值调节剂，尽可能少用或者不用纯碱 (Na_2CO_3)，避免 Na_2CO_3 水解后产生过量的 CO_3^{2-} 和 HCO_3^-，造成离子污染，使现场钻井液维护工作复杂化。金属腐蚀试验结果表明，当环境的 pH 值高于 12 以后，由 H_2S 和 CO_2 引起的腐蚀过程基本停止，但是考虑到现场钻井液体系 pH 值控制范围及维持钻井液体系稳定的需要，现场遇硫化氢侵时应始终保持体系的 pH 值不低于 9.5。

2. 加入除硫缓蚀剂

因提高体系 pH 值只能预防和处理硫化氢侵对钻井液的轻度污染，故在提高体系 pH 值的前提下，还应加入适量的碱式碳酸锌等 H_2S 清除剂，来进一步处理深层硫化氢侵，其加量控制在 0.00351mg/L 左右，反应式为：

$$Zn_2(OH)_2CO_3+2H_2S=2ZnS\downarrow+3H_2O+CO_2\uparrow$$

3. 加入杀菌剂

此外，钻井液体系中添加杀菌剂，并以有机物作为稳定剂（如 CMC 或淀粉），可以防止微生物分解有机物放出硫化氢，同时具有中和硫化氢的能力。该产品对钻井液性能没有影响，当其在体系中的含量达到 0.02% ~ 0.1%时即可有效地发挥作用，用这种方法形成的钻井液极大地提高了体系的稳定性和硫化氢中和能力，适用于现场施工。

4. 进行必要的滤液分析

根据滤液分析的结果，添加适量的石灰，以改善钻井液的流变性。当以锌或铜的碳酸盐作为除硫剂时，体系会不可避免地产生碳酸根或碳酸氢根离子，这两种离子在体系中聚集过多就会影响体系的流变性，所以应加入适量的石灰将它们以碳酸钙的形式除去。

（六）硫化氢污染钻井液性能处理

1. 准备工作

①储备充足的加重剂、碱式碳酸锌、降黏剂、CMC、聚合物、氨水、烧碱等。

②每人一套正压式空气呼吸器，确保灵活好用。

③检查加重罐、混合漏斗、剪切泵、阀门、搅拌机等，确保灵活好用。

④穿戴好劳保用品。

2. 操作步骤

①在钻井施工中，一旦 H_2S 检测仪检测出 H_2S，应立即正确佩戴正压式空气呼吸器，并在钻台、井口和循环罐处喷洒氨水，使硫化氢生成硫化铵，以减小毒性。

②开启剪切泵，控制好加重罐阀门，适当提高钻井液密度，使液柱压力大于孔隙压力，将硫化氢层压死。

③使用剪切泵在混合漏斗中按循环周加入高碱比降黏剂，降低钻井液黏度切力，并稳定 pH 值在 9.5 ~ 11。

④使用剪切泵在混合漏斗中按循环周加入计算好的碱式碳酸锌，形成难溶的硫化物，清除钻井液中的硫化氢，并配合降黏剂、CMC 护胶剂，增加聚合物含量以提高钻井液性能的稳定性。

⑤经处理的作业现场必须达到 H_2S 检测仪再也检测不出 H_2S 为止。

3. 技术要求

①保持钻井液具有良好流变性，有利于清除 H_2S 气体。

②加重不要过快，防止压漏地层，出现井塌或因井漏而引起的溢流等复杂现象或故障。

③加碱式碳酸锌时必须配合稀释剂进行处理，确保 pH 值在 9.5 ~ 11。

④ H_2S 对钻井液性能有破坏，单加碱式碳酸锌不能使钻井液性能有明显改善，应配合高碱比降黏剂处理，使 H_2S 气体及时排出或生成 H_2O 和盐。

七 油气侵污染

（一）油气侵概念

发生油气侵的主要原因是作用于油气层的压力（指静液柱压力、循环压激动压力、抽吸压力的总和）小于地层流体的压力，地层流体在压差的作用下向井眼流动，在循环过程中，钻井液槽、池（罐内）液面上有油或气泡时，称为油气侵。

（二）油气侵现象

油气侵入钻井液时，钻井液密度下降，钻井液黏度、切力升高，钻井液流动困难，或出现钻井液性能测量不准确的现象。

（三）油气侵污染钻井液性能处理

正常钻进或循环时发生油气侵应该首先考虑提高钻井液密度。如果发生溢流应及时关井、压井。如果是气侵应及时启动除气设备排气，避免被气侵的钻井液再次入井，造成钻井液密度进一步下降；如果发生油侵时应及时补充乳化剂；如果发生水侵时首先应该考虑提高钻井液黏度，防止黏度过低造成加重材料沉淀，导致加重困难。

1. 准备工作

①穿戴好劳保用品。

②备足钻井液体系所需的降黏剂，如：SF-1、海水降黏剂等；降滤失剂 如：KFT、WNP-1、LV-CMC 等；确保加重剂、烧碱、乳化剂、水源充足。

③检查、确保钻井液常规仪器完好。

④检查加重灰罐、剪切泵、混合漏斗、低压管汇、各阀门，确保正常运转、管线畅通好用。

⑤检查振动筛使用 150 目及更高目数筛布，确保筛布完好无破损。

⑥确保振动筛、除砂器、除泥器、离心机等固控设备运转正常。

2. 操作步骤

①仔细分析井下情况，正确制定处理方案。

②根据处理方案，正确制定所需处理剂的种类和加入比例，并准确计算各处理剂的加量。

③制定处理剂的加入程序。开启剪切泵、混合漏斗，先加入高效降黏剂 SF-1 配合烧碱溶液，调整钻井液流变性，再加入降滤失剂降低钻井液失水量（达到设计要求）。

④计算加重剂用量，并实施加重作业。

⑤循环观察测量钻井液性能变化，调整井浆性能，同时排油除气，确保良好的流变性、较低的滤失量、密度，以平衡油气层为目的，若性能不达标要继续处理。钻井液处理调整达到要求后，循环观察油气层是否平衡，也可进行短程起下钻验证，确保钻井液柱压力能

平衡油气层。

⑥加入适量乳化剂。

3. 技术要求

①按每循环周密度增加 0.05g/cm^3 的幅度，计算出加重剂的用量。

②按循环周时间经混合漏斗将加重剂均匀地加入（此时的低压循环正是一种除气手段）。

③经循环观察，密度不再降低，证明已经压稳油气层；如果密度仍继续下降，可再按 0.05g/cm^3 的幅度加一周，如此重复，直至压稳。

④若侵污严重，黏切过高，在加重的同时对钻井液进行稀释处理，以利于排油除气。

⑤必要时可再加适量的表面活性剂。

⑥油气侵较严重时，钻井液中气泡很多，除气不及时会出现加重钻井液提密度困难，或出现测量不准确的现象。应充分搅拌钻井液，降低钻井液黏度、切力，彻底除气后方可注入井内。

思考题

1. 常见的钻井液污染有哪些？
2. 简述黏土侵概念及黏土侵的现象。
3. 简述盐水侵概念及盐水侵的现象。
4. 碳酸根与碳酸氢根对钻井液性能的影响有哪些？
5. 碳酸根与碳酸氢根污染的预防与处理方法有哪些？
6. H_2S 的物理性质及化学性质有哪些？
7. 钻井液中硫化氢的主要来源有哪些？
8. 油气侵现象有哪些？

扫一扫
获取更多资源

第七章

井下复杂故障预防与处理

PART 7

钻井是一项复杂的系统工程，受地层本身的复杂性、工程的多样性、工程施工者的经验和掌握技术的差异性等诸多因素的影响，钻井作业潜藏着多种不安全因素。各类钻井故障，既危及人身安全，又造成财产的巨大损失，甚至造成地下资源严重破坏。本章介绍与钻井液相关的钻井井下复杂情况、井下故障的分类及发生原因、征兆与诊断方法和钻井液处理技术。

第一节　井壁稳定钻井液技术

井壁不稳定给钻井工程造成极大的危害。轻者井内沉沙或形成沙桥，造成起钻遇阻遇卡，下不到底造成井下复杂情况，影响钻井进度，重者则造成井的报废。

一　井壁不稳定的显示与判断

①振动筛返出岩屑增多，沙样混杂，钻屑形状不规则，尺寸过大，无钻头切削痕迹。

②钻井液黏度、切力、密度、含砂量增高，泵压忽高忽低，有时突然憋泵，严重时会憋漏地层。

③钻进时扭矩增大，蹩钻严重，停转盘打倒车；接单根下不到底；起钻遇卡。

④下钻不到井底，离井底较远，遇阻频繁，划眼速度慢，划眼中有蹩钻、打倒车现象，划眼中接单根困难，甚至越划越浅，说明有大段岩屑床形成。

⑤起钻时钻头水眼甚至钻铤下部管内被岩屑堵死。

⑥电测时有异常扩大井段。

二　井壁不稳定的危害及原因

（一）井壁不稳定的危害

①不能顺利地正常钻进；

②容易导致卡钻；

③井径扩大，大尺寸钻屑带不出来，造成下钻遇阻，长段而困难的划眼；

④由于井径扩大，出现“糖葫芦”井眼，测井时往往会遇阻卡；

⑤由于井眼不规则，影响固井质量。

（二）井壁不稳定的原因

力学不稳定和易水化膨胀的化学不稳定是造成井壁不稳定的内在因素，而钻井工程技术措施的不当和钻井液的抑制性、封堵性差是造成井壁不稳定的外在因素。井壁不稳定是各种因素综合作用的结果，但泥页岩是主要因素。

1. 力学不稳定的原因

有些地层因沉积过程的成岩作用和地质构造运动特性导致其本身的力学不稳定，一旦被钻开，因应力释放就出现剥落、掉块、坍塌或向井内蠕动。这些地层包括：

①松散的沙层、非胶结或胶结差的沙岩、页岩、砾石层等。

②节理和层理发育的页岩层，钻开后会向井内剥落、坍塌。

③地质破碎带、断层带、不整合面或摩擦面带，发生掉块、坍塌。

④沉积受压地层和构造运动的应力地层钻开后应力释放，造成崩散、掉块、坍塌。

⑤盐岩、盐丘、塑性泥岩等，在上覆岩层作用下被钻开后会持续向井内蠕动。

2. 化学不稳定的原因

泥岩、页岩的水化效应。钻井液滤液进入泥岩、页岩后，造成泥岩、页岩的黏土颗粒会水化膨胀产生较大的膨胀压，使井壁岩石受力不平衡造成井塌。泥岩、页岩的主要成分是黏土，即含水硅铝酸盐，如蒙皂石、伊利石、绿泥石、高岭石以及石英、长石等，页岩可能是纯的蒙皂石、伊利石、绿泥石、高岭石，也可能是蒙皂石和伊利石或绿泥石和伊利石的混层。蒙皂石的离子交换能力强，层间连接力弱，极易水化膨胀，而伊利石、绿泥石或绿泥石和伊利石的混层离子交换能力弱，层间连接力强，不易水化膨胀，但易裂解、崩散。根据岩石黏土矿物含量、类型及含水率、机械强度、水化分散特性把页岩分为五大类，见表 7–1–1。

表 7-1-1　页岩分类

类别	软硬度	MBT/(meq/100mg)	含水 /%		黏土含量 /%				密度 / (g/cm³)	特征
			类型		S	I	S-I	C		
1	S	20 ~ 40	F&B	20 ~ 30	40.4	5.5			1.2 ~ 1.5	H、D
2	H	10 ~ 20	B	15 ~ 25	25.4	42.0		0.7	1.5 ~ 2.2	L、H、D
3	VH	3 ~ 10	B	5 ~ 15		38.3	18.1	13.0	2.2 ~ 2.5	T、O、S
4	EH	10 ~ 20	B	2 ~ 10				8.3	2.3 ~ 2.7	E、H&B、T、O、D&C
5	B	0 ~ 3	B	2 ~ 5		35.0	15.0	15.0	2.5 ~ 2.7	H、L、D、T、O、S

注：①黏土矿物类型：S—蒙皂石，I—伊利石，S-I—蒙皂石和伊利石，C—绿泥石；
②软硬度：S —软，H —硬，VH —坚硬，EH —极硬，B —脆；
③含水类型：F&B —自由水或束缚水；
④特征：H.D —高度分散，L.H.D —次高度分散，T.O.S —剥落趋势，E.H&B —极硬脆，T.O.D&C —分散坍塌趋势，L.D —低度分散。

3. 钻井工艺方面的原因

钻井工艺技术措施不当产生的力学因素会造成井壁不稳定，如：

①钻井液密度偏低，尤其液柱压力不能对不稳定地层施以的侧支撑压力使其处于与被

钻开以前一样的稳定状态。许多实践证明，适当提高钻井液密度会使井塌的情况明显改善。

②起钻时不及时灌浆，使井内钻井液液柱高度下降，液柱压力降低，造成井塌。尤其是在表层套管或技术套管鞋附近地层坍塌。

③提升或下放钻具速度太快，钻井液黏度、切力又较高，造成很高的压力激动，使井内出现很高的挤压压力和抽吸压力，将地层压裂、压漏，造成井塌。

④开泵过猛，造成过高的开泵压力激动，将地层憋漏、憋塌。

⑤发生井喷和井漏，随之发生井塌。

⑥钻进时钻具转数过高，或用转盘卸扣，钻具撞击井壁，造成井塌。

⑦泵排量过大，环形空间呈现紊流，或较长时间定点循环造成井壁的严重冲蚀。

⑧井身质量不好，狗腿度大，形成局部井段应力集中，加之钻具撞击，造成井塌。

三 井塌的预防措施

（一）采取适当的工艺措施

根据井塌产生的原因分析可知，要想预防井塌，需要做好下列工作：

①表层套管应封住上部的松软地层。

②明显的漏层如古潜山风化壳、石灰岩裂缝，其上部应用套管封住。

③在同一裸眼井段内不能让喷、漏并存。

④针对不同易坍塌层采取不同的钻井液工艺措施。

（1）胶结差的沙、砾、黄土层

该类为地层胶结性差、未成岩的黄土、流沙层与砾石层。一般采用高黏切、高膨润土含量或正电胶膨润土钻井液；对于大或特大的砾石层，可适当提高钻井液的密度和环空返速。

（2）层理不发育、软的沙岩与泥页岩互层

①易膨胀强分散的沙岩与泥页岩互层。

②不易膨胀强分散的沙岩与泥页岩互层。

采用强包被的聚丙烯酸盐聚合物、两性离子聚合物、阳离子聚合物、正电胶阳离子聚合物、正电胶等类型钻井液：对于直径等于或小于244mm的井眼，应采用低密度、低黏、低切钻井液，提高返速，使环空钻井液处于紊流：对于直径等于或大于311mm的井眼，在保证钻屑携带前提下，应尽可能降低黏切，提高钻井液的抑制性与返速，降低滤失量，改善泥饼质量；控制环空钻屑浓度；做好固控。

（3）中等分散沙岩与泥页岩互层

针对存在伊蒙有序间层的地层，采用抑制性全絮凝聚合物钻井液（聚合物可依据地层特点选用阴离子、两性离子或阳离子聚合物）；针对存在伊蒙无序间层的地层，采用低膨润土含量聚合物钻井液、两性离子聚合物钻井液。

（4）层理裂隙发育的泥页岩

此类地层层理发育，大多数塌层均存在异常孔隙压力，处于从伊蒙无序间层向伊蒙有序间层或伊蒙有序间层向伊利石过渡带、生油层或处于强地应力控制构造运动作用激烈的地带。

①依据地层孔隙压力、地应力、岩石力学性能，选用合理的钻井液密度，使其高于地层坍塌压力的当量密度，保持井壁稳定是防止井壁坍塌的先决条件。

②采用沥青类产品、植物油渣、磺化酚醛树脂、褐煤类等处理剂，封堵层理、裂隙，阻止钻井液滤液进入地层，此类处理剂加量随泥页岩层理、裂隙发育程度加剧而增加。

③降低高温高压滤失量与泥饼渗透性，控制钻井液 pH 值低于 9。

④依据坍塌层矿物组分与理化性能选用钻井液类型选用。既能有效抑制泥页岩水化分散，又能抑制膨胀，并能有效封堵的钻井液，如氯化钾聚合物钻井液、氯化钾–腐钾钻井液及其他钾基钻井液、聚磺钻井液、钾铵基聚磺钻井液、两性离子聚磺钻井液、阳离子聚磺钻井液、正电胶钻井液、有机硅钻井液等；若地层水矿化度高，可用氯化钾适当提高钻井液矿化度，若地层裂缝极发育，塌块大，应适当提高钻井液的黏切，及时带出塌块。

⑤选用合适的排量与环空返速，既保证钻屑的携带，又使钻井液在环空处于层流状态，减少钻井液对井壁的冲蚀。

（5）裂缝发育的特种岩性地层。

依据地层坍塌压力确定钻井液密度，保持井壁力学稳定；根据夹层黏土矿物选择钻井液类型，最好选用强抑制性的钾铵基聚合物、两性离子聚合物、阳离子聚合物、聚磺钻井液或正电胶钻井液；钻井液加足封堵剂与降滤失剂（选用沥青类产品应考虑沥青软化点须略低于坍塌层的温度），封堵裂隙，巩固井壁；可能情况下，提高返速与钻井液黏切（深井段要保持钻井液在高温、高压下良好的流变性能），既保证带出大块塌块，又使环空钻井液保持层流，减少对井壁的冲蚀；钻厚煤层必须控制钻速。

（6）强地应力作用下的深层硬脆性沙泥页岩地层。

依据地层力学性能、孔隙压力、地应力来确定坍塌压力与破裂压力，选用合适的钻井液密度，既不低于地层坍塌压力，又不超过地层破裂压力；提高钻井液封堵能力，降低钻井液 HTHP 滤失量与 API 滤失量，改善泥饼质量与封堵性能；适当提高钻井液的抑制性；选用合适流变性（深井段要保持钻井液在高温、高压下的流变性能），既保证钻屑携带，又在环空呈层流，减少对井壁的冲蚀。

（二）提高钻井液的抑制性

提高钻井液的抑制性，在进入易塌层前，提前预处理，加足防塌剂，为提高钻井液的抑制性可使用下列处理剂：

①聚合物包被剂

如 PAM、PHP、PAC–141、FA–367 等。聚合物对页岩稳定的作用主要有两点：

a. 利用其长链分子结构的特性即含有强吸附能力的基团对页岩进行多点吸附，从而阻止进一步水化，降低水化速度，即包被作用。

b. 提供良好的造壁性，可以降低滤失量，改善泥饼质量，即增强护壁能力。

②无机盐类

如 KCl、CaO、NaCl、Na_2SO_4、NH_4Cl、NH_4OH、$(NH_4)_2SO_4$ 等。无机盐的作用是减少表面和渗透水化。由于各种离子的水化能力不同，离子半径也不同，其自身吸附量也有差别。各种离子的水化半径及水化能见表 7–1–2。

表 7-1-2　各种离子的水化半径及水化能

离子种类	离子半径（A^0）		水化能 1 千卡 / 克分子
	未水化	水化后	
Li^+	1.20	14.6	124.4
Na^+	1.90	11.2	97.0
K^+	2.66	7.6	77.0
Rb^+	2.96	7.2	71.9
Cs^+	3.34	7.2	66.1
Ca^{2+}	1.98	19.2	377
Mg^{2+}	1.30	21.1	459.1
NH_4^+	2.16	—	72.5

当页岩中黏土矿物吸附了不同的离子时，就会出现不同的水化程度，也会产生大小不同的水化应力，页岩中黏土发生不同程度的膨胀，其稳定性就会受到不同程度的影响。

当吸附离子带给页岩的水化应力或膨胀力大到足以破坏静电引力时，离子开始向外扩散，大量的水分子进入页岩黏土的晶格内，就会发生渗透水化。当溶液中的离子浓度增加时，即溶液与黏土表面吸附离子浓度差减少，渗透水化就会减弱。

③沥青类

如磺化沥青、氧化沥青、阳离子沥青等。沥青类的作用是堵填页岩的微裂缝，阻止水进一步进入，降低水化速度，此处理剂一旦进入裂缝中，就会把它封起来，并由于它的疏水性，水会被排除在页岩之外。由于沥青在其软化点的温度内，固相颗粒不易进入裂缝，故选择适当软化点是取得效果的关键。只有温度接近或达到其软化点时，它才能进入裂缝并发挥作用。若超过软化点会变成很稀的流体而堵不住裂缝，故也达不到应有的效果。由于处理剂的疏水特性，所以页岩的裂缝一旦被封堵，基本上就不渗透水。尤其是受到井底压差的作用会更紧密地像药膏一样把裂缝封得严密，不再为钻井液流体所冲蚀，除非是造成负压。

④页岩抑制剂类。多是复配产品。

⑤其他。如 MMH、BPS 黑色正电胶等。

（三）可选用或转化成以下抑制性强的钻井液

①油基（或油包水）钻井液。

②饱和盐水钻井液。

③ KCl（或 KCl 聚合物）钻井液。

④钙处理钻井液。

⑤聚合物（包括聚丙烯酰胺、钾铵基聚合物、两性离子聚合物、阳离子聚合物、聚磺等）钻井液。

⑥硅基（或稀硅酸盐）钻井液。

⑦聚合醇（或多元醇）钻井液。

（四）工程参数要合适，操作要平稳

①起钻要控制速度（尤其在出现拔活塞现象时），避免因抽汲压力过大而导致井塌；

②避免在易坍塌段长时间循环钻井液；

③起钻按要求及时灌浆。

当井壁不稳定时，必须根据地层具体岩性特点，综合考虑全部影响因素后，才能确定采用何种体系。经常的情况是，在一口井的施工中，根据不同的井深，选用不同的处理剂，达到不同的防塌目的。根据产生坍塌的原因，要达到良好的防塌效果，钻井液与工程措施必须紧密配合，两者不可偏废。

四 井塌时的处理工艺

根据发生井塌的现象，判断为井下出现坍塌时，还应该依据当时的施工情况，详细分析产生井塌的原因，有的放矢地加以控制和处理。

（一）地层应力引起井塌

地层应力引起井塌，即钻井液密度偏低，可分为两种情况：

1. 钻进时循环液柱压力低于地层压力。

采取全井提高密度的方式，实现压力平衡。

2. 钻进时压力平衡而起钻时欠平衡。

采取起钻时井内部分或全部适当提高密度的方法（比正常钻进时密度高 0.01 ~ 0.02g/cm^3），实现压力平衡。

（二）钻井液性能不适合地层特点引起井塌

钻井液性能不适合地层特点引起的井塌，则必须根据实际情况，进行强化处理，通常的原则是：尽可能降低 API 失水和 HTHP 失水；提高聚合物有效含量，增强抑制性；加大防塌剂用量，条件允许时，可混入部分原油或润滑剂。

（三）工程措施不当引起井塌

工程措施不当引起的井塌，则应该改变工程措施。施工过程中，必须认真执行常规的预防井塌的工程措施。

一旦发生井塌，井下存在掉块，影响正常钻井作业时，则首先应该遵循上述原则，采取措施；其次要“压到底、破碎它、带出来”。

“压到底”，即下入牙轮钻头，将大掉块尽可能地赶到井底。

“破碎它”，即采取大钻压、慢转速、小排量，将大掉块尽可能地破碎成小块。

“带出来”，即破碎一段时间后，将排量开到最大同时旋转钻具，循环一到两周或更长时间（必要时可用一部分稠浆带屑，效果更好），直到振动筛干净为止；然后将钻具提到一定高度，减小排量或停泵一段时间，钻具小幅度上提下放活动。一定时间后，再将钻具放到井底，判断是否还存在掉块；如果有，则按照上述处理方法，反复处理，直到井下恢复正常为止。

第二节　划眼钻井液工艺技术

划眼是钻井工艺上的一项重要措施，其具体方法是使用原钻具或划眼钻具组合在需要划眼的井段进行来回的起下，对可能不平整的井段或者具体钻屑沉积、地层垮塌的井段进行处理，保证井眼的通畅。本节将介绍划眼过程中钻井液的调整措施。

一　导致划眼的井眼条件

1. 缩径段

易缩径段主要是活性的泥岩地层、盐膏地层、渗透性强的沙岩地层和某些泥岩井段。缩径的原因是膨胀缩径、盐膏层的蠕动、厚泥饼缩径。因局部井径缩小，在起下钻过程中，易使脱落泥饼、钻屑或掉块大量集中堆积，造成阻卡，致使划眼。

2. 扩径段

松软地层造成扩径的主要原因有：定点循环，水力冲刷成大井径；各种原因产生的拔活塞致垮形成大井径；因地层或其他原因坍塌形成大井径。循环过程中在大井径段，易形成流动死区，滞留较多的钻屑，静止时也易滑出，堆积于小井径处。下钻过程中，刮掉的泥饼堆积后造成遇阻划眼。

3. 坍塌段

不论什么原因，造成井壁坍塌的井段，往往导致划眼。

4. 沉沙段

下钻过快插入沉沙，开泵不当，造成憋泵也易导致划眼。

二 处理强造浆地层下钻遇阻划眼的钻井液性能

1. 准备工作

①穿戴好劳保用品。

②分析下钻遇阻原因，设计钻井液处理措施与方案。确定处理方案后，计算处理剂用量，并写出处理配方。

③检查振动筛、除砂器、离心机及混合漏斗和剪切泵、循环系统等设备，确保各项设备运转正常。

④现场常用测量仪器要齐全。

⑤准备好必要的处理剂，如降黏剂、聚合物、降滤失剂等。

2. 操作步骤

①调整好振动筛，筛布筛网应细于 150 目；启动除砂器；启动离心机。降低钻井液含砂量和固相含量，清除劣质固相。

②根据钻井液造浆的不同程度，加入足量的已配制好的聚合物稀胶液。

③启动剪切泵，使用混合漏斗加入准备好的降黏剂配合 NaOH 水溶液。

④钻井液流变性达标后，大量补充聚合物，使钻井液具有较强的抑制性。

3. 技术要求

①提高钻井液聚合物含量使之达到 0.5% 以上，用于控制强造浆地层划眼时进入钻井液中的黏土再分散。

②钻井液保持低黏度、低切力、低密度、流变性好，呈紊流状态。

③划眼到底继续钻进该造浆地层时，一般不进行提黏处理。

④强造浆地层下钻遇阻一般是明化镇或馆陶组（胜利油区）地层，主要原因是该地层蒙脱石含量高，蒙脱石易水化分散，造浆严重，若钻井液抑制性较差或固控设备使用不好，钻井液黏度、切力、密度急剧升高，所钻出的井眼没有扩大性，加之井壁地层吸水地层内的蒙脱石水化膨胀，造成井眼缩径，起钻至该井段易拔活塞，造成井壁不稳定拔缩井眼，导致下钻遇阻复杂情况。

三 处理沉沙下钻遇阻划眼的钻井液性能

1. 准备工作

①穿戴好劳保用品。

②分析下钻遇阻原因，设计钻井液处理措施与方案。确定处理方案后，计算处理剂用量，并写出配方。

③检查振动筛、除砂器、离心机及混合漏斗和剪切泵、循环系统等设备，确保各项设备运转正常。

④现场常用测量仪器要齐全。

⑤准备好必要的处理剂，如降黏剂、增黏剂、聚合物、降滤失剂等。

2. 操作步骤

①调整好振动筛，筛布筛网应细于 150 目；启动除砂器；根据岩性分散强弱情况使用离心机；降低钻井液含砂量和固相含量，清除劣质固相。

②钻井液中加入足量的已配制好的聚合物胶液。

③启动剪切泵，使用混合漏斗加入准备好的降黏剂或增黏剂（根据钻井液黏度切力决定所加入的处理剂）。

④钻井液流变性达标后，加入降失水剂，提高钻井液稳定性。

⑤在钻井液中补充聚合物，使钻井液具有较强的抑制性和触变性。

3. 技术要求

①提高钻井液聚合物含量使之达到 0.5% 以上，抑制划眼时大量泥岩水化分散。

②钻井液保持良好的流变性，具有良好的携岩性和悬浮性及触变性。

③划眼到底继续钻进时，根据地层岩性调整钻井液性能。

④下钻遇阻一般是钻井液黏度、切力低，井眼岩屑含量浓度高不清洁，有时是井眼不规则有“糖葫芦”或“大肚子”井眼，停泵后存于大井眼的大量的沙子或掉块、钻屑下沉等导致。该情况划眼时注意开泵要慢，低排量低泵速，小排量循环一周后，控制泵排量不宜过大，控制划眼速度，注意防止憋泵或蹩卡钻具。

四 处理虚厚滤饼下钻遇阻划眼的钻井液性能

1. 准备工作

①穿戴好劳保用品。

②分析下钻遇阻原因，设计钻井液处理措施与方案。确定处理方案后，计算处理剂用量，并写出配方。

③检查振动筛、除砂器、离心机及混合漏斗和剪切泵、循环系统等设备，确保各项设备运转正常。

④现场常用测量仪器要齐全。

⑤准备好必要的处理剂，如降黏剂、增黏剂、聚合物、降滤失剂等。

2. 操作步骤

①使用好振动筛，筛布筛网应细于 150 目；启动使用除砂器；根据虚厚滤饼分散强弱和钻井液增黏情况使用离心机。降低钻井液含砂量和固相含量，清除劣质固相。

②钻井液中加入足量的已配制好的聚合物胶液。

③启动剪切泵，使用混合漏斗加入准备好的降黏剂，调节钻井液流变性。

④钻井液流变性达标后，加入降失水剂与封堵类防塌剂，使滤饼薄而致密。

⑤在钻井液中补充聚合物，使钻井液具有较强的抑制性。

3. 技术要求

①提高钻井液聚合物含量使之达到 0.5% 以上，抑制划眼时大量虚厚的滤饼水化分散。

②钻井液保持良好的流变性，具有良好的携岩和悬浮性及触变性。

③划眼到底继续钻进时，根据地层岩性加入封堵材料，封堵渗透性强的地层井段。

④钻井液滤饼虚厚导致下钻遇阻，一般是在渗透性强的沙岩井段，若钻井液滤失量大或在某一井段形不成优质的滤饼，由于起钻后钻井液静置时间较长，而钻井液中的自由水不断地进入渗透性强的地层，固体物在井壁堆积，形成虚厚的滤饼。

⑤在下钻时虚厚滤饼被钻头刮下，且越来越多地形成垫层或包住钻头、钻铤，上提下放遇阻、遇卡，有时下放不能顺利通过，就需要划眼。该情况划眼时注意开泵要慢，低排量低泵速，小排量循环一周后提高至正常排量，控制划眼速度，注意防止憋泵或蹩卡钻具（同沉沙划眼类似）。

五 处理井壁坍塌下钻遇阻划眼的钻井液性能

1. 准备工作

①穿戴好劳保用品。

②分析下钻遇阻原因，设计钻井液处理措施与方案。确定处理方案后，计算处理剂用量，并写出处理配方。

③检查振动筛、除砂器、离心机及混合漏斗和剪切泵、循环系统等设备，确保各项设备运转正常。

④现场常用测量仪器要齐全。

⑤准备好必要的处理剂，如降黏剂、聚合物、增黏剂、降滤失剂、防塌剂等；准备好重晶石粉等。

2. 操作步骤

①使用好振动筛，筛布筛网应细于 150 目；启动除砂器；根据钻井液固相情况使用离心机。降低钻井液含砂量和固相含量，清除劣质固相。

②钻井液中加入已配制好的高含量聚合物胶液。

③启动剪切泵，使用混合漏斗加入准备好的降滤失剂、防塌剂。

④钻井液性能达标后，根据井下情况确定是否提高钻井液黏度与切力。

⑤根据实际情况可考虑提高钻井液密度，控制井壁坍塌。

⑥可转化为强抑制体系钻井液。

3. 技术要求

①提高钻井液聚合物含量使之达到 0.5% 以上，使钻井液具有较强抑制性。

②钻井液保持适当高的黏度、切力，具有良好的携岩性和悬浮性；根据地层应力情况适当提高密度。

③划眼到底继续钻进时，根据地层岩性加入封堵类防塌剂。

④钻井过程中坍塌掉块下钻遇阻，一般是在大段的泥页岩井段，若钻井液滤失量控制不好，尤其高温高压滤失量较大，滤液抑制性不好，泥页岩井段易发生坍塌掉块、起钻遇卡、下钻遇阻等复杂情况。

⑤划眼时注意开泵要慢，低排量低泵速，注意憋泵情况，一旦憋泵则易引发坍塌掉块，甚至造成蹩卡钻具的故障。开泵后小排量循环一周后，逐渐提高至正常排量，控制划眼速度注意防止憋泵或蹩卡钻具。

六 垮塌井段电测遇阻钻井液处理

1. 准备工作

①穿戴好劳保用品。

②备足钻井液处理剂，如钻井液抑制剂（胺基聚醇、水解聚丙烯酰胺等）、防塌剂（磺化酚醛树脂、磺化褐煤、磺化沥青等）、增黏降滤失剂（CMC、磺酸盐共聚物降滤失剂等）和加重剂。

③检查振动筛、除砂器、除泥器，确保固相控制设备运转正常、灵活好用。

④检查剪切泵、混合漏斗、加重管汇，确保运转正常，管线畅通，灵活好用。

⑤准备钻井液全套性能测试仪器。

2. 操作步骤

①首先分析电测遇阻原因，确定处理措施。

②下钻通井。

③通井的同时调整钻井液性能。开启剪切泵、混合漏斗，通过混合漏斗加入适当增黏降滤失剂（CMC、磺酸盐共聚物降滤失剂等），提高钻井液黏度，降低滤失量。

④加强循环，将岩屑带出。同时加入防塌剂，提高钻井液防塌能力。

⑤配制稠钻井液封闭垮塌井段，停泵起钻。

⑥下入电测仪进行电测。

⑦如果仍发生电测仪器遇阻，可用钻头干通，起钻再测。

3. 技术要求

①完钻前 30～50m，停止使用聚合物。

②垮塌井段遇阻大多是由于地层垮塌致使井眼不规则，形成“糖葫芦”井段，在大井眼处返速低，大块岩屑集中于大井眼处，停泵起钻后，岩屑下落，在小井眼处形成沙桥。电测时在大井眼处由于仪器短，加之井眼不规则，可能触及井壁而不下行；在小井眼处由于沙桥堵塞，仪器仍不能下行，造成测井仪器遇阻。

③通井下钻至遇阻井段时，可上下大幅度活动钻具，并作适当划眼。

④循环时可适当提高钻井液的黏度和切力，同时补充防塌剂，提高钻井液防塌能力。必要时可打入稠浆形成一段塞流，将岩屑带出。

⑤起钻前可配制黏度（漏斗黏度）为 150 ~ 200s 的稠浆封闭垮塌井段，然后停泵起钻。

⑥起钻时在垮塌井段要一挡低速平稳起钻，采用液压钳卸扣。

⑦充分使用固控设备清除岩屑固相。

第三节　井漏及预防处理钻井液技术

井漏是指在钻开原本就存在裂缝、溶洞或极高渗透率的复杂地层时，或者因钻井液密度、黏度过高无法满足地层安全钻进条件，导致产生了新裂缝时，钻井液大量地进入地层中，导致地面及循环钻井液快速减少的现象。井漏的现象、危害、发生原因、类型及钻井液预防处理技术将在本节进行具体介绍。

一　井漏的现象

①正常循环情况下，钻井液由井口返出的数量减少，严重时井口不返钻井液。循环罐的液面逐渐下降甚至很快抽干而中断循环。

②有时会发生钻速突然变快或钻具突然放空现象。

③失返性漏失泵压明显下降。漏失越严重，泵压降低越显著。

二　井漏的危害

井漏一旦发生，小的渗漏损失也会导致钻井液增加配浆成本，尤其是盐水钻井液或合成基钻井液成本更高；堵漏既损耗堵漏剂又延误钻井周期，增加钻井成本；漏失发生在油气层井段还可能污染油气层降低渗透率；若漏失量很大甚至失返，则干扰地质录井工作，还可能发生井壁不稳定情况；恶性井漏时钻井液液柱高度下降快，容易造成井壁坍塌卡钻，引起井喷的发生，甚至导致井眼报废，经济损失严重。

三　井漏发生的原因

1. 天然地质条件形成的漏失

①成岩性质。颗粒大、胶结性差且结构松散的沙层、流沙层和砾石层等，由于其孔隙大、渗透率高，易发生渗透性漏失。

②地质构造。地层在形成构造的过程中，受地壳运动的影响，易产生裂纹、裂缝、断层、断裂带、破碎带和溶洞等，因此易发生井漏。在地层岩石形成的过程中所产生的层理、节理也易发生井漏。此外，碳酸盐岩（如石灰岩、白云岩等）地层，由于地下水长期溶解

而产生溶洞，会发生溶洞性漏失。

2. 钻井液密度、黏度不合适造成的井漏

若钻井液密度太大，井内液柱压力过大，易压漏地层；钻井液黏度、切力太大，循环压耗增大致使井底压力过高，也易引起井漏。

3. 钻井工艺不当造成的井漏

下钻速度太快或下钻后开泵过猛，易产生压力激动将地层压裂，致使井漏；若在易漏地层开泵，且排量大、泵压高，同样易引起井漏。

四　井漏的类型

根据漏失地层的特点，可将井漏分为三种类型，即渗透性漏失、裂缝性漏失和溶洞性漏失。

1. 渗透性漏失

由高渗透的沙岩地层或砾岩地层引起的钻井液的漏失一般称为渗透性漏失，如图 7–3–1（a）所示。这类漏失的特点是漏失速度不大，一般在 0.5 ~ 10m^3/h 范围内。此类漏失发生时，泵压有所下降，井口返出钻井液的量较平时少，循环罐的液面缓慢下降。

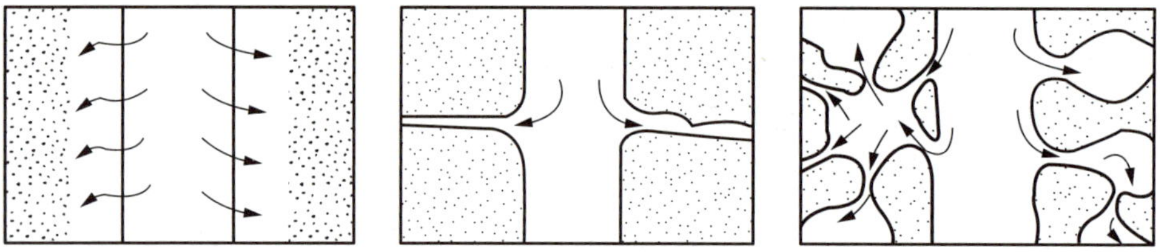

(a)　　(b)　　(c)

图 7–3–1　钻井液漏失的类型
（a）渗透性漏失；（b）裂缝性漏失；（c）溶洞性漏失

2. 裂缝性漏失

由裂缝性地层引起的钻井液的漏失称为裂缝性漏失，如图 7–3–1（b）所示。引起钻井液漏失的裂缝包括在灰岩和沙岩地层中存在的天然裂缝及由钻井液压力将灰岩和沙岩地层压开所形成的人工裂缝两类。这类漏失的特点是一般漏失速度较快，在 10 ~ 100m^3/h 不等。漏速较慢时尚可维持循环，漏速较快时则钻井液有进无出，循环罐液面迅速下降。

3. 溶洞性漏失

由溶洞地层引起的钻井液的漏失称为溶洞性漏失，如图 7–3–1（c）所示。这类漏失一般只出现在灰岩地层。这类漏失的特点是钻进时有跳钻、钻具放空等现象，紧接着就是循环钻井液的大量漏失，且漏速很大，甚至失返。发生溶洞性漏失时，表现为钻井液有进无出，井内液面迅速下降。

五 预防井漏钻井液工艺措施

1. 减小压力激动，避免造成人为裂缝漏失

开泵要平稳，要遵守泵排量由小到大逐渐提高的原则；注意泵压表的变化，一般下钻到底先小排量循环一周。一旦发现漏失应降低排量循环，小排量继续漏失时，停止循环起钻进行堵漏作业。当钻井液黏度、切力较大或井深时，为了降低开泵泵压或减小开泵困难，可以考虑分段循环钻井液，开泵前要注意先旋转钻具；下钻速度要平稳，尤其是下钻末尾，速度要慢。

2. 使用低密度钻井液

钻井液性能一定要符合钻穿漏失层的要求，特别是对密度的要求更严格，密度过高则易漏，密度过低则易发生井壁不稳定或油气水侵甚至发生井涌，因此应按设计要求和具体施工要求选择好密度限；钻穿漏失层的黏度和切力要适宜；在处理漏失时可采用高黏度、高切力、低滤失量的钻井液。上述几点对深井更为重要，因为作用于地层的静水压力和循环泵压（环形空间的水力损失）都与井深成正比。

3. 保持较小的钻井液上返速度

为了避免井漏的发生，正常情况下保持适中的上返速度即可，上返速度过大将引起较大的井底压力，促使井漏发生；下钻循环钻井液时，应尽量避开漏失层，以防本来不漏的地层因冲刷而造成井漏。

4. 备足钻井液

钻穿漏失层前，地面要储备足够的钻井液，以备处理漏失时使用。若钻井液储备不足而其他地方不能供应时，必须起钻至漏失层以上安全井段，以防卡钻及其他故障的发生。

5. 注意加重方法

钻井液需要加重时，应循序渐进地慢慢加入加重剂，严禁无计划地乱加、猛加或间断加入，应按循环周加入，循环周密度提高值宜控制在 $0.02 \sim 0.04 g/cm^3$（井漏和溢流压井时除外）。加重时要均匀，不能忽高忽低，确保不憋漏或压漏地层。

六 堵漏钻井液工艺技术

（一）堵漏原理

当钻井和完井过程中发生井漏时，为了堵住漏层，必须加入各种堵漏材料，使之在距井筒很近的漏失通道内建立一道堵塞隔墙，用以隔断钻井液的通道。各种堵漏材料按下述步骤在漏层中建立堵塞隔墙。

①当堵漏材料到达漏层时，其固相颗粒的形状、尺寸，浆液的流变性等都要适应漏失通道的复杂形态，这样才能按设计的数量进入漏层。

②堵漏剂进入漏层后，不能让其源源不断地进入漏层深处。进入漏层的堵漏剂必须能

抵御各种流体充填物的干扰。在各种流动阻力的作用下，使之在近井筒漏失通道的某处发生滞留、堆积而充满一定范围的漏失通道空间。

③充满一定范围漏失空间的堵漏剂，在高温、压差或化学反应等作用下，以机械堆砌或化学生成物的堆积方式，建立具有一定机械强度的隔墙，并与漏失通道有比较牢固的黏结强度，才能有效地封堵住漏层，而不至于发生暂堵现象。

（二）井漏处理程序

处理井漏时应按以下程序进行。

①分析井漏发生的原因，确定漏层位置、类型及漏失严重程度。

②施工前要进行科学的施工设计，精心施工。

③如果条件许可，应尽可能强钻一段，确保漏层被完全钻穿。

④施工时如果能起钻，应尽可能使用光钻具，下至漏层顶部。

⑤使用正确的堵漏剂注入方法，确保 2/3 的堵漏剂进入漏层近井筒处。

⑥施工过程中要不断地活动钻具，避免卡钻。

⑦凡采用桥堵剂堵漏时，要卸掉循环管线及泵中的滤清器和筛网等，以防止因堵塞憋泵伤人。

⑧憋压试漏时要缓慢进行，压力一般不超过 3MPa，避免造成新的诱导裂缝。

⑨施工完成后，各种资料必须收集整理齐全、准确。

（三）堵漏方法

发生井漏以后，根据井漏的原因及漏失严重程度，常采用调整钻井液性能与钻井措施、静止堵漏、随钻堵漏和桥接堵漏的方法进行处理。除此之外，还有多种堵漏方法。

1. 高滤失浆液堵漏法

高滤失浆液堵漏法是使用 DTR、Z-DTR 等高滤失堵漏剂，与清水配制成浆液，将浆液注入井内进行堵漏的一种方法。在压差作用下，浆液迅速滤失，形成具有一定强度的滤饼，封堵漏失通道。此方法可用于渗透性漏失、部分漏失及某些完全漏失的情况，但一般是在漏层位置比较确定的情况下使用。

2. 暂堵法

暂堵法是指应用暂堵材料对油气层进行封堵，油气井投产后采用相应的解堵剂进行解堵的一种堵漏方法。此法主要用于封堵渗透性和微裂缝地层漏失，并能有效地减少由井漏引起的油气层损害。目前，暂堵法广泛采用单向压力封堵剂或易酸溶、油溶、水溶的堵剂进行堵漏。除单向压力封堵剂暂堵法外，还有石灰乳—钻井液、PCC 暂堵剂、盐粒、油溶性树脂等暂堵法。

3. 化学堵漏法

该法是将经过筛选的化学堵剂（如 PMN 化学凝胶、脲醛树脂、ND-1 堵漏浆、水解聚丙烯脂稠浆、硅酸盐和合成乳胶等）注入漏层，形成凝胶，以封堵漏失通道。此堵漏浆液密度较低，凝固时间调节范围大，浆液的渗滤能力较强，滤液亦能固化，可以封堵微孔隙漏失通道。该方法对于含水漏失层具有特殊效果，但此法所用的化学堵剂价格较高。

4. 无机胶凝物质堵漏法

无机胶凝堵漏物质主要以水泥浆及各种水泥混合稠浆为基础，一般用于较为严重的漏失。采用水泥浆堵漏一般要求漏层位置比较确定，大多用来处理张开值为 0.8cm 以上的自然裂缝、破碎石灰岩、溶洞及砾石层的漏失。采用此法要避免钻井液中混入水泥浆，导致所形成的封堵隔墙质量不佳，故施工前应先注入一段隔离液。

应用水泥堵漏的方法很多，归纳起来常用的一般有两种，即一般水泥堵漏和速凝水泥堵漏。一般水泥堵漏使用常规水泥浆和工艺，这种方法工艺简单，易于掌握，相对来说风险性较小。速凝水泥堵漏是在水泥浆中加入促凝剂（通常使用氯化钙）缩短凝固时间，提高水泥堵漏的成功率。凝固时间需要在室内做好试验，要保证足够的施工时间，最理想的是水泥浆注入漏层之后 1h 左右即可实现初凝。

（1）注水泥塞堵漏准备

①水泥塞设计。水泥塞设计要根据地层情况及井漏情况（如漏层位置和漏失压力等）确定水泥堵漏方法，设计内容有水泥浆量、水泥浆流变性、水泥浆的密度和抗压强度、稠化时间和候凝时间，以及注入技术、施工工艺等。

②水泥浆量设计。水泥浆量取决于水泥塞的长度和井眼直径的大小。堵漏时要求 2/3 的水泥浆进入地层，而 1/3 的水泥浆在井眼内形成水泥塞。对于单一漏层，水泥塞长度一般在 20 ~ 50m 即可；对于两个或多个漏层的情况（漏层位置必须清楚），水泥塞的长度应包括整个漏层段和漏层顶界以上 20 ~ 50m。

在确定打水泥塞作业的水泥浆量时，应把水泥塞顶部钻井液污染的部分扣除，不作为正式水泥塞体积，但在水泥用量上计入污染部分的附加量。

③水泥浆流变性及稠化时间设计。

④堵漏水泥塞需要具有较高胶凝强度的黏滞性水泥浆，以抵制对孔隙或裂缝的流失。但是水泥浆的流变性和稠化时间还必须根据漏层的深浅、井温和现场泵送条件加以调整。

⑤抗压强度设计。堵漏时水泥浆在漏失通道中固结，其抗压强度达到 4MPa 即可满足堵漏的要求。

（2）现场浆堵漏

现场浆堵漏的每一个步骤，水泥塞形成的好坏，直接关系到堵漏施工的成败。现场施工中常用的方法如下：

平衡堵漏法。平衡堵漏法是把堵漏水泥浆经钻杆泵送至井内，并顶替至钻杆内外水泥面相等时为止，然后慢慢上提钻具至安全位置以减少钻井液污染的概率，并把井内 2/3 体积的水泥浆挤入漏层的做法。此法用于漏层性质单一，并且有一定液面、漏速不大的情况，在深井、浅井中均可使用。

平衡堵漏法是堵漏施工最基本的方法，其中要阐明的是两个平衡，既要和地层压力平衡，又要与钻具内外的堵剂面平衡。要准确地计算下钻的位置和顶替量，以确保堵剂到达预定位置，尽量做到不混浆，保证水泥浆质量，使进行堵漏作业时损失的钻井液量少且施工安全。

其具体现场施工程序如下。

①下光钻杆至预计井深，或下至漏层底部开泵大排量循环 5 ~ 10min。

②起钻至堵漏要求的井深位置，以 10L/s 排量注入 1 ~ 3m^3 前置隔离液，采用浓度为 1% ~ 2% 的 CMC。

③注入水泥，在注入水泥过程中要密切注意钻井液返出情况，并根据具体情况调整下步施工程序。

④顶替。必要时可先注入 0.5 ~ 1m^3 后置隔离液，再用钻井液顶替，顶替量大小以平衡法计算值为准，若在顶替过程中有返出，则应调整顶替量，以保证钻杆内外水泥浆平衡。

⑤缓慢上提钻具至预计井深，关井挤压，将 2/3 体积的水泥浆挤入漏层。

⑥候凝 24h，下钻具探水泥塞。

5. 降塞法

降塞法是利用水泥柱超过所替换钻井液的重量，使水泥塞在停泵后降至漏层，有 1/6 ~ 1/3 的水泥浆留在井内，而其余 2/3 ~ 5/6 的水泥浆进入漏层时即达到平衡。此法不适用井径大于 312.4mm、钻井液密度高于 1.32g/cm^3 以及注水泥量少于 4t 等情况。

6. 关井挤压法

对于完全漏失井，可采用降塞法使 2/3 水泥浆进入漏层，但对于部分漏失井，水泥浆到达漏层后，仅有一小部分进入漏层，其余部分则需靠外界压力才能被挤入漏层。关井挤压法是将钻具下至漏层顶 50 ~ 100m 的位置，把堵漏水泥浆经钻杆泵送至井内，并将钻具内水泥浆全部顶替出，然后上提钻具至安全位置，关井将 2/3 的水泥浆挤入漏层的堵漏方法（纤维水泥堵漏也可以用此方法）。

其具体现场施工程序如下。

①下光钻杆至漏层顶部 50 ~ 100m，开泵大排量循环 5 ~ 10min。

②以 10L/s 排量注入 1 ~ 3m^3 前置隔离液，隔离液为浓度 1% ~ 2% 的 CMC。

③注入水泥（注入纤维水泥浆时在过渡罐将纤维均匀地加入水泥浆中，并搅拌均匀后注入井内），在注入水泥的过程中要密切注意钻井液返出情况。

④顶替。必要时可先注入 0.5 ~ 1m^3 后置隔离液，再用钻井液顶替。

⑤上提钻具至安全井段，关井挤压，将 2/3 体积的水泥浆挤入漏层。

⑥候凝 24h，下钻具探水泥塞。

7. 复合堵漏法

复合堵漏法可提高堵漏的成功率。常用的处理各种严重漏失的复合堵漏方法见表 7-3-1。

表 7-3-1　常用的复合堵漏法

序号	复合堵漏方法	适用范围
1	化学凝胶加水泥	水层漏失、严重井漏
2	桥接堵漏加水泥	大裂缝漏失

续表

序号	复合堵漏方法	适用范围
3	水泥浆加桥接剂	大裂缝漏失
4	高滤失堵漏浆液加桥接剂	大裂缝漏失
5	暂堵剂浆液加桥接剂	油气层大裂缝漏失
6	化学凝胶加桥接剂	水层大裂缝漏失
7	单向压力封闭剂加桥接剂	一般孔隙性、裂缝性漏失
8	高滤失堵漏浆液加化学膨体	大裂缝漏失
9	单向压力封闭剂加高滤失堵剂	较大孔隙性、裂缝性漏失
10	重晶石塞加桥接堵漏浆液	水层大裂缝漏失
11	复合堵漏剂	小、中、大裂缝漏失
12	柴油膨润土浆加暂堵剂	低压高孔高渗沙岩水层漏失
13	正电胶膨润土浆加桥接剂	孔隙性、裂缝性漏失层

8. 强行钻进下套管封隔漏层

有时，浅部地层存在长段天然水平裂缝及溶洞，钻井过程中发生有进无出的井漏，而采用以上各种堵漏方法均未能堵住。为了对付这种漏失，可采用清水或轻质钻井液强行钻进，等完全通过漏层后再下套管封隔。

强行钻进包括清水强钻和轻质钻井液强钻。采用清水强钻必须具备以下五个条件。

①不是地质的目的层。

②井眼稳定，能经受清水长时间浸泡而不塌。

③无油、气、水进入井内。

④钻头所破碎的岩屑能带入漏层。

⑤准备足够量的稠浆，每次起下钻前泵入 $10 \sim 80m^3$，用以提高井壁稳定性，防止卡钻。

如果漏层以上裸眼井段存在易塌地层，为了防止井塌，可在环空吊灌防塌钻井液，从钻杆中打清水强钻，以确保井下安全。

（四）喷漏共存

1. 喷漏共存的危害

井喷与井漏共存的危害性极大，实属破坏性与灾难性的故障。井漏不仅常导致井喷，而且会导致井塌、卡钻，井眼极不正常，延长生产时间，增加处理困难，生产成本升高。

2. 喷漏共存出现的原因

①碳酸盐岩地层裂缝性气藏压力变化规律极差。

②压力预测不准确。

③储层埋藏深度大，受井身结构限制，多压力系统共同存在于一个裸眼井段内。

3. 喷漏共存的处理技术

喷漏共存通常分为三种；一是上漏下喷，二是上喷下漏，三是同层又喷又漏。

处理技术要点；气层发生井漏后，采取吊灌技术抑制天然气进入井筒，当天然气进入井筒后采用置换法控制关井井口不出现高压力，堵漏压井。

（1）气层井漏吊灌技术

吊灌技术是指在油气层中进行钻井作业时，发生井漏，静液面不在井口，采取定时定量向井内灌注钻井液，维持井内动压力平衡，防止井喷的一项井控技术。

气层井漏后，钻井液静液面不在井口，井内液柱压力降低，容易导致井筒压力系统失去平衡。采用吊灌技术能够有效阻止地层中的天然气进入井筒，即使有一定量的天然气进入井筒，也能有效控制其向上运行或者将天然气推到地层中去。同时，吊灌也为堵漏准备和施工赢得时间，是防止造成井喷险情的重要举措。如果不灌或少灌钻井液，吊灌间隔时间过长，当井内液柱压力等于或小于地层压力时，就会发生气窜、溢流、井涌；若过多地灌入大量钻井液，不仅造成钻井液消耗量大，维持时间短，堵漏施工准备跟不上，而且会发生气窜，溢流、井涌，扩大险情，增大处理难度。因此需要针对不同情况合理吊灌钻井液，经验做法如下。

①在静置观察情况下，每间隔 20 ~ 30min 向井内灌入钻井液 0.5 ~ 1.0m^3。

②起钻时每个立柱灌入钻具体积 2 倍左右的钻井液；为进一步确保井控安全，更详细的吊灌方案如下。

a. 在静置观察情况下，每间隔 10min 向井内灌入钻井液 1.0m^3（若能调节小排量满足连续灌入最为理想，如果不能满足连续灌入，则分成 3 ~ 5 次灌入），争取始终维持井内动液面高度。

b. 确实需要和有条件进行起钻，或是将钻具起过漏层，或是起钻下入光钻杆堵漏，则每个立柱灌入钻具体积 2 ~ 3 倍的钻井液。

c. 下钻则按静置观察情况进行吊灌。

d. 灌入井内的钻井液密度应尽量和原钻井液一致，以便掌握井内压力动态和喷漏共存的处理情况。现场确定漏失压力、压力减少量、静液面高度，计算动液面高度，从而计算出动压力，以便吊灌准确。该做法有成效但不完善，吊灌方案基于某些局限性仍是一种经验做法，只不过吊灌间隔时间缩短了。吊灌量的安全系数增大了，吊灌的合理性增强了，能进一步降低或避免天然气进入井筒或上窜的概率。建议对复杂区块钻井现场配备井下压力监测系统，堵漏施工作业配备检测液面的回声仪。

（2）置换法控制井口高压力

气井井漏后一旦天然气进入井筒导致溢流、井涌，不宜将井口压力关得过高。关井时间越长，井内钻井液漏失越多，井筒空的越多，井口关井压力越高，越容易发生井喷故障。关井后，为了防止出现井口压力过高，应当及时采取置换法卸压（泄气）向井内灌注钻井液，以达到提高井筒液柱压力、降低井口压力之目的。但是，在井漏问题未得到彻底解决的情况下，这样做只是暂解井口之急。因此气井井漏后，不仅要采用吊灌技术，还必须尽快组织堵漏压井作业。

（3）正循环堵漏压井技术

正循环堵漏压井是指通过正循环方式将堵漏与压井有机结合在一起，进行间断或者连续施工，处置喷漏共存的一项工艺技术。

操作程序特点：

①堵漏液放在最前面。

②将堵漏液放在中间位置，在其前面走一段轻浆，便于建立液柱，让堵漏浆到达漏层发挥作用。

③压井液走后面，最终实现井内压力平衡。

适用条件：钻具距离漏层位置较近，套管下入深浅不论，钻具水眼畅通或不易堵塞。

注意：

①在钻具安放有近钻头回压阀的情况下，采用桥接复合堵漏材料配制堵漏浆时，一定要注意配制堵漏剂浓度不能太高，同时应加强堵漏浆的净化；

②钻具安放近钻头回压阀时，应在近钻头回压阀的上部相隔 50 ~ 150m 处安装钻具旁通阀，以便钻具流道被堵塞后，建立正循环通道。

（4）反循环堵漏压井技术

反循环堵漏压井是指通过反循环方式将堵漏与压井有机结合在一起，进行连续施工，处置喷漏共存的一项工艺技术。其适用条件和施工原则比正循环堵漏压井更为严格，以下条件和施工原则必须同时具备。

①具有完善的能实现反循环的井控装备系统。

②套管固井必须封隔地表和浅部疏松、易漏、破碎地层复杂带和煤层，套管下入深度在 1000m 以下，固井质量良好。

③确认套管磨损与腐蚀不严重。

④井内钻具在漏层附近或漏层以下。

⑤保证反循环通道畅通。

该技术是利用放置在压井液前面的堵漏浆，将其用反循环方式注入。首先封堵漏层，提高漏层承压能力，某次在接近半个循环周内钻井液在环空迅速建立液柱，截断溢流，达到既堵漏又压井的目的。通过在钻具上安装的简易井口控制压力和回收压井液等井控装备，减少对地层过高的回压，避免关井正挤或反推将其他地方憋漏的现象。尽管钻具内流动阻力稍大一些，增加了一些井底回压，但可迅速将堵漏液和压井液注入漏层和环空，建立液柱，有利于排除溢流，降低对压井液的污染、憋开其他低压层的概率。

与正循环方式相比，该技术具有截断溢流迅速，漏失消耗量小，处置喷漏共存成功率较高的优点。

（5）反推法堵漏压井技术

反推法堵漏压井适用于套管下得较深，钻头水眼偏小及钻具安放有近钻头回压阀的情况；不适用于通过高浓度桥接堵漏材料，或钻具水眼堵塞无法建立反循环通道，或井内钻具较少或空井的情况。

反推法堵漏压井需要具备的条件：地层能够推进钻井液和堵漏液，具备完善的井控装备系统。

该技术通过环空向地层（漏层）推注堵漏液和压井液，将井内的钻井液和天然气及部分堵漏液推进地层，实现全井筒装满压井液，最终建立井内压力平衡。

4. 喷漏共存压井堵漏的实施原则

（1）摸清情况（规律）

通过对地质、工程、录井、钻井液、电测等现场第一手资料进行细致的分析、思考和判断，摸清喷层和漏层的压力系数即连通情况，得出压稳喷层的钻井液密度低限值与高限值。

（2）压井液密度的选择原则

对于喷漏共存的复杂井，首要的问题是压井液密度的选择。要先解决井喷，后解决井漏，决不能怕漏不加重，以高限压力值作为调配压井液和堵漏基浆的主要依据。

（3）压井堵漏原则

①安全：必须高度重视，一票否决，没有安全就没有一切。②快速：时间就是金钱，快速上井召开会议，快速决策，快速施工。③灵活：全面深入了解井下的各种情况，尽量做到既不违反井下客观规律，又符合逻辑思维。④确定：压井堵漏措施制定主持人即为施工首席负责人、安全责任人，对整个施工全权负责，钻井队领导、生产班组及全体施工人员均应全力配合，坚守岗位，尽职尽责，出色完成施工任务。

（4）实施原则

以高密度、可以压稳喷层、大量的优质钻井液为基浆，加入桥堵剂和封闭剂（15% 左右），先注入压井液，后注入堵漏液，再注入压井液，通过关井挤压措施，将 1/2 以上的堵漏液在井口关井压力的推动下挤入漏失通道，通过关井憋压 3 ~ 5MPa、4 ~ 8h，形成牢固的堵塞隔墙。

尽可能降低压井液和堵漏液的黏度和切力，以降低其流动阻力与井内摩阻、能缓解井漏与井喷的程度，增强钻井液的脱气效果。可通过降低膨润土含量，加抗温稀释剂、消泡剂、降滤失剂等手段来实现。

在喷漏共存的地层钻井中，最好选用大水眼与不装喷嘴的钻头钻进，一旦发生又喷又漏，有利于迅速注入压井液和堵漏液，这样可以免除堵塞水眼的后患，不需起下钻从而赢得时间。该做法对实施“随钻堵漏”也非常及时有效。

属“上漏下喷”的情况可按喷层压力高限值进行“试压堵漏”，成功后再钻开喷层，避免复杂情况及故障的发生。属“上喷下漏”的情况则尽量采用随钻堵漏技术或反循环压井堵漏技术。

5. 喷漏共存的堵漏压井技术现场施工要点

①找准漏层、喷层位置，确定堵漏井段，分析找准喷层与漏层的压力系数关系，确定的配制密度必须大于喷层压力系数。

②确定配桥浆数量，常用 30 ~ 60m^3。

③确定配制浓度，漏速大时堵漏剂浓度为 10% ~ 20%，漏速小时堵漏剂浓度为 8% ~ 10%。

④确定配制罐，罐上搅拌机应运转正常，阀门关闭良好，不窜不漏。

⑤简化钻具结构。取出钻杆、管汇、钻井泵的全部滤清器和回压阀，钻头不装喷嘴，以防阻塞憋泵伤人。

⑥配制的堵漏基浆性能必须优质，密度能压稳喷层，黏度、切力不宜太高，通过加重混合漏斗均匀交叉加入，随配随用。

⑦注桥浆和替浆要准确计量并及时举牌公布，出口返出钻井液时要正反计量并公布。间歇关挤：钻具应在安全位置，控制套压在5MPa，不准超过地层破裂压力，分多次小排量间歇挤压，开泵挤压时套压压力顺序为3～1MPa、4～2MPa、5～3MPa，最后维持在5MPa，静止挤压时间为2～8h，只要间歇降压时间逐步延长，套压逐渐稳定，表明堵漏有效果，反之则无效果。

⑧从配制、注入堵漏浆到替钻井液（压井浆）的过程中，必须边搅拌、边泵入、边活动钻具，严防卡钻。

⑨明确分工，坚守岗位，统一指挥，统一行动。专人负责开关阀门，避免开错阀门造成故障。齐全、准确地收集各项施工资料，统一整理备查。

（五）堵漏技能要求

1. 准备工作

①了解地层和岩性情况。

②了解井漏发生的经过。

③了解邻井施工情况。

④了解地质三个压力剖面情况。

2. 操作步骤

①分析井漏原因，判断漏层位置，判断漏速。

②根据井漏确定堵漏方法。

③确定堵漏配方。

④制定堵漏方案。

3. 技术要求

制定方案时要考虑施工环境、循环罐容量、天气、气温等情况。

第四节　溢流预防处理钻井液技术

在钻遇高压油、气、水层或在注水产油区钻进调整井时，若控制不好易发生溢流，溢流失去控制会发生井喷。溢流是井喷的前兆，井喷应在发现溢流时关井控制。井喷是钻程中的恶性故障，轻则使油气层受到破坏，影响建井周期；重则使油气井报废，延误油气田的勘探与开发，甚至威胁人民的生命安全。

一 溢流发生原因

1. 钻进过程中发生溢流

①钻至高压油、气、水层时，钻井液密度所造成的液柱压力低于地层压力时会发生溢流，溢流发现不及时或不能正确控制就会发生井喷。

②在油、气层中钻进时，油、气混入钻井液中，使钻井液密度下降，当液柱压力小于地层孔隙压力时，就会发生溢流。同理，气侵严重时也会发生溢流、井喷。

③若钻进过程中发生井漏，井眼内钻井液液面下降，液柱压力降低，当液柱压力不足以平衡地层压力时，也会引起油、气、水上窜出现溢流、井喷。

2. 起钻过程中发生溢流、井喷

①起钻时未及时灌钻井液，致使井内液柱压力下降。

②起钻时钻井液停止循环，循环压力为零，使钻井液作用在地层的压力下降。

③起钻过程中，因钻头或钻挺泥包、地层缩径、钻井液黏度和切力太大、起钻速度过快等原因，使上提钻具时拔活塞，产生很高的抽吸力，因而产生抽吸使液柱压力下降。

3. 下钻过程中发生溢流、井喷

钻井过程中若钻井液黏度、切力过大，下钻时下放速度过快，就可能形成剧烈的压力激动压漏地层，进而引发溢流。油、气层钻穿后，油、气不断侵入静止的钻井液中，当下钻下至此位置时，由于气体膨胀或钻井液密度下降至不能平衡地层压力时，也会发生溢流或井喷。

4. 下钻后循环过程中发生溢流、井喷

起钻时，由于钻头的上提抽吸作用将地层中的油、气、水吸入井筒内，钻井液液柱压力下降。当下完钻循环时，随钻井液的推举作用而产生溢流甚至井喷。

二 发现溢流

①钻井液工井控职责：负责观察钻井液出口和钻井液液面变化情况。

②钻井液工应取得井控 B2 类证书，持证上岗。

③井控坐岗

a. 探井自安装防喷器至完井，开发井自钻开油气层前 100m 至完井，均应由钻井液工和钻井工及地质录井工专人 24h 坐岗，观察溢流显示和循环池液面变化情况，并定时将观察情况记录于《坐岗记录》中。

b. 钻进、起下钻、测井、完井作业及其他施工，钻井液人员负责坐岗，坐岗记录时间间隔不大于 15min，溢流、井漏应加密监测。坐岗人员发现溢流、井漏及油气显示等异常情况，应立即报告司钻。

c. 钻井液液面高度测量，起下钻杆每 3 柱测量一次，起下钻铤一柱测量一次（最长不超过 15min）。发现溢流应立即上报司钻，司钻应按程序处置并上报。

d. 负责调节钻井液液面检测报警装置阈值，报警值设置不得超过 $1m^3$。循环罐、配液罐配备容积标尺，高压井、气井应配备 6 ~ $12m^3$ 的专用灌浆罐，现场至少配备两套液面检测报警装置。

e. 钻井液性能符合设计要求，并按设计要求储备压井液、加重材料、堵漏剂和处理剂。

f. 发现钻井液气侵后应停止钻进，坚持循环排气加重，严禁边钻进边加重。若发生液面上涨应关井节流循环排气，钻井液未经除气不得重新入井。

g. 钻进时严禁大幅度调整钻井液性能，钻井液密度复合设计要求。

三 溢流控制

①发现溢流及油气显示等异常情况，应立即报告司钻。

②司钻接到溢流报警后应立即按关井程序组织关井，达到“发现溢流立即关井、疑似溢流关井观察”要求。

四 配制压井液

1. 操作步骤

①确定钻井液密度。

②根据井眼容积确定压井液数量。

③根据压井钻井液密度和压井钻井液数量计算出压井液所需加重剂量。根据性能要求计算处理剂的用量。

④开启剪切泵、混合漏斗，通过混合漏斗加入适当降黏剂、降滤失剂，调节钻井液流变性能，降低滤失量。

⑤通过混合漏斗加重，配制压井液，并测量加重后钻井液密度及钻井液性能。

⑥将配制完成的压井液打入储备罐备用。

2. 相关技术要求

①正确确定钻井液密度是关键的一环，压井液密度要适当，过小压不住；过大则漏失量大，使压井液消耗量大，造成数量不够，致使压井失败。

②备足压井液数量，至少为井眼容积的 2 ~ 3 倍，确保一次压井成功。

③配制压井液要充分使用混合漏斗、钻井液低压循环管汇、搅拌器，使压井液密度均匀，黏度、切力较低，以减少流动阻力，胶体性要强，防止加重剂沉淀，滤失量要小，以巩固井壁。

④压井液要清洁干净无杂物，防止压井中堵水眼。

第五节　卡钻预防处理钻井液技术

在钻井过程中，钻具在井下既不能转动又不能上下活动而被卡死的现象称为卡钻。若井塌、井漏、井喷和钻遇复杂地层等各种井下复杂情况和故障处理不当，最后都可能导致卡钻。卡钻一旦发生，轻则延误钻井时间，重则使井报废，给钻井工程带来极大损失。

一　黏附卡钻

1. 黏附卡钻的现象

黏附卡钻的发生频率最高，造成的损失也最大。黏附卡钻发生后，钻具既不能转动，也不能上提下放，或者活动范围很小（钻具有伸缩性）。钻具虽不能活动，但开泵正常，钻井液可以循环，泵压升高也不显著。

2. 黏附卡钻发生的原因

①若钻进过程中方位角发生变化，产生井斜，或在定向井中，钻具因重力作用而与井壁接触，且接触距离和面积很大，易发生黏附卡钻。

②若裸眼井段上有渗透性地层，井内液柱压力与地层压力之间的压差加剧了接触距离和面积，易发生黏附卡钻。压差卡钻机理示意如图 7–5–1 所示。

③若钻具在井内静止时间较长，易发生黏附卡钻。

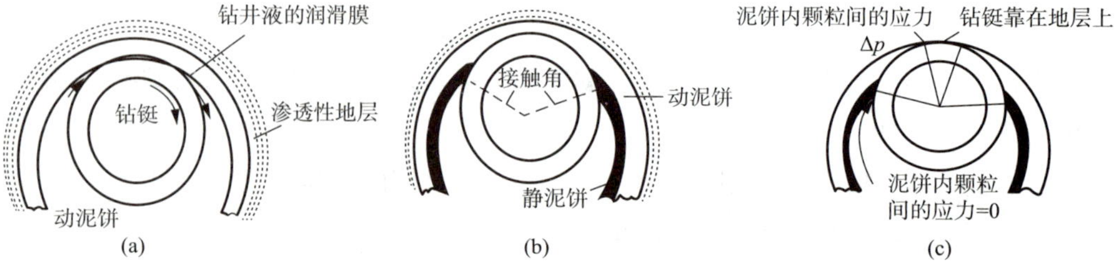

图 7–5–1　压差卡钻机理示意

（a）钻具旋转，钻铤只吃入泥饼的一段距离；（b）钻具静止，钻铤在压差下吃入泥饼；（c）偏斜严重的井眼，钻铤静止时，钻铤与泥饼之间的压力从 0 变化到 Δp

3. 影响黏附卡钻的因素

①泥饼黏滞系数越大，黏附力和摩擦阻力越大，越易引起黏附卡钻。

②钻具与井壁的接触面积越大，黏附力也越大，越易引起黏附卡钻。

③钻井液密度越大，造成的液柱压力越大，与地层压力产生的压差越大，越易引起黏附卡钻。

4. 预防黏附卡钻的钻井液技术措施

①在确保井壁稳定和能平衡地层油、气、水的前提下，尽可能降低钻井液密度。

②保持钻井液性能良好、均匀、稳定，钻井液的滤失量特别是高温高压滤失量要小，

泥饼要薄而坚韧致密，且有低的渗透性和良好的可压缩性。

③对于直井，要尽可能把井打直，避免井斜角过大和方位角剧变。注意活动钻具，减少钻具与井壁的接触时间。

④采用优质钻井液，在钻井液中加入润滑剂，降低钻井液滤饼摩擦系数，同时要使用好固相控制设备，降低钻井液的含砂量，清除劣质固相，保持有用固相在适宜的范围内。

⑤保持井眼清洁及减小岩屑床的厚度。对于直井或井斜位移较小的井，钻井液要有良好的流变参数，有良好的携岩性和悬浮性；对于大位移井和水平井，应依据所钻井斜角的大小，在做好短程起下钻的前提下，选用合适的钻井液流变参数以及合理的环空流型和环空返速，尽量减小岩屑床的厚度。

5. 黏附卡钻的解除方法

（1）用油或解卡液浸泡

①为了解除黏附卡钻，必须首先确定卡点位置，其方法有以下两种：

a. 实测钻杆受到一定拉力后产生的伸长值，用公式计算卡点。

b. 用测卡仪进行实测。

②在确定卡点位置后，可使用原油、柴油或解卡液浸泡，以减少钻具与井壁的黏附面积并降低滤饼的摩擦系数。解卡剂必须对固相表面有良好的润滑及油润湿的特性，且对钻井液没有污染或污染程度较小。由解卡剂所配成的解卡液一般分为非加重解卡液和加重解卡液两种。

a. 非加重解卡液。通常由原油或柴油与表面活性剂（渗透剂和润滑剂等）配制而成，适用于非加重钻井液。其密度低于钻井液的密度，因而顶替到预定位置后会自动向上运移，故在顶替时，当钻杆内的解卡液液面高于环空解卡液液面时就必须停泵，否则钻杆内高密度的钻井液会继续将解卡液向上顶，直至压力达到平衡时为止。这样便有可能使解卡液不能全部与卡点接触而导致解卡失败。

b. 加重解卡液。适用于加重钻井液，其密度必须接近或等于钻井液密度，这样才能保证解卡液停留在卡点位置，在全部浸泡时间内均能起作用。

（2）用稀盐酸浸泡

如果钻井液是用石灰石粉加重而钻井过程中发生了卡钻，或卡钻地层为碳酸盐岩，以上两种情况可采用稀盐酸浸泡解卡。

6. 解卡剂使用方法

①钻井过程中发生卡钻故障后，首先认真分析卡钻原因和过程，正确判断卡钻类型。确认是压差卡钻后，井队工程师与有关人员配合，确定卡点位置和井深。钻井液工程师配合计算出需要的解卡剂数量。

②在等解卡剂期间，组织人员清出一个或两个足够容纳解卡剂的罐，但至少保证有一个是上水罐，以便于施工。如有必要，可在上水罐附近处，在地面上准备一个水泥抹壁的坑或者是埋入一个大油桶，便于解卡剂到井后倒解卡剂用。

③在所有准备工作做好后，大排量替入解卡剂，直到全部替完；然后用钻井液顶替到

卡点位置，开始浸泡。与此同时，在安全条件范围内，上提下放钻具，然后转动转盘蹩上扭矩，以帮助尽快解卡。

④未解卡前，每间隔 30min，开泵顶入 $0.5m^3$ 解卡剂，直到全部顶出钻杆，并将解卡剂替到卡点以下 50m 左右位置，继续浸泡，同时配合第（3）条所述工程措施。

⑤如果解卡，则及时将解卡剂替出井眼，根据情况选择是回收解卡剂或是放掉，或是混入钻井液中。其中，油基类解卡及对水基钻井液性能影响较大，不建议全部混入井浆。大排量循环洗井后，定出下步施工措施。根据卡钻原因，如果是钻井液性能差引起的，则必须认真处理钻井液；同时有关防卡的工程措施必须执行到位。

⑥如果在浸泡 48h 后仍没有解卡，则应该将解卡剂替出，根据情况选择回收解卡剂或是放掉，大排量循环洗井后，再次按上述程序，注解卡剂浸泡。重复浸泡次数可以放宽到 2 ~ 3 次。在第二次配解卡剂时，可以要求加大渗透剂含量，但最高不能超过 6%，以防严重破坏井壁，造成井壁垮塌。

⑦在处理期间，应该时刻注意判断井下情况，发现问题，及时采取处理措施，防止故障进一步复杂化，增加处理难度。常用的液体解卡剂又分为油基解卡剂 SL-SJK-Ⅰ（SR-301）和水基解卡剂 SL-SJK-Ⅱ，油基解卡剂 SL-SJK-Ⅰ是由原油或柴油与多种表面活性剂（渗透剂和润滑剂）配制而成的，它对水基钻井液所形成泥饼的毛细管压力较大，使泥饼压缩并降低接触，油可沿着泥饼凹凸不平之处渗入，降低泥饼摩擦，从而达到解卡的目的，技术指标见表 7-5-1。

表 7-5-1　SL-SJK-Ⅰ技术指标

项目	指标	
	基液	基液加重后
密度 /（g/cm^3）	0.90	1.10 ~ 1.45
API 滤失量（失油）/mL	≤ 10.0	≤ 10.0
动切力 /Pa	≥ 7.0	≥ 10.0
静切力 /Pa	≥ 5.0/10.0	≥ 8.0/16.0
电稳定性 /V	≥ 430.0	≥ 430.0
提拉力降低率 /%	≥ 25.0	≥ 25.0
扭矩降低率 /%	≥ 45.0	≥ 45.0

水基解卡剂又称 SL-SJK-Ⅱ，是由饱和盐水或卤水与多种表面活性剂（渗透剂和润滑剂）配制而成的，它对水基钻井液所形成泥饼的渗透压较大，使泥饼压缩并降低接触面积，从而使泥饼收缩破裂，从而达到解卡的目的。

二　沉沙卡钻

沉沙卡钻是由于钻井液悬浮性能不好，其中所悬浮的钻屑或重晶石沉淀，埋住井底一段钻具而造成的卡钻。这时若正在钻进，则可能埋住一部分钻具；若正在下钻，则有可能使钻头和一部分钻具压入沉沙中，使水眼被堵死，不能循环钻井液，造成卡钻。沉沙卡钻也可能发生在上部软地层的钻进过程中，由于钻速快，井眼环空岩屑浓度高，且钻井液黏度、切力低及环空返速低等原因，导致井底有大量沉沙。这时如司钻操作不当，接单根时间较长或接好单根后下放速度过快，就可能导致沉沙卡钻。另外，当设备发生故障而突然停泵时，钻屑和重晶石在钻井液悬浮能力较差的情况下迅速沉入井底而导致沉沙卡钻。

1. 沉沙卡钻现象

①卸开钻具后，钻具内倒返钻井液。

②接立柱或单根后开泵，泵压很高甚至憋泵。

③钻具上提遇卡，下放遇阻，不能转动或转动时蹩劲很大。沉沙卡钻示意如图 7–5–2 所示。

2. 预防沉沙卡钻钻井液技术措施

①钻井液保持合适的黏度和切力，以便能有效地携带与悬浮钻屑和重晶石。

②在钻极软的地层时应使用抑制性钻井液、注意控制钻速，防止环空中的钻屑分散过高。

③应设计合理的环空返速，较好地清洗井眼与井底。

④注意操作规范，特别是在软地层时更要注意。

⑤根据泵压与指重表显示有憋泵、上提、下放有遇卡、遇阻情况，及时调整好钻井液流变性或延长循环时间，甚至进行短程起下钻畅通井眼，确保井眼干净，防止沉沙卡钻的发生。

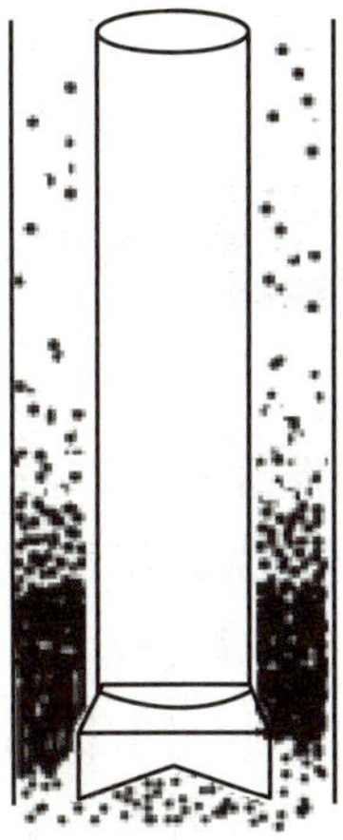
图 7–5–2　沉沙卡钻示意

3. 沉沙卡钻解除措施

一旦发生沉沙卡钻，应尽一切可能把泵开通恢复循环（注意开泵时的排量要小），逐渐慢慢提高泵排量，并提高钻井液的黏度和切力，边循环边活动钻具，以便达到逐步清除沉沙和解卡的目的。切勿大排量、猛开泵，或盲目地猛提、硬压、强转钻具，致使沉沙挤压得更紧，卡得更死，甚至造成井漏或井塌等更为复杂的井下情况。若仍然无法恢复循环，可采取爆炸松扣或倒扣套铣等措施。

三　井塌卡钻

井塌卡钻是指在钻进过程中发生井壁不稳定，大量的坍塌掉块不能清除而造成的卡钻。

1. 井塌卡钻发生的原因

①钻至破碎性地层，钻井液无法抑制和支撑坍塌。

②井壁已经发生坍塌，为处理井塌，在划眼过程中又出现井塌，塌块将钻具卡死。

③钻井过程中发生井漏，液柱压力下降，突然引起上部地层坍塌而造成卡钻。

④钻井过程中发生井喷，井眼中液柱压力下降，引起上部地层坍塌。

⑤上提或下放钻具时速度太快，而抽吸、挤压或钻具对井壁的撞击等原因，突然造成井壁不稳定坍塌而导致卡钻。

⑥钻井施工作业中，若使用的钻井液密度形成的液柱压力低于地层的侧应力，极易造成井壁坍塌憋泵或埋住钻具，导致卡钻。

2. 井塌卡钻的现象

井塌卡钻发生后，会发生钻具既不能上提下放又不能转动，开泵困难、憋泵严重甚至开不通泵等现象。

3. 预防井塌卡钻的根本方法

弄清地层特性，采取有效措施保持井壁稳定，防止突发性井塌的发生。

4. 解除

处理井塌卡钻时，钻头水眼若未被堵死，可采用小排量开泵，建立循环，并同时缓慢活动钻具，逐渐增大排量，逐渐带出坍塌物而解卡。若钻头水眼已被堵死，可采取爆炸松扣或倒扣套铣等措施。

四 键槽卡钻

当井身质量不好或造斜率较高，该井段内井斜角和方位角发生骤然变化，即形成所谓"狗腿子"井眼时，由于经常起下钻或井较深钻具重，起钻时钻具在"狗腿子"的弯曲部位拉或勒出键槽。于是，在起下钻或在钻进过程中，钻头或钻具（主要是钻铤部分）嵌入键槽，导致键槽卡钻。

键槽卡钻不同于其他类型的卡钻，它的卡点是固定的，总在一个小范围井段内。有时在一定程度上钻具能够转动或下放，通过活动钻具有时会有解卡的可能。发生键槽卡钻时，钻井液循环一般正常，泵压也没有明显变化。起下钻时不太顺利，尤其在某一固定井段内起下钻挺或钻头，总有遇阻遇卡现象。

处理这类卡钻，关键是勿将键槽卡钻错误地认定为黏附卡钻。只要能正确地判断，按照钻井工艺消除键槽卡钻的技术措施进行处理，这类卡钻是不难解除的。

五 缩径卡钻

缩径是指已钻过井段的井眼直径小于所使用的钻头直径，即井径缩小的现象。缩径卡钻一般发生在起下钻过程中，是指当钻头起至缩径井段发生遇卡，上提过猛而卡死；或在下钻过程中钻头下至缩径井段遇阻，划眼中措施不当而卡死。

1. 缩径发生的原因

①由于岩盐、含盐膏软泥岩是一种塑性体，当它们被钻开后，若钻井液液柱压力不足以平衡上覆应力和地应力等所产生的侧向应力时，就会发生塑性变形，造成缩径。

②对于浅层或中深井段成岩差含大量蒙脱石的泥岩，当地层被钻开后，蒙脱石吸水膨

胀易造成井径缩小。

③在高压高含水的塑性泥岩中钻进时，若钻井液液柱压力不能平衡此种高压，泥岩就会发生塑性变形，造成缩径。

④在高渗透性沙岩或砾岩中钻进时，若钻井液滤失量过大，不能够在近井壁形成致密的内外滤饼，大量的固相物在井壁形成虚厚的滤饼或环空返速太低，就会形成厚泥饼而造成缩径。

2. 预防缩径卡钻钻井液技术措施

①适当提高钻井液密度，使钻井液液柱压力尽可能平衡上覆应力和地应力等所产生的侧向应力。

②降低钻井液滤失量，提高滤液矿化度，使用抑制性钻井液，抑制黏土水化膨胀。

③在缩径井段划眼扩大井径。

④对于浅层或蒙脱石含量高易发生缩径的井段使用好微偏心扩眼器。

缩径卡钻一旦发生，若是由岩盐层塑性流动所致，可上提、下放、转动钻具，在这一卡钻范围内划眼，然后适当增加钻井液密度或使用抑制性钻井液，使其解卡。

六 掉块卡钻（或落物）

掉块卡钻是指井内掉入较大的岩块（或井口较硬的落物），不能顺利地通过环形空间而在较小井眼处卡住所造成的卡钻。有时即使掉块不大，但因所采用的是满眼钻具，也会发生卡钻；特别是在技术套管内进行施工作业物体掉入井眼时。大多数情况下，掉块是井壁上坍塌的岩石，但也可能是钻头掉牙轮或地面操作不慎而掉落的物体。

预防掉块或落物卡钻的钻井液技术措施：

①钻井过程中使用抑制性防塌钻井液体系，保持井壁稳定。

②钻井液密度所形成的液注压力略高于井壁坍塌应力，确保井壁稳定。

③地面按照规程操作，防止落物。

七 泥包卡钻

钻头、钻具泥包卡钻是在上提钻具的过程中，钻头或钻具尤其是螺杆钻具和钻铤泥包而遇卡所造成的卡钻。钻头、钻具泥包是在易吸水膨胀的泥岩地层中钻进时，由于环空返速太低，钻井液黏度高、切力大、滤失量大，吸水膨胀的泥岩岩屑包在钻头或钻具上，上提钻具时越黏越多，越提越紧，导致卡钻。

此类卡钻一旦发生，不应强行上提钻具，而应停止起钻作业，使钻具下至一安全井段，慢慢开泵循环，并调整钻井液性能降低黏度、切力，配合适当活动和转动钻具，解除泥包后再行起钻。当循环效果不明显时，可进一步降低钻井液的黏度和切力，增大排量冲洗钻头钻具。

预防泥包卡钻钻井液技术措施：

在钻进软地层前，应选用抑制性钻井液（如：氯化钙、饱和盐水、钾基、低固相聚合物等钻井液体系），尽量不用或少用分散性钻井液体系或分散剂，确保钻井液低黏、低切良好的流变性。可起到防止钻头、钻具泥包和抑制泥岩地层水化分散的双重作用，就会减少和避免这类卡钻。

思考题

1. 井壁不稳定的显示有哪些？有哪些危害？井壁不稳定的原因是什么？

2. 简述井塌的预防措施以及井塌的处理措施。

3. 在哪些井段会出现划眼？强造浆地层引起下钻遇阻划眼时，钻井液应如何进行调整处理？井壁坍塌引起下钻遇阻划眼时，钻井液应如何进行调整处理？

扫一扫
获取更多资源

4. 沉沙引起下钻遇阻划眼时，钻井液应如何进行调整处理？虚厚泥饼引起下钻划眼时，钻井液应如何进行调整处理？井塌井段引起电测遇阻时，钻井液应如何进行调整处理？

5. 井漏发生的原因有哪些？分为哪几种类型？

6. 井漏的预防措施有哪些？井漏的处理方法有哪些？喷漏共存的压井堵漏技术现场施工要点是什么？

7. 溢流发生的原因有哪些？压井液配置技术要求是什么？

8. 卡钻有哪几种类型？

9. 发生黏附卡钻的原因有哪些？影响黏附卡钻的因素有哪些？解除方法是什么？

10. 简述解卡剂的使用方法。

11. 沉沙卡钻有哪些现象？预防沉沙卡钻的措施有哪些？解除方法是什么？

12. 简述井塌卡钻的原因、现象及解除方法。

第八章

钻井液固相控制

PART 8

所谓钻井液固相控制，是指在保存钻井液中适量有用固相的前提下，尽可能地清除钻井液中无用固相。通常将钻井液固相控制简称为固控。钻井液固相控制是钻井液性能调整中一项非常重要的技术措施。钻井液固相控制的目的是在保证黏土、加重剂、封堵剂有效含量的同时，尽可能地减少地层中钻屑、颗粒和黏土等有害固相的含量。本章将具体介绍钻井液固相含量的控制方法及使用到的一些重要仪器设备。

第一节　钻井液固相分析

钻井液固相控制的第一步是了解掌握现场钻井液中固相成分的变化情况。通过对钻井液固相的分析，有的放矢地进行性能调整。

一　钻井液固相的类型

1. 按固相密度分类

可分为高密度固相和低密度固相两种类型；前者主要指密度为 4.2g/cm^3 的重晶石，还有铁矿粉、方铅矿等其他加重材料；后者主要指膨润土和钻屑，还包括一些不溶性的处理剂，一般认为这部分固相的平均密度为 2.6g/cm^3。

2. 按固相性质分类

可分为活性固相和惰性固相。

①活性固相。凡是容易发生水化作用或与液相中其他组分发生反应的均称为活性固相，反之则称为惰性固相。活性固相包括黏土和以黏土为主要成分的岩屑，它们的物理化学性质受水中的离子和钻井液处理剂的影响，并在水中分散。

②惰性固相。这些固相在水中不水化分散，一般不受其他因素的影响，如沙岩、石灰岩、长石、重晶石以及造浆率极低的黏土等。除重晶石外，其余的惰性固相均被认为是有害固相，即固控过程中需清除的物质。

3. 按固相作用分类

可分为有用固相和劣质固相。

①有用固相。是指维持和调节钻井液性能所必需的固相。如膨润土、重晶石和一些固相处理剂。

②劣质固相。是指除有用固相的其他固相，如钻屑、劣质土和沙粒等。

4. 按固相粒度分类

按照 API 制订的标准，钻井液中的固相可按其粒度大小分为三大类。

①黏土（或称胶粒）。粒径＜ 2μm。

②泥。粒径为 2 ~ 73μm。

③沙（或称 API 沙）。粒径＞ 74μm。

一般情况下，非加重钻井液中粒径大于 2000μm 的粗沙粒和粒径小于 2μm 的胶粒在钻井液中所占的比例都不大。如果以 74μm（相当于通过 200 目筛网）为界，大于 74μm 只占 3.7% ~ 25.9%，表明大多数是小于 74μm 的颗粒。

二 固相含量高的危害

①降低机械钻速，缩短钻头使用寿命。

②造成钻井液性能不稳定，黏度、切力升高，流动性不好，易发生黏土侵和化学污染。

③首先，使滤饼增厚，且质地松散、摩擦系数高，导致起下钻遇阻遇卡，易引起黏附卡钻；其次，滤失量增大，可造成井壁膨胀、缩径、剥落、坍塌等；再次，滤饼渗透性大，滤失量大，可降低油层渗透率和原油生产能力；最后，固相高，滤饼厚，影响固井质量。

④钻井液处理频繁，使钻井液成本升高。

⑤沙样混杂，录井、测井资料不准确，电测不顺利。

⑥堵塞油气通道，损害油气层：钻井液压力大于地层压力时，钻井液向地层渗透，小于地层油气通道的的固相随之深入，形成堵塞，污染油层。

⑦缩短机械设备寿命：增大磨损，钻头消耗增加，泥浆泵易损件消耗增加。

⑧诱发井下复杂，固相含量高会导致：密度升高——压漏地层；黏切升高——钻头易泥包，起钻拔活塞，诱发井喷、下钻引起压力激动，引起井漏；泥饼变松、变厚——失水大，导致井壁塌；井眼变小，易卡钻；引发压差卡钻；泥饼摩擦系数大——扭矩增加，动力消耗大，钻具故障多、寿命短。

三 固相含量对钻速的影响

人们通过大量的研究工作，总结出钻井液固相含量对钻速的影响有以下规律：

①钻速随固相含量的升高而下降。设清水时钻速为 100%，则固相含量升至 7%，钻速下降为 50%，即降为清水时钻速的一半。大量的统计资料表明，固相含量在 7% 以内，每降低 1%，钻速至少可以提高 10%。

②在不同的固相含量范围内，钻速随固相含量的降低而升高的幅度不同。钻井液固相含量在 7%（相当于密度为 $1.08g/cm^3$）以下时，钻速提高得很快；而超过 7% 时，降低固相含量对提高钻速的效果不明显。

③钻井液中粒径小于 1μm 的胶体颗粒对钻速的影响最大，由实验得出，粒径小于 1μm 的胶体颗粒比粒径大于 1μm 的粗颗粒对钻速的影响大 12 倍。所以，钻井液中粒径小于

1μm 的胶体颗粒越多，钻速下降的幅度越大。

由钻井液固相含量对钻速的影响分析，可以得出以下结论：

①为了有效地提高钻速，必须使钻井液的固相含量降至 7% 以下。

②为了提高钻速，仅保持低固相含量是不够的，还必须最大限度地降低钻井液中胶体颗粒的含量，即应用不分散低固相钻井液。

四 保持钻井液低固相及低胶体含量的途径

钻井过程中进入钻井液的岩屑大部分是有害固相，若这些岩屑不能及时清除，其中的泥页岩和黏土不断地分散成更小的颗粒，使钻井液总固相含量和低胶体含量升高。故要保持钻井液低固相含量和低胶体含量，必须解决以下问题：

①使钻头破碎的岩屑和黏土在从井底带出地面的过程中不水化分散。

②使岩屑尽快从井底返至地面，并迅速从钻井液中除去。

③使钻井液中保持适当数量的胶体颗粒。

第二节 固相控制

所谓钻井液固相控制的方法包括物理方法和化学方法，本节将介绍固相控制的意义和一些常规的现场工艺措施。

一 固相控制的意义

钻井液中的固相颗粒对钻井液的密度、黏度和切力有着明显的影响，而这些性能与钻井液的水力参数、钻井速度、钻井成本和井下情况有直接的关系。钻井液中固相含量高可导致形成厚的滤饼，容易引起压差卡钻；形成滤饼的渗透率高，滤失量大，造成储层损害和井眼不稳定；造成钻头及钻柱的严重磨损；尤其是造成机械钻速降低。如果固控设备发生故障，应立即停止钻进，直到固控设备修好后再重新钻进。

①清除有害固相。及时清除钻井液中的岩屑、沙粒和劣质黏土。

②保存有用固相。使钻井液中膨润土和重晶石含量维持在所要求的范围内。

③从钻井液中分离膨润土和重晶石。

钻井液固相控制是实现优化钻井的重要手段之一。正确、有效地进行固控可以降低钻井扭矩和摩阻、减小环空抽吸的压力波动、降低压差卡钻的可能性、提高钻井速度、延长钻头寿命、减轻设备磨损、改善下套管条件、增强井壁稳定性、保护油气层，以及降低钻井液费用，从而为科学钻井提供必要的条件。

二 固相含量控制方法

1. 大池子沉淀

这种方法先前现场使用较为普遍。井队的钻井液大循环池就基于此目的。利用固相与液相密度差，在重力的作用下使钻屑从钻井液中沉淀下来，从而分离。目前，由于现场环保的需求，取消了地面钻井液大循环池，此方法就成为过去控制固相含量的一种方法。

2. 清水稀释

当钻井液黏度、切力较高时，可加清水稀释钻井液。当水加入钻井液后，钻井液体积变大，固相体积含量随之减少。然而清水的加入会使钻井液的性能改变。为了保持原来钻井液的性能不变，必须加入适量的处理剂；同时要放掉（或储存）大量钻井液，导致钻井液成本增加。这种方法既浪费，又不安全，应谨慎使用。

3. 替换部分钻井液

用清水或固相含量低的钻井液替换出一定体积的固相含量较高的钻井液，从而达到降低钻井液固相含量的目的。与清水稀释法相比，替换法可以减少清水和处理剂用量，对原有钻井液性能影响也较小。

4. 利用机械设备清除固相

通常用于钻井液固相分离的设备有振动筛、旋流分离器和离心机三大类。

机械设备清除固相不增加钻井液体积，不必补加大量处理剂，故有利于降低钻井液成本。同时对钻井液的性能影响小，有利于井下正常钻进。此法是上述诸方法中最好的。

5. 化学絮凝法

在钻井液中加入具有选择性的聚合物絮凝剂，使钻井液中的钻屑、沙子和劣质黏土等无用固相不水化分散，絮凝成较大的颗粒沉降在循环罐中。该法与机械设备配合使用，效果更佳。

根据聚合物絮凝剂与钻井液中固相作用的情况，分为下列两种：

①全絮凝剂。聚合物能使钻井液中所有的固相（包括膨润土、钻屑等）都发生絮凝沉淀，这种聚合物称全絮凝剂，如聚丙烯酰胺就属此种类型。

②选择性絮凝剂。只絮凝钻屑和劣质土，而不絮凝膨润土的聚合物絮凝剂，如合适水解度的部分水解聚丙烯酰胺。

第三节 固相控制设备使用

随着石油勘探开发工作的发展，钻井深度不断增加，钻遇地层日益复杂，特别是国内外新型钻井技术的发展（如深井、超深井、水平井、欠平衡钻井技术等），对钻井液净化与固相控制提出了更严格的要求。目前，国内外钻井队普遍配备由振动筛、除砂器、除泥器

（旋流分离器）、离心机等组成的三级或四级钻井液固相控制设备。

一 振动筛

1. 结构与工作原理

振动筛是一种过滤性的机械分离设备。井内返出的钻井液首先通过振动筛，然后进入其他的固控设备。振动筛具有最先、最快分离钻井液固相的特点，担负着清除大量钻屑的任务。如果振动筛发生故障，其他固控设备（除砂器、除泥器、离心机等）都会因超载而不能正常、连续地工作。因此，它是钻井液固控的关键设备。

振动筛利用高频振动作用将流经筛布上的钻井液进行固相分离，即颗粒直径大于筛孔的固相颗粒通不过筛孔而从筛布上往前移动，而小于筛孔直径的固相颗粒连同钻井液通过筛布而流入钻井液槽。

振动筛的筛布有多种孔眼型号，应根据返出钻井液中岩屑及固相的尺寸、各种尺寸固相的百分含量来选择合适目数（在泰勒标准筛中，网目就是 2.54cm 即 1in 长度中的筛孔数目，孔眼数目 / 寸，简称为目）的筛布。一般振动筛使用 40 ~ 200 目的筛布，振动筛主要是清除 74μm 以上的岩屑和沙粒（见图 8–3–1）。

目前常用有直线振动筛见图（见图 8–3–2）和椭圆振动筛（见图 8–3–3）两种。所谓“直线”“椭圆”是指其二维振动的轨迹曲线。

图 8–3–1　振动筛

图 8–3–2　直线振动筛

图 8–3–3　椭圆振动筛

2. 使用注意事项

①钻进时必须坚持使用振动筛。

②筛网的目数要合适。

③筛网要绷紧，注意及时检查和更换，采用转筒式装置时要及时转动。

3. 使用前的操作检查

①卸掉每个筛箱四个弹簧座上固定筛箱的螺栓并保管好以便搬家时再用，其作用在于防止启动后筛箱与底座同时产生剧烈振动；检查并使筛箱平衡。

②检查地线，按电动机铭牌要求接通电源。

③查看筛孔尺寸及筛网绷紧程度是否符合要求。

④启动电动机，查看电动机转向，应使筛网上的泥沙向前运动，电动机转向正确。

⑤正式使用先试运转，再用二次启动法按防爆开关上的绿色按钮，启动电动机，试运转 10min 左右，观察有无异常声音和故障，发现异常声音立即停筛，确定无误后，再投入使用。

4. 振动筛使用与维护

①正常情况下应选择尽可能细的筛网以利于清除尽可能多的无用固相，特别是活性固相。但应注意要根据其相应处理能力、筛网寿命（细筛网更易损坏）、是否除去人为添加的材料（如堵漏材料、加重材料等）等综合考虑做出选择。若钻井液对筛网的覆盖面积为 75% ~ 80%，则振动筛的目数与所钻地层匹配。若钻井液覆盖面积为 35% 左右，则筛网过于稀疏应选细目数的筛网。若钻井液覆盖面积在 95% 以上，则筛网目数太细，应选粗目数的筛网。

②筛网拉坏是由于螺栓的松动，造成筛网松弛发生摆动，通常会断裂或沿边缘方向损坏。更换筛网时，应将两侧拉紧螺栓反复拧紧 2 ~ 3 遍，振动筛工作 3 ~ 5min 后，应停机最后拧紧（具体根据振动筛类型紧固）。经常检查表面有无破损、开裂，筛网衬板有无断裂。根据筛网表面清洁情况冲洗筛网表面，保证过滤顺畅。当小排量钻井时，可考虑两台振动筛交替使用，以延长设备使用寿命。

③应定期检查各部位固定螺栓有无松动，液压式手动油泵及液压油缸工作是否正常，液压软管有无泄漏。中途停用时，应及时用水冲洗，并用毛刷清洗筛网杂物；完钻后彻底冲洗振动筛。

④起钻时应关闭振动筛电源，采用钻井液短路操作法，使钻井液不能进入振动筛，并清洗筛网。为保证钻井液清洁，下钻时根据要求停或开一部振动筛。清理积屑和泥饼时切忌使用尖锐硬物以免损坏筛网。

⑤经常检查振动筛上所有的螺母、螺栓是否连接可靠。尤其是电动机固定螺栓和筛网固定螺栓是否有松动现象，并保证筛网螺栓上紧时用力均匀，要适当拉紧筛网。

⑥激振器运行 1000 ~ 1500h 后，需补充润滑脂（加 4 号二硫化钼锂基润滑脂），补充时必须断电停机，用高压油枪从油杯中注入润滑脂，每次补充 60 ~ 100g。应定期检查固定螺栓有无松动、损坏，工作时有无异响或特殊噪声，外表防腐涂层有无碰撞脱落，外壳有无裂痕，工作时是否过热。

⑦若从井底返出的钻井液中的固相较多、含有泥土或钻屑较大时，导致振动筛处跑浆，应增大筛箱向上的倾角，或调整筛布目数，减少跑浆。

调节筛箱倾角，步骤如下（调节倾角前不必关闭振动筛）：

a. 从调节板上同时卸掉两侧插销。

b. 用一侧的手轮调节筛箱角度，另一侧与之协调。

c. 当调至所需要的筛箱角度时，重新插好插销，且确保它们插入适当，两侧都在同一位置。

⑧定期检查橡胶、弹簧有无老化、开裂，各部位螺栓有无松动，筛网拉紧螺栓有无松动及损坏，PVC 衬板及橡胶条有无开裂，各部位焊缝有无开裂，防腐涂层有无脱落。

此外，应注意保持控制箱、液压元件及各部位清洁。定期检查地脚螺栓是否拧紧，外露紧固螺栓是否紧固。每班对电动机的电流、电压、表面温度、轴承声音进行监视。

5. 操作步骤

①首先检查振动筛筛面是否完整，固定是否良好，每班检查一次；检查振动电机螺栓是否紧固。

②开机。振动筛开机前去掉筛箱的固定装置，再启动电源。拆下的部件妥善保管，以便搬家时再用。使用过程中观察有无异常噪声、温度和运转是否正常。振动筛在钻井液进入循环系统之前去除了大部分钻屑，提高下游固控设备的净化性能。在钻井的全过程中都应使用振动筛，把好第一道关。

③调整。振动筛处理量的因素包括自身的运动参数、钻井液的类型及固相的粒度分布等。使用时，应注意调整筛箱倾角，使钻井液覆盖筛面总长度达 75%～80%。

④停用。停止使用前，先用清水或水蒸气把筛面、筛槽冲洗干净。禁止使用铁铲等锐利金属物清理堆积物，以免刮坏筛网。清洗完毕空载运转 1～2min，方可关闭电源。

6. 技术要求

①使用前必须认真检查，确保设备处于完好状态，能够正常使用。

②严格按照设备操作规程使用操作设备。

③冬季生产设备必须采取有效的防冻预防措施。

④设备停止使用必须清理干净，以便下次使用能够正常运转。

⑤振动筛是一种过滤性的机械分离设备，它通过机械振动将粒径大于网孔的固体和通过颗粒间的黏附作用将部分粒径小于网孔的固体筛离出来。

⑥从井口返出的钻井液流经振动着的筛网表面时，固相从筛网尾部排出，含有粒径小于网孔固相的钻井液透过筛网流入循环系统，从而起到对较粗固相颗粒的分离作用。

二 旋流器

1. 结构与工作原理

旋流分离器是一个尖顶朝下的圆锥形漏斗。锥角一般为 15°～20° ，上部有圆柱形部分与圆相连。上方圆柱体圆心处有一垂直的短管，称为溢流管，处理过的钻井液由此排出。圆锥体一侧有进液排沙孔，它沿切线方向与旋流器相连。漏斗底部的锥尖为排沙孔，分离出的钻屑由此排出，排出的泥沙液流叫底流，排沙孔直径可以调节。中间的空腔叫液腔，内壁衬以耐磨橡胶或其他耐磨材料，旋流分离器的结构见图 8-3-4、工作示意图见图 8-3-5。

旋流器装置是用来清除钻井液中较小一点的固相颗粒的设备，可分为除砂器（见图 8-3-6）、除泥器（见图 8-3-7）两种，是继振动筛之后的第二级和第三级固控设备，除砂器装置和除泥器装置的工作原理是相同的，组成装置的设备也是相同的。通常由旋流器、总进液管（沙泵排出管）、分流管、溢流管、总出液管、沙泵、沙泵进液管、防爆电动机

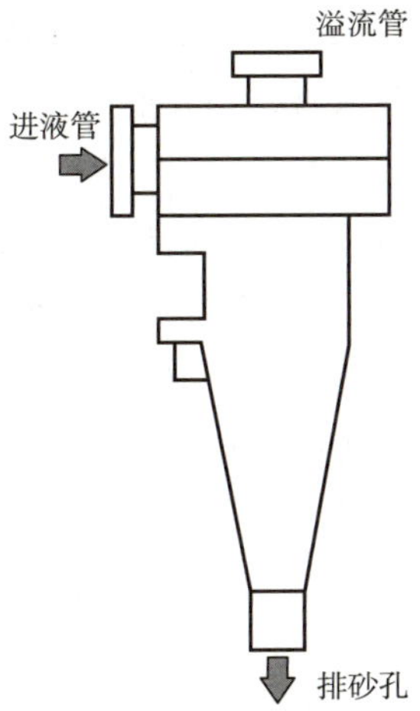

图 8–3–4　旋流器示意

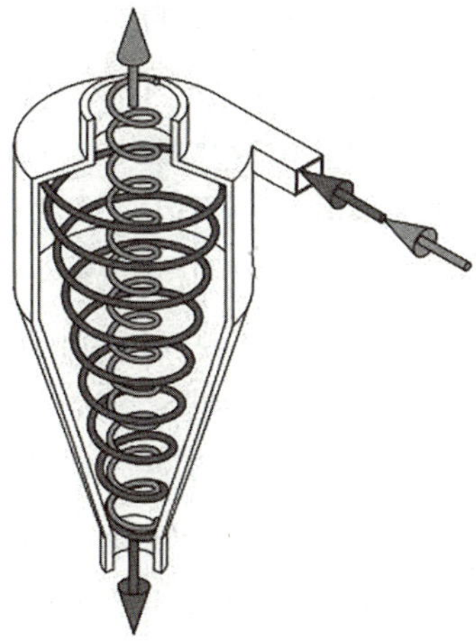

图 8–3–5　旋流器工作示意

图 8–3–6　除砂器

图 8–3–7　除泥器

及钻井液罐等设备组成。在旋流器底流口加装一种小型超细网目振动筛就构成了钻井液清洁器。

2. 分类与技术性能

旋流器的分离能力与旋流器的尺寸有关，直径越小，分离的颗粒也越小。表 8–3–1 列出了各种尺寸的旋流器可分离的固相颗粒直径范围。

表 8-3-1　各种尺寸的旋流器可分离的固相颗粒直径范围

旋流器直径 / mm	50	75	100	150	200
可分离的固相颗粒直径 /μm	4 ~ 10	7 ~ 30	10 ~ 40	15 ~ 52	32 ~ 64

为了定量表示旋流器分离固相的能力，引入分离点这个概念；如果某一尺寸的颗粒在流经旋流器之后有 50% 从底流口被清除，其余 50% 从溢流口排出后又回到钻井液循环系统，那么，该尺寸就称作这种旋流器的 50% 分离点，简称分离点（Cut Point）。各种尺寸的旋流器在正常情况下的分离点见表 8–3–2。

表 8-3-2　旋流器的分离点

旋流器直径 /mm	300	150	100	75
分离点 /μm	65 ~ 70	30 ~ 34	16 ~ 18	11 ~ 13

现场使用表明，某一尺寸的旋流器，其分离点并不是一个常数，而是随着钻井液的黏度、固相含量以及输入压力等因素的变化而变化。一般来讲，钻井液的黏度和固相含量越低，输入压力越高，则分离点越低，分离效果越好。

旋流分离器在离心力的作用下，将较粗的颗粒从钻井液中分离出来。根据清除固相颗粒尺寸不同，旋流分离器又分为除砂器、除泥器和微型旋流分离器（清洁器）三种。

①除砂器。用来分离直径在74μm以上（也可以分离少部分40～74μm）的固相颗粒。处于正常工作状态时，它能够清除大约95%大于74μm的钻屑和大约50%大于30μm的钻屑。为提高使用效果，在选择其型号时，对钻井液的许可处理量应该是钻井时最大排量的1.25倍。通常将直径为150～300mm的旋流器称为除砂器。在输入压力为0.2 MPa时，各种型号的除砂器处理钻井液的能力为20～120m^3/h。

②除泥器。分离10～74μm的固相颗粒（大部分在20～40μm）。通常将直径为100～150mm的旋流器称为除泥器。在输入压力为0.2MPa时，其处理能力不应低于10～15m^3/h。正常工作状态下的除泥器可清除约95%大于40μm的钻屑和约50%大于15μm的钻屑。除泥器的许可处理量，应为钻井时最大排量的1.25～1.5倍。

③清洁器。分离5～10μm的固相颗粒，可从钻井液中分离出膨润土。是一组旋流器和一台细目振动筛的组合。上部为旋流器，下部为细目振动筛；钻井液清洁器处理钻井液的过程分为两步：第一步是旋流器将钻井液分离成低密度的溢流和高密度的底流，其中溢流返回钻井液循环系统，底流落在细目振动筛上；第二步是细目振动筛将高密度的底流分离成两部分，一部分是重晶石和其他小于网孔的颗粒透过筛网，另一部分是大于网孔的颗粒从筛网上被排出。所选筛网一般在200～325目，通常多使用300目。

3. 使用注意事项

①应按固相颗粒的尺寸范围确定旋流器的尺寸，然后按处理量确定其数量。处理量可按泵排量计算，一般为泵排量的1.5倍左右。

②钻井液进口压力应保持在规定范围内，使处理前后钻井液密度差大于0.02g/cm^3，底流密度大于1.70g/cm^3。

③进入除砂器的钻井液必须是经振动筛处理的钻井液，同理，进入除泥器的钻井液必须是经振动筛、除砂器处理的钻井液。

④加重钻井液（含有重晶石）必须保证振动筛和除砂器处理，间歇开启离心机，具备条件的应配备重晶石回收系统以降低低密度有害固相含量。

⑤清洁器与除砂器、除泥器不同，它用于分离钻井液中的膨润土，可将其中95%的膨润土分离出来，以便回收重复使用，使用时要将回收的钻井液加水稀释。

4. 旋流分离器使用与维护

旋流器的工作点的调试，实质就是指通过对旋流器工作压力或底流口大小的调节来达到除沙除泥的最佳效果。其调节方式和作用主要有如下内容：

①旋流器工作压力的调节。就是调节水力旋流器的进口与出口之间的压差，可通过调节沙泵的工作性能参数来实现。

②旋流器底流口大小的调节。由于水力旋流器的工艺设计有“平衡”和“淹没底流孔”设计法两种，故其底流口大小的调节也有所不同。

③使用与操作事项。a. 启动前应检查旋流器、振动筛、管路连接部位有无松动，如有异常响声或故障应及时排除，激振电机激振力调节两端必须一致。确认正常后方可使用。b. 筛箱运动轨迹调整，如果为反向运转，调整电源线的接线一次，即可解决。c. 清洁器的正常进浆压力为 0.2MPa，应根据钻井液的黏度、密度、含砂量等具体情况将底流口调节到合适排量。d. 随时注意钻井液在筛面上的运移情况，如有堆沙、黏堵等情况应用及时用清水冲洗，不可使用铁锹等坚硬器物清除，以免造成筛网的非正常损坏。e. 更换筛网时，应切断电源，松开筛箱一侧或两侧的钩板张紧螺栓，从筛箱的前端抽出筛网，然后将新筛网从筛箱前端送入，用钩板钩住，上紧钩板张紧螺栓即可。

5. 故障分析排除

（1）旋流器常见故障及原因分析与排除方法

旋流器常见故障及原因分析与排除方法见表 8–3–3。

表 8-3-3　旋流器常见故障与其原因分析与排除方法

常见故障	原因分析	排除方法
旋流器的底流形状像张开的衣裙排出或呈柱状排出，跑浆	①旋流器进液压力不足 ②进液口堵塞或阀门未全开 ③泵磨损严重等	①提高供液泵的转速至不小于 1250r/min ②清除进液口堵塞物；将进液阀门全开 ③修泵或更换新泵
旋流器的底流为粗固相液流，呈绳状排出	①钻速快，钻屑浓度过高 ②钻井液固相含量过高 ③底流口调得太小 ④旋流器处理量偏小	①用好上一级固控设备 ②优化钻井液性能 ③开大底流口，直至底流呈喷雾状排出 ④增加旋流器或更换较大的旋流器
部分旋流器底流跑浆而其他的旋流器工作正常	①部分旋流器的进液口被堵塞，而使进液压力不足 ②锥筒内壁磨损严重	①清除进液口堵塞物，恢复进液压力 ②更换锥筒
部分旋流器无底流排出而其他的正常	部分旋流器的进液口被堵死或底流口被堵死	清除堵塞物
无底流排出，底流口又没有堵塞，压力也正常	钻井液中没有旋流器可除掉的固相	不需处理
旋流器底流口解堵后马上又发生堵塞	底流口调得太小	开大底流口直至底流呈喷雾状排出
旋流器底流中钻井液损失量大，呈喷雾状排出	钻速低产生的钻屑细，其表面积大，携带着大量的液体从底流口排出	用清洁器的细目筛回收钻井液

（2）沙泵发生故障及排除方法

沙泵常见故障及其原因分析与排除方法见表 8–3–4。

表 8-3-4 沙泵常见故障及其原因分析与排除方法

常见故障	原因分析	排除方法
轴功率过大	钻井液比重过大或泵件磨擦	降低钻井液比重；更换泵壳或叶轮，消除磨擦
扬程低	泵壳、叶轮磨损严重	更换泵壳、叶轮
轴承过热	润滑油过少、过多或有杂质；轴承损坏	增减油量，使油面位于油标尺两刻度线之间或更换新油；更换轴承
泵剧烈振动	叶轮磨损严重失去平衡；轴承损坏或泵内产生汽蚀	更换叶轮或轴承；增大吸入压力
运行时轴封泄漏	副叶轮与减压盖间隙过大	调小间隙
停泵时轴封泄漏	填料过松	适当压紧填料

6. 旋流器现场操作

①检查。检查除沙泵、供浆管汇及阀门是否处于正确状态，除沙泵电机的转向应器应与其护罩上的箭头方向一致。除砂器溢流管出口不能伸进液面，防止停机时钻井液倒流产生“虹吸”。

②使用。除砂器作为第二级固控设备使用，通常安装在振动筛和除气器之后；除泥器作为第三级固控设备安装在除砂器之后。使用除砂器前应使进入除砂器的钻井液经过振动筛处理，再进入除砂器；进入除泥器的钻井液需经过除砂器处理过。使用时先开启除砂器（除泥器）底部振动筛，再开供液泵。

③观察。观察压力表数据，正常工作压力应为 0.2 ~ 0.3MPa。

④调节。目前用于钻井液固控的旋流器多为平衡式旋流器。如果这种旋流器的底流口尺寸调节适当，那么在给旋流器输入纯液体时，液体将全部从溢流口排出；当输入含有可分离固相的液体时，固体将从底流口排出，每个排出的固体颗粒表面都黏附着一层液膜。此时的底流口大小称为该旋流器的平衡点。根据底流口大、小，更换不同口径的底流口。

⑤停用。先停供液泵，再停旋流器底部振动筛，最后清除底流口的沉沙，清洗振动筛筛布。

三 离心分离机

1. 结构与工作原理

由一个以 1500 ~ 3500r/min 的速度旋转的外转筒和一个带有螺旋推进器的以 80:1 的差速与外筒同方向旋转的内转筒组成（见图 8-3-8）。内外筒间隙约为 0.65mm。钻井液从内转筒一端的引出管进入内转筒，在高转速下产生的离心力把钻井液中较重的和较粗的固相颗粒通过内转筒上的孔甩到外转筒的内壁，被螺旋叶片推到外转筒另一端的排料孔排出，而净化了的钻井液从外转筒另一端的排液口排出。离心分离机可分离 2 ~ 5μm 以上的颗粒。

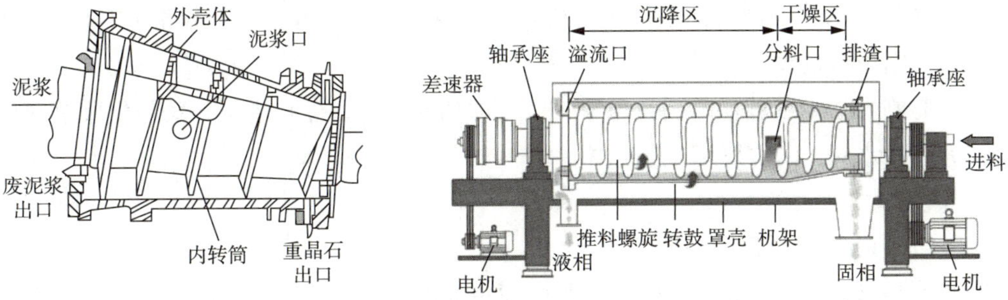

图 8-3-8　离心分离机工作原理示意

2. 使用注意事项

离心分离机的转数可以在 1500 ~ 3500r/min 内调整。低转速时以分离重晶石为主，高转速时可以分离相对多的膨润土，也可以分离较多的重晶石。

①冬季使用前，人工盘动皮带轮，看是否冻结有卡阻现象，若冻结则用蒸汽或其他方法加热，直到转动数圈无卡阻现象转动自如为止。

②在运转过程中不允许打开滚筒护罩和皮带护罩。

③进入的钻井液流量不得超过离心机处理能力，否则容易引起过载，安全销会被切断。

④如果钻井液黏度过高，应适当加大稀释水流量、降低黏度，加快固相沉降速度，提高离心机的处理能力。

⑤电动机严禁缺相运转。

3. 离心分离机使用与维护

（1）操作使用

①开机前的准备工作。启用新的或停运已久的离心机，首先应认真检查各部件。

a. 检查各部位的紧固件应无松动、旋转件周围应无影响运转的物体。

b. 检查各润滑部位的润滑情况（新机出厂前已加足），轴承座油量、差速器和耦合器的油量是否达到规定要求。

c. 检查三角带松紧程度。用手转动主电机带轮，要求转动滚筒 3 圈，手感无卡阻现象，无任何异常声音，三角带松紧适宜。

d. 停机已久的离心机启动前先开启清水阀，清洗滚筒和输送器，确认无卡阻现象方可开机。

②开机运转。

a. 合上电源开关，先按动副电机启动按钮，待副电机运行后，转动无异常杂音，20s 后按动主电机启动按钮，主电机开始运行，检查两电机转向是否正确，否则予以调整。

b. 待空转 10 ~ 15min 后，确认离心机已正常运行时，开启供浆泵，供浆泵控制阀门由小到大开启逐渐增大供浆量，至合适为止。

c. 黏度是影响离心机分离能力的重要因素之一，加水稀释可以加快固相的沉降速度，在钻井液黏度较高时打开稀释水阀进行稀释，稀释水量一般为 15 ~ 20L/min。但应控制加水量，防止对钻井液性能造成较大影响。

d. 运转正常后，立即对离心机进行检查，如发现局部升温、声音异常或管路漏浆时，迅速查明原因予以整改。

e. 如有剧烈振动或其他不正常现象，应立即切断电源，停止进浆，关闭供浆泵或供浆阀门，开启清水阀，清洗滚筒或输送器。

③停机。

a. 关闭供浆泵，打开清水阀。

b. 离心机运转 10 ~ 15min，确认滚筒内残渣冲洗干净，有清水流出时，方可关闭供水阀，按主电机停止按钮，30s 后副电机自动切断电源，停止运转。

（2）维护保养

①操作人员应严格遵守操作规程，在使用前必须详细了解离心机的结构、性能、操作技术要求等。

②操作者应经常检查电机的电流，主轴承的温度，停机后检查三角带的松紧程度和差速器的温度，差速器和耦合器的油位。

③主轴承和输送器轴承的润滑。采用 2 号锂基润滑脂，运行 100h 必须加注一次，主轴承的注油孔在轴承座上，输送器的注油孔在滚筒的大小端法兰轴上。

④差速器的润滑。采用 15 号或 18 号双曲线齿轮油，新差速器的磨合期为 150h，到时必须更换齿轮油，以后每运行 500h 更换一次，更换前首先将油放尽。其次加入 4kg 柴油，拧上油塞，用手旋转差速器数圈后放掉柴油，这样反复冲洗 2 ~ 3 次。最后加入齿轮油，加油量每次 3L，加油时必须经过 80 ~ 100 目的滤网过滤，加油孔转到水平位置油能溢出则表示油已加足，反之则不够。

⑤耦合器工作油。采用 20 号或 30 号透平油，运转 3000h 左右，对工作油进行老化检查，或更换油一次。

⑥转动零部件在拆装时应绝对注意对准记号、装配的平面和接触面应光洁、无毛刺，更不得有异物。以保持其动平衡精度。

⑦拆装轴承时不得用金属棒用力敲打，以免影响轴承精度或损坏轴承，拆装密封圈时必须特别小心，不得碰伤密封面。

⑧ 应经常检查电气部分的连接线柱处的螺钉是否松动，以防接触不良而损坏电器。

4. 故障分析排除

离心机常见故障及其原因分析与排除方法见表 8–3–5。

为达到有效的固相控制，必须将上述固相控制设备成套安装、成套使用，才能达到理想的固相控制的目的。其安装顺序遵循先清除大颗粒，再清除小颗粒的原则，即按振动筛—除砂器—除泥器—离心分离机—微型旋流器的顺序布置，如果只使用其中的部分设备，则达不到好的固相控制效果。如只使用振动筛和除砂器，则只能分离 74μm 以上的粗颗粒。如果不使用振动筛和除砂器。直接使用除泥器、离心机和微型旋流器，这些设备会被粗颗粒堵死，不能正常工作。

表 8-3-5　离心机常见故障及其原因分析与排除方法

常见故障	原因分析	排除方法
离心机振动	①滚筒内的固相没有清洗干净，使离心机运转不平衡 ②减振块老化失效	①彻底冲洗滚筒内腔，排净残余固相颗粒 ②更换新的减振块
底流口无固相排出	由于进浆量过大，使机内固相颗粒积累过多而超载，从而使行星齿轮差速器输入轴上的安全销被剪断或离合器脱开，螺旋输送器输送固相的转速变为零	清除滚筒内的固相颗粒，调整进浆量，更换上相同规格的安全销，重新安装好离合器
耦合器的易熔塞熔化	①进浆量过大，造成滚筒内固相颗粒积累过多，使耦合器过载 ②底流斜槽中固相流动太慢，堵塞了滚筒小端上的底流喷嘴引起过载 ③耦合器内油量过多或用油不合格	①调整进浆量，清除滚筒内积累的固相颗粒 ②冲洗底流喷嘴，增加底流斜槽的倾斜度或在斜槽上端加稀释水 ③检查耦合器内的油位，更换不合格的工作油
安全销剪断，离合器脱开，行程开关动作	过载	消除上述各种过载原因
从底流口排出钻井液	①供液泵与离心机不匹配，供液量大于处理量 ②滚筒内液圈厚度过大，使液面逼近乃至淹没了喷嘴 ③进液管插入深度过浅	①选择与离心机处理量相匹配的供液泵 ②调节溢流挡板，适当减少遮盖面积，从而减少滚筒内液圈厚度 ③适当增加进液管插入深度

注：离心机是昂贵的固控设备，必须由经过培训的人员操作使用和维护保养。

第四节　辅助设备

除了振动筛、旋流器和离心机外，与钻井液固相控制相关的辅助设备还包括循环罐上配套的搅拌器、配浆用的剪切泵和喷射式混合漏斗等，本节将进行简单介绍。

一　搅拌器

1. 搅拌器的类型

钻井液搅拌机是固液混合设备，主要用于石油矿场钻井液循环系统。主要作用是使固相颗粒均匀悬浮于钻井液中。由于搅拌机叶轮的搅拌作用，使沉淀于循环罐底的固相颗粒冲起与钻井液混合，便于除砂器、除泥器和钻井液离心机对钻井液中固相颗粒的分级、分离（见图 8-4-1）。钻井液搅拌机可分为机械式搅拌机和水力式搅拌机两种类型。

2. 搅拌机性能参数

常用 NJ 型蜗杆传动钻井液搅拌机性能参数见表 8-4-1。

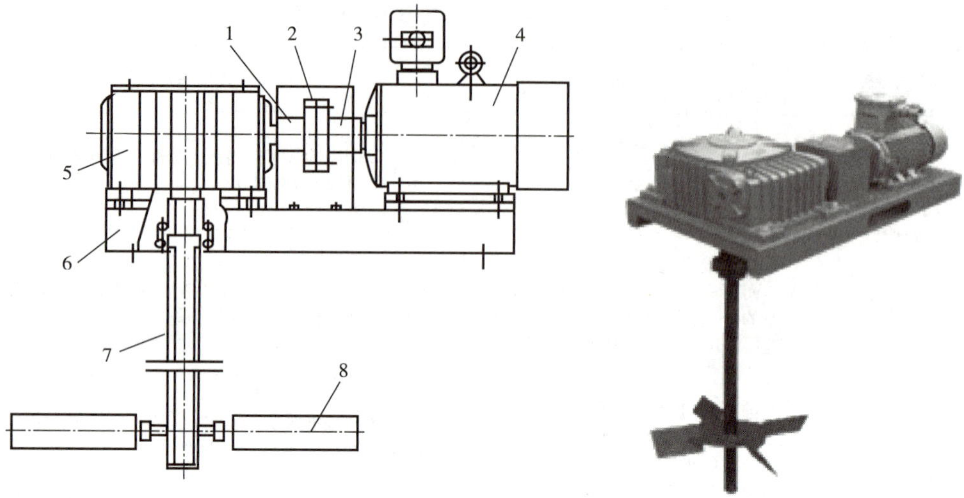

图 8-4-1　蜗杆传动搅拌机传动装置

1—蜗杆联轴器；2—护罩；3—联轴器；4—卧式防爆电机；5—蜗杆减速机；6—底座；7—搅拌轴；8—搅拌叶轮

表 8-4-1　NJ 型蜗杆传动钻井液搅拌机性能参数

序号	型号	循环量 / (m^3/h)	叶轮转速 / (r/min)	钻井液密度 / (g/cm^3)	电机功率 /kW
1	NJ–5.5	2235	70	≤ 2.40	5.5
2	NJ–7.5	2365	70	≤ 2.40	7.5
3	NJ–11	3550	71	≤ 2.40	11
4	NJ–15	4040	71	≤ 2.40	15
5	NJ1–8.5	4385	72	≤ 2.40	18.5

3. 操作使用和维护保养

（1）操作使用

①检查电机转向是否符合搅拌机转向要求。

②启动前检查放油丝堵是否紧固并加入适量的齿轮油（油量加至减速器右端轴承压盖油标中心点为宜）。

③检查注油呼吸器上的透气孔是否畅通，避免减速器内部压力升高损坏油封。

④每次接线后首次启动要检查叶轮的旋转方向，从顶部向下看时，叶轮为顺时针方向旋转，如果旋转方向不对，应立即停机，改变电机接线。

⑤使用时应经常检查油温、油位，最高温度不应超过 75℃，油位至油标中心线。

⑥首次加油后，运转 100h 更换润滑油，以后每运转 1800h 更换一次润滑油。

（2）维护保养

①首次运转 200h，应更换减速机润滑油，以后每 2 ~ 3 个月更换一次润滑油。

②钻井液搅拌机刚性联轴器必须加装弹簧垫并应坚固可靠，否则会引起波轮轴的偏摆，加剧减速器磨损情况。轴承加注黄油时应每 500h 加 10 ~ 20mL。

③钻井液搅拌机减速器油面高度应保持在视油窗中部位置，工作时需要经常补足润滑油。每天应检查一次减速器油位镜里的油位，同时观察润滑油是否乳化。不足时，应添加润滑油，乳化应及时更换润滑油。建议使用 120 号工业齿轮润滑油。

④钻井过程中应连续使用搅拌机，停钻时也不能停止。钻井液搅拌机运转中应无异响、卡滞、温度过高等异常情况出现，否则应停机检查，排除故障。进行维修作业时，应将搅拌机的开关调至锁死位置并切断电源。人员在罐面以下操作，应有专人进行监控。

⑤使用时应经常检查油温、油位，最高温度不应超过 75℃，油位至油标中心线。

⑥首次加油后，运转 100h 更换润滑油，以后每运转 1800h 更换一次润滑油。

4. 故障分析排除

搅拌机常见故障及其原因分析与排除方法见表 8–4–2。

表 8-4-2　搅拌机常见故障及其原因分析与排除方法

常见故障	原因分析	排除方法
搅拌机不正常振动	电机与减速机不同轴	调整电机与减速机同轴度
	蜗轮副磨损或损伤	更换蜗轮副
	轴承磨损或损伤	更换轴承
	螺栓松动	紧固螺栓
搅拌机异响	轴承损坏或间隙过大	更换轴承或调整间隙
	蜗轮副啮合不良	调整或更换蜗轮副
	润滑油不足	根据指示加入适量润滑油
	异物进入	去除异物并更换润滑油
搅拌机漏油	油封损伤	更换油封
	油封轴径磨损	更换输出轴或输入轴
	油量过多	根据油指标点调整油量
	放油螺塞未旋紧	螺纹处加密封并旋紧螺塞
	油标破损	更换油标
叶轮轴不转	叶轮被沉沙埋住	去除叶轮周边沉沙
	轴承损坏	更换轴承
	蜗轮副过度磨损	更换蜗轮副
	异物侵入减速机内	清除异物
搅拌机过热	钻井液密度过大	更换大功率搅拌机
	润滑油过少或过多	根据指示调整润滑油

二 剪切泵

1. 结构与工作原理

单吸悬臂式离心泵，主要由泵体、叶轮、轴、剪切盘、托架、轴封装置等组成。轴封采用副加添料双重密封，密封可靠。其特殊的叶轮结构，可产生很高的剪切效应，在一次吸汲过程中可对流体进行多次剪切，对液流中的固相进行强力粉碎，使其分散均匀、完全水化。达到有效混合、充分水化钻井液中所加物料的目的（见图 8–4–2）。

图 8–4–2　卧式剪切泵

2. 主要技术参数

常用剪切泵性能参数见表 8–4–3。

表 8-4-3　剪切泵主要技术参数

产品型号	流量 /（m^3/h）	扬程 /m	转速 /（r/min）	电机功率 /kW
JQB150–6–5	130	25	1750	45
	150	32	2050	55
	168	38	2250	75
50JQB	50	14	1460	15
	60	15	1470	18.5
	70	16	1470	22

3. 操作使用和维护保养

（1）操作使用

产品安装后应检查电机转向是否正确，该泵从吸入端方向看为逆时针方向旋转。严禁在吸入口闸阀关闭的情况下启动运行，严禁在排出口闸阀关闭的情况下运行超过 1 分钟。泵启动时应稍微开启闸阀，然后启动泵，等排出压力稳定后，慢慢地将排出阀开启到需要的位置。

（2）维护保养

应经常检查各紧固件是否松动，若有松动及时紧固，定期检查轴承润滑情况，定期添加润滑油，若发现润滑油变脏，应清洗后重新加入新油。叶轮、油封等易损件，若有损坏及时更换，以保证泵的正常运行。冬季停泵后应打开泵壳底部放水丝堵，将泵内积液放净以防冻裂。

4. 故障分析排除

剪切泵常见故障及其原因分析与排除方法见表 8–4–4。

表 8-4-4　剪切泵常见故障及其原因分析与排除方法

故障情况	原因分析	排除方法
轴功率过大	流量偏大或液体密度大	调小流量
扬程偏低	叶轮磨损严重或泵转速低	更换叶轮、查找转速低的原因并消除
轴承过热	缺少润滑油或变脏有杂质、轴承损坏	加入润滑油、更换轴承
剧烈振动	叶轮磨损严重失去平衡，轴承损坏，泵内进入大量气体	更换叶轮或轴承，消除吸入管漏气
停泵时轴封漏液	填料太松	适当压紧填料
运行时轴封漏液	副叶轮间隙过大或损坏	调小间隙或更换副叶轮

三　喷射式混合漏斗

喷射式混合漏斗主要由喷嘴、混合室、文德利管及加料漏斗和蝶阀组成。射流管系文德利管，管线一端装有喷嘴泵送的高速钻井液由喷嘴排出，速度转换成压力头后，在喷嘴排出口附近产生低压区，低压将射流管周围的物料吸进喷射液，进入文德利管中，文德利管是一根按一定曲面逐渐扩张的空心管，它的主要作用是增加液体在管内的剪切力，以便物料更好地进行分散。

1. 结构与工作原理

大部分钻井液混合漏斗使用文德利管式混合漏斗装置，该装置主要由离心泵、供液管线、进液管、冲击嘴、文德利管、漏斗、筛网和工作台、出液管线等组成。混合漏斗增加了对钻井液的剪切作用，达到有效混合、充分水化钻井液中所加物料的目的，提高了钻井液与处理剂的混合效果（见图 8-4-3）。

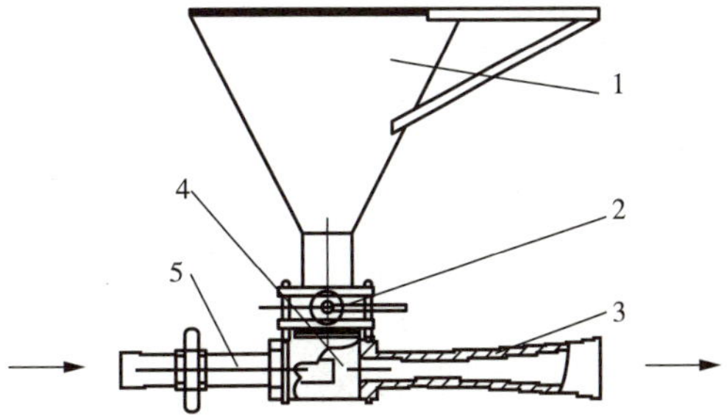

图 8-4-3　混合漏斗示意
1—加料漏斗；2—蝶阀；3—文德利管；4—喷嘴；5—冲击嘴

2. 操作使用

①使用新的、干净的配件减少摩擦损失。每次工作之后用干净的液体冲洗整个系统，防止钻井液变干后堵塞系统。清洁漏斗喉道，防止物质胶结，否则下一次漏斗使用时，运行状况会很差。

②工作台被连接固定到漏斗附近以便支撑成袋的物质。工作台应有一个较合适的高度以使工作人员能轻松地添加物质。有动力辅助的小车和袋子处理机可以提高添加速度并减轻工作人员的劳动量。

③和钻井设备一样，制订定期的维护和检查钻井液漏斗的计划。钻井液漏斗一般都是简单、容易操作的，但已磨损的喷嘴和阀门会影响工作。应每 30 ~ 60h 检查一次。

思考题

1. 钻井液固相如何分类？黏土、泥、沙各自粒径范围是多少？
2. 钻井液固相含量高了以后会对钻井产生哪些危害？
3. 钻井液固相含量对机械钻速有哪些影响？
4. 要保持钻井液低固相含量和低胶体含量，必须解决哪些问题？
5. 固相含量控制方法有哪些？
6. 目前现场常用的振动筛有哪几种类型？分离的固相颗粒粒径范围分别是多少？
7. 振动筛使用前的操作检查有哪些？
8. 旋流器分为哪几类？分离的固相颗粒粒径范围分别是多少？
9. 旋流分离器的操作步骤是什么？（以除砂器为例进行说明）
10. 离心机的操作步骤是什么？
11. 简述搅拌机的操作使用内容。

扫一扫
获取更多资源

第九章

现场基础操作

PART 9

本章内容将对钻井液工可能涉及到的一些现场基础操作进行详细说明，由于国内各地区工程公司的岗位职责要求不一，文中所介绍的基础操作内容可能出现漏项或多余项。请读者根据所在单位的实际情况进行学习。

第一节　固控设备安装

前文对固控设备进行了介绍，本节将介绍钻井液工现场安装固控设备的操作及技术要求。

一　振动筛安装

1. 准备工作

①穿戴好劳保用品。

②吊车准备就位。

③检查专用绳套、推拉杆、牵引绳、振动筛吊耳等是否符合安全标准。

④准备铁锹、撬杠、毛毡、胶皮或木塞等。

2. 操作步骤

①根据 1# 循环罐罐面平整清洁情况，进行清理，在振动筛与罐安装接触面处铺设毛毡或胶皮等垫物。

②将吊装绳套挂在振动筛的吊耳上，并拴好牵引绳，指挥吊车将其吊起至合适高度。

③使用牵引绳、推拉杆配合吊车将其运移至 1# 循环罐上方。

④ 1# 循环罐上人员与场地拉牵引绳人员相互配合，牵引扶正，指挥吊车缓慢下放吊钩，将振动筛平稳放至摆放位置就位。

⑤下放吊钩，摘下吊装绳套，解下牵引绳。

3. 技术要求（注意事项）

①指挥手势必须明确。

②振动筛应安装在净化系统最上游的沉沙罐上与高架槽的末端相接。安装要平稳，保证振动筛的底座水平。四角不能悬空，如有悬空，应使用毛毡、胶皮或木塞垫紧。

③振动筛筛口应伸出罐 2 侧面 30 ~ 50mm，保证钻屑能排出罐外。

④确保振动筛安装不损伤筛网。

二 除气器安装

1. 准备工作

①穿戴好劳保用品。

②吊车准备就位。

③检查专用绳套、推拉杆、牵引绳、除气器吊耳等是否符合安全标准。

④准备铁锹、撬杠、榔头、活动扳手、润滑脂、毛毡、胶皮或木塞等。

2. 操作步骤

①根据除气器安装处罐面平整清洁情况进行清理，并根据需要铺设毛毡或胶皮。

②将吊装绳套挂在除气器的吊耳上，并拴好牵引绳，指挥吊车将其吊至合适高度。

③使用牵引绳、推拉杆，配合吊车将其运移至循环罐摆放位置处上方。

④牵引扶正，指挥吊车缓慢下放吊钩，将除气器平稳放至摆放位置就位。

⑤下放吊钩，摘下吊装绳套，解下牵引绳。

⑥在除气器两侧沿进浆法兰下放两根牵引绳，与循环罐内进浆管线上端连接。

⑦两人分别站在除气器进浆法兰两侧，同时配合上拉牵引绳，使进浆管线上端法兰与除气器进浆法兰对接。

⑧扶正进浆管线，放好密封垫，对齐与除气器进浆口法兰对应的螺栓孔，穿好螺栓，上好螺帽，用扳手对角上紧各螺帽，解下牵引绳。

⑨将吊装绳套挂在除气器排浆管线两端，找好平衡点，并拴好牵引绳，吊起至合适高度。

⑩使用牵引绳、推拉杆，配合吊车将其运移至循环罐摆放位置处上方。

⑪ 牵引扶正，指挥吊车缓慢下放吊钩，将排浆管线出口端放入下一循环罐或循环罐另一隔仓内。

⑫ 下放吊钩，摘下吊装绳套，解下牵引绳。

⑬ 两人配合站在除气器排浆管线另一端两侧将其抬起，装好法兰密封垫，对齐与除气器排浆口法兰对应的螺栓孔，穿好螺栓，上好螺帽，用扳手对角上紧各螺帽。

⑭ 将一根尺寸相符的胶管一端插在除气器排气口上，并用卡子紧固；另一端放置于循环罐区 50m 以外的距离。

3. 技术要求（注意事项）

①指挥手势必须明确。

②对场地要求不严格，只要无明显倾斜即可；真空除气器应安装在振动筛和除砂器之间。

③安装时，整机吊起，将吸入管的法兰与真空罐底部的法兰相连接，两法兰连接时，应在其中间加入橡胶垫圈，防止漏气。

④各处连接应牢固，无刺漏。

三 除砂器安装

1. 准备工作

①穿戴好劳保用品。

②吊车准备就位。

③检查专用绳套、推拉杆、牵引绳、除砂器吊耳等是否符合安全标准。

④准备铁锹、撬杠、榔头、活动扳手、密封脂、毛毡、胶皮或木塞等。

2. 操作步骤

①根据除砂器安装处罐面平整清洁情况进行清理，并根据需要铺设毛毡或胶皮。

②将吊装绳套挂在除砂器的吊耳上，并拴好牵引绳，指挥吊车将其吊至合适高度。

③使用牵引绳，配合吊车将其运移至 2# 循环罐除沙泵出浆管线处。

④检查管线连接由壬密封圈，如有老化、破损，现场更换，并涂好密封脂。

⑤牵引扶正，指挥吊车缓慢下放吊钩，人员站在 2# 循环罐罐面上，将除砂器出浆管线插入罐内，并将除砂器进浆管线与除沙泵出浆管线由壬对正。

⑥用手将由壬丝扣紧，选择合适的角度，用榔头将由壬砸紧。

⑦下放吊钩，摘下吊装绳套，解下牵引绳。

⑧两人配合将除砂器排沙槽移至除砂器排沙口处，将其上端用吊链挂在除砂器排沙口挂钩上，另一端伸出罐侧面。

3. 技术要求（注意事项）

①指挥手势必须明确。

②除砂器安装在振动筛和除气器之后，除泥器之前。

③整机应平稳水平安装在罐面上，底流筛的排屑端伸出罐边约 5cm，防止固相倒流。

④溢流管路不能爬坡，应少拐弯、短而直，以减少底流中的钻井液损失。

⑤各处连接应牢固，无刺漏。

四 除泥器安装

1. 准备工作

①穿戴好劳保用品。

②吊车准备就位。

③检查专用绳套、推拉杆、牵引绳、除泥器吊耳等是否符合安全标准。

④准备铁锹、撬杠、榔头、活动扳手、密封脂、毛毡、胶皮或木塞等。

2. 操作步骤

①根据除泥器安装处罐面平整清洁情况进行清理，并根据需要铺设毛毡。

②将吊装绳套挂在除泥器的吊耳上，并拴好牵引绳，指挥吊车将其吊至合适高度。

③使用牵引绳，配合吊车将其运移至 2# 循环罐除泥泵出浆管线处。

④检查管线连接由壬密封圈，如有老化、破损，现场更换，并涂好密封脂。

⑤牵引扶正，指挥吊车缓慢下放吊钩，人员站在 2# 循环罐罐面上，将除泥器出浆管线插入罐内，并将除泥器进浆管线与除泥泵出浆管线由壬对正。

⑥用手将由壬丝扣拧紧，选择合适的角度，用榔头将由壬砸紧。

⑦下放吊钩，摘下吊装绳套，解下牵引绳。

⑧两人配合将除泥器排泥槽移至除泥器排泥口处，将其上端用吊链挂在除泥器排泥口挂钩上，另一端伸出罐侧面。

3. 技术要求（注意事项）

①指挥手势必须明确。

②除泥器安装在除砂器之后，离心机之前。

③整机应平稳水平安装在罐面上，底流筛的排屑端伸出罐边约 5cm，防止固相倒流。

④溢流管路不能爬坡，应少拐弯，短而直，以减少底流中的钻井液损失。

⑤各处连接应牢固，无刺漏。

五 离心机安装

1. 准备工作

①穿戴好劳保用品。

②吊车准备就位。

③检查专用绳套、推拉杆、牵引绳、离心机吊耳等是否符合安全标准。

④准备铁锹、撬杠、榔头、管钳、活动扳手、密封脂、毛毡、胶皮或木塞等。

2. 操作步骤

①根据离心机安装处罐面平整清洁情况进行清理，并根据需要铺设毛毡或胶皮。

②将吊装绳套挂在离心机的吊耳上，并拴好牵引绳，指挥吊车将其吊至合适高度。

③使用牵引绳、推拉杆，配合吊车将其运移至 3# 循环罐摆放位置上方。

④牵引扶正，指挥吊车缓慢下放吊钩，将离心机出浆管线插入罐内，并将离心机平稳放至摆放位置就位。

⑤下放吊钩，摘下吊装绳套，解下牵引绳。

⑥将一根尺寸相符的胶管一端上在离心机进浆控制阀门短节上，另一端上在离心机供浆泵排浆口上旋紧。

⑦清洗离心机水管线，用一根尺寸相符的胶管一端插在离心机进浆管线上控制阀门短节上，另一端插在循环罐水阀门短节上，两端用卡子紧固。

⑧两人配合将离心机排泥槽移至离心机排泥口处，将其上端用吊链挂在离心机排泥口挂钩上，另一端伸出罐侧面。

⑨离心机安装后进行四角固定。

3. 技术要求（注意事项）

①指挥手势必须明确。

②离心机安装在除泥器之后。

③整机应平稳水平安装在罐面上，排泥槽必须有大于 60°的倾斜度，以便底流能迅速排出离心机。

④各处连接应牢固，无刺漏。

第二节　开钻前钻井液准备

钻井液的配制和设备准备是开钻前钻井液工的一项重要工作内容。钻井液工需要按各地区公司所制定的相关要求进行准备，保证顺利开钻。

一　人员配备

①钻井液工必须具有相应的从业资质，持证上岗。

②根据生产需要，对钻井液工进行合理分工，保证生产有序进行。

二　固控设备

①固控设备应配备齐全，并安装调试好设备。

②准备好不同目数筛布若干，并储备一定的易损、易耗常用配件。

三　试验仪器与技术资料

每口井开钻前，应做好以下准备工作。

①收集施工井的地质设计与钻井工程设计，熟悉掌握钻井液设计。准备相关的文件（如“钻井液测试程序”“HSE 施工作业指导书”“钻井液处理剂 MSDS 文件”等）。

②钻井液试验仪器和试剂的配置，应按照 GB/T 16783《石油天然气工业 - 钻井液现场测试》的相关要求或设计要求执行，如密度计、秒表、漏斗黏度计、中压滤失测试仪、直读式六速旋转黏度计等常规仪器及亚甲基蓝溶液、硝酸银溶液、EDTA 溶液等试剂都应足量准备。

③准备钻井液相关的记录，如《钻井液班报表》《钻井（完井）液综合资料记录》《钻井液处理剂入库、出库记录》《钻井液检测仪器、工具用品记录》《固控设备运转保养记录》等。

四 钻井液原材料、处理剂

①按设计要求，结合施工进度，及时准备生产用水，申报钻井液原材料（膨润土等）和钻井液处理剂（纯碱、烧碱、CMC 等）计划。

②处理剂到井后应检查产品质量检验合格证，清点品种、数量，了解生产厂商，并填写《钻井液处理剂入库、出库记录》。

③钻井液原材料和处理剂的存储应适应当地气候特点，满足“防雨、防潮、防晒、防冻”要求，并分类摆放，下垫上盖，标识清晰；对人体有害的处理剂要作特别标识，并执行双人管理。

④按要求及时配制开钻所需的钻井液。

第三节 交接班与巡回路线检查

由于钻井施工是连续的、长期的过程，钻井施工通常是三班组或两班组交替工作，这就要求钻井液工对上一班组的工作内容及设备使用情况进行了解。

一 钻井液工交接班

1. 准备工作

①穿戴好劳动保护用品。

②检查生产用各种处理剂种类和数量、钻井液试验用试剂、水源情况等。

③准备钻井液循环系统、净化设备，以及相关配件。

④准备钻井液体系要求的钻井液试验、检验设备和仪器，以及相关配件。

⑤准备现场施工需要的有关文件、记录。

⑥准备检修、保养必需的工具、仪表等。

⑦准备检查记录本、记录笔。

2. 操作步骤

①按照巡回检查路线，对本岗位责任区的设备、仪器、工具、资料、钻井液质量和数量等进行检查。

②对检查出来的问题进行记录，并上报相关管理人员。

③根据交接班有关规定决定是否交接，接班开始本班工作。

④接班后应及时处理检查出来的问题，对不能整改的问题及时上报上级管理部门，并登记备案。

3. 交接班要求

①交钻井液的处理情况及性能。

②交钻井液材料数量、保管情况，不符合标准不交接。

③所交资料齐全、准确、清洁，不符合标准不交接。

④交固控设备、储备罐、仪器工具，不完好不交接。

⑤交值班房卫生、工作环境卫生，不清洁不交接。

⑥检查过程中必须做到眼到、手到，认真检查，不留死角。

4. 注意事项

①按照《钻井液施工设计》《钻井液施工预案》，以及《技术指令》维护处理好钻井液，测量并收集填写好钻井液性能原始数据。

②负责钻井液仪器的使用、保管。

③负责固控设备的使用、维护、保养。

④负责值班房、材料房工作环境的卫生。

⑤负责钻井液处理剂、固控配件的验收、登记、保管和使用。

⑥协助班组做好井控工作。

二 巡回检查

1. 准备工作

①穿戴好劳保用品。

②准备好笔和记录本、上岗检查等。

2. 巡回检查路线

值班房→药品房→药品配制罐→振动筛→除气器→除砂器→除泥器→离心机→坐岗房→循环罐→储备罐→石粉罐区→剪切泵→混合漏斗。

3. 检查内容

值班房。①了解井深、地层；②了解本班技术措施；③了解对钻井液性能的要求。

药品房。①各种药品名称标签；②储备数量及存放位置；③保管记录；④内外清洁。

药品配制罐。①搅拌机；②开关；③电路、地线；④配制的药液种类、浓度、比例、数量及其性能。

振动筛。①返沙情况；②筛布有无破损、使用的目数等；③电动机；④固定；⑤电路；⑥开关；⑦清洁。

除气器。①性能；②紧固；③清洁；④电动机及地线；⑤电路；⑥开关。

除砂器。①性能：除沙效果、压力、底流口是否畅通；②紧固；③清洁；④沙泵：固定是否牢固、运转是否正常、保养情况、清洁卫生情况、护罩护照是否齐全牢固、开关柜、电路及地线等。

除泥器。①性能；②紧固；③清洁。

离心机。①固定；②调整；③保养；④性能；⑤管路；⑥电动机；⑦电路、地线；⑧卫生；⑨皮带。

坐岗房。①卫生；②洗眼站；③电路、开关；④仪器仪表；⑤照明；⑥钻井液性能；⑦坐岗记录。

循环罐。①钻井液量；②连接、密封；③搅拌机；④电路；⑤清沙；⑥梯子、栏杆、保险绳、踏板及通道；⑦液面报警器；⑧罐连接管线及保险绳。

储备罐。①性能；②闸门；③储备量。

石粉罐区。①石粉罐、压力表、安全阀和气管线；②漏斗；③加重泵；④石粉储备。

剪切泵。①运转是否正常；②固定是否牢固符合规格；③上水是否正常；④接地线连接是否牢固。

混合漏斗。①喷嘴是否畅通；②阀门是否灵活好用；③管线是否畅通；④清洁卫生情况。

4. 技术要求

①钻井液班报表记录及时、齐全、准确，各种仪表清洁完好。马达运转正常，药品、液量充足。

②振动筛工作良好，筛布完好无损。沙泵运转正常，底流呈伞状，工作压力在 0.15 ~ 0.25MPa。

③循环罐无杂物，管线连接良好。加重管线系统配备齐全，阀门灵活，喷嘴畅通。

④处理剂摆放合理，进出库记录准确无误。

5. 注意事项

①井口钻井液槽，矩形开口铁槽，宽约 0.7m，高约 0.4m，坡度为 2%~ 3%。配备梯子、栏杆、电杆，护罩固定可靠。各阀门、开关、罐与罐之间过渡槽应安装牢固，管线畅通。

②各管线之间不能串线。低、中压管线用清水试压 3MPa，保持 15min，压力下降不超过 0.05MPa 为合格。

③罐与罐间过渡槽用垫子把缝塞好，各缝不能渗漏。循环罐以清水试验，不漏为合格。废液罐与循环罐间距离为 1.5 ~ 2m。储备罐、配药池、加药池应配备齐全。对运转部件应及时保养、润滑及防腐，含液部分注意防冻。电器、照明严格按用电常识操作，以防触电。

第四节　钻井液各类报表与资料填写

为保证钻井液的合理使用和规范管理，现场钻井液工还需要根据各地区及公司要求进行钻井液报表和资料的填写，用于规范钻井液的现场管理。

一　准备工作

①穿戴好劳动保护用品。

②准备《钻井液班报表》。

③准备《固控设备运转保养记录》。

④准备《钻井液处理剂入库、出库记录》。

⑤准备《钻井液坐岗记录》。

⑥准备记录本、记录笔。

二 工作内容

①《钻井液班报表》：对测量钻井液性能做好记录，钻井工况、维护处理等情况。

②《固控设备运转保养记录》：各种固控设备的运转、保养情况及净化效果。

③《钻井液处理剂入库、出库记录》：各种药品名称标签、储备数量及存放位置，处理剂储备情况。

④《钻井液坐岗记录》：15min（正常工况）记录一次测量钻井液性能（密度及黏度）数据，并记录一次循环罐液面涨落情况，对钻井液液面涨落进行分析。钻井液液面变化原因填写齐全，坐岗记录填写内容能与灌浆曲线对上，签字齐全。

三 技术要求

①《钻井液班报表》填写齐全、数据真实（井深与工程班报表同步，6h一次全套性能），钻井液性能、工况、维护处理情况，签字齐全。

②固控设备的运转、维护、保养，填写齐全、数据真实，签字齐全。

③材料房内的钻井液处理剂的验收、登记、保管，钻井液处理剂出入库填写齐全、数据真实，签字齐全。

④钻井液施工现场包含多种资料，要求现场钻井液工，填写及时、齐全、准确、保存完好，以利于查阅。如：《钻井液班报表》《钻井液材料出入库记录》《钻井液净化设备运转记录》《钻井液坐岗记录》等相关记录。

⑤钻井液各种记录必须按要求记录齐全、准确，不得涂改，如确实疏忽需要更改，应做好必要的标识。

第五节 洗眼器使用

洗眼器属于应急设施范围，当作业人员躯体、脸部和眼睛等部位受到酸、碱、有机物等有毒、有腐蚀性的物质侵害时，通过洗眼器的快速和有效冲洗、喷淋，使受伤者的伤害减轻到最低限度，从而保障人员安全。

一 安装和使用

①洗眼器应安装在危险源头的附近，最好在 10s 内能够快步到达的区域范围，直线到达洗眼器的距离为 10 ~ 15m。

②尽量安装在同一水准面上，最好能够直线到达，避免越层救护。

③在洗眼器 1.5m 半径范围内，不能有电气开关，以免发生电器短路。

④必须连接饮用水，严禁使用循环水或工艺水。

⑤进水管内径不小于 25mm，确保出水量。

⑥只作为故障应急使用，严禁在常规情况下使用。

⑦器具放置点旁严禁悬挂、堆放物品。

⑧供水总阀必须常开，不得关闭。

⑨在安装洗眼器的周围，需要有醒目的标志。清洗营救点必须进行清洁确认，并且清除所有障碍。

二 维护保养

①使用单位每周进行一次出水检查，检查记录需放置在洗眼器现场。

②检查内容包括：洗眼器指示标志完好，外观完好、无锈蚀，阀门开关有效，总阀门处于常开状态，冲眼喷头滤网无堵塞，出水正常，水源清澈，洗眼喷头保护罩盖完好，过滤网未锈蚀或堵塞。

③冬季要对冲洗装置进行保温。

第六节　编写钻井液技术方案

钻井液技术方案是钻井液施工的技术指导，要符合工程设计、地质设计和井控细则、油田相关要求。要对地质岩性做出相关描述，根据地质特点、钻井井型、井身结构等预测钻井液技术难点，并制定相应的技术措施，优选钻井液体系，根据地层压力等地质工程资料优选钻井液性能，制定配方，完善钻井液配制维护要点，同时要对防塌、防漏、防喷、油气层保护、环境保护等方面制定出预防和处理措施。

一 准备工作

①准备钻井工程设计和地质设计。

②准备邻井资料。

③熟悉该区块钻井液技术要点。

二 操作步骤

①熟读钻井工程设计和地质设计，了解该井的技术难点和地层特点。

②熟悉邻井资料，对邻井的钻井液性能、体系、复杂情况等进行了解。

③制定本井的技术方案，设计本井的钻井液体系、性能、维护要点、复杂情况预防处理措施、处理剂使用方案等。

④按设计要求和井控细则设计好应急物资的储备。

⑤完成技术方案。

三 技术要求

①技术方案要有针对性、科学性和可执行性。

②技术方案要预判各井段井下复杂情况，并制定预防处理措施。

③技术方案要考虑到油气层保护和环境保护等方面的技术要求。

④技术方案要对设备使用提出规范。

第七节　编写钻井液完井总结

钻井液完井总结是油气井钻井过程中钻井液系统完整的原始资料，由钻井液小队技术负责人或大班填写，项目部技术负责人审核后交技术资料室存档。钻井液完井总结属于秘密文件，需要永久保存，应严加管理。总结模板见附录 2。

一 完井总结编写要求

完井资料的填写必须使用蓝黑色或黑色墨水笔正楷填写，不得使用纯蓝色墨水笔、铅笔或完井圆珠笔。字迹端正清楚，内容真实，数据齐全准确，图表清楚。一律使用法定计量单位，总结编写要到位。需要在工程、地质方索取的参数数据（如工程设计当中的钻井液设计、井径、连斜数据等）只能使用胶水进行粘贴，不允许使用透明胶等来粘贴；

1. 基础数据

以工程报表数据资料为准，成本数据不填（等口井结算完成后填写），其他各项数字均应与井史报表数字相符。包括：地理位置、构造位置、井口坐标、补芯海拔、各开次日期、完钻日期、完井日期、钻井周期、完井周期、设计井深、实际井深、目的层、完钻层位、钻井目的、完井方法、钻机月速、平均机械转速、取芯进尺、岩芯收获率、最大斜度 / 井深、造斜点、导眼个数及总进尺、分支个数及各分支井段总进尺、最大井斜、最大水平位移、水平段长度、钻井液实际成本等。

2. 地质简况、实际地层及岩性描述

地层、深度、岩性要详细写清楚（以地质录井、测井数据为准），特别是主要分段岩性描述必须准确。如沙三段：约 2550m 泥岩；约 2880m 玄武岩等。

3. 钻井液设计

填写钻井工程中钻井液设计部分和施工中设计变更的补充设计部分，可粘贴原件或复印件。

4. 工程简况和工程质量

包括井身结构、固井质量、钻头使用情况、测斜记录和井径记录。井身结构图可手绘，也可粘贴；固井质量应与井史一致；钻头写明序号、尺寸型号（mm）、钻进时间、进尺、井深等，应与井史一致：井斜数据应以测井连斜数据为准，与井史相符，可粘贴数据表；井径数据应与工程报表、井史相符，可粘贴测井提供的数据表。

5. 钻井液类型、水质及滤液分析

钻井液类型按开次、实际应用填写；水质分析、滤液分析按施工中实际检测次数如实填写。

6. 钻井液日志

按日期依次填写每天的主要钻井液性能，每天至少填写两套全套性能，垂深超过 2500m 后，同时填写加温性能；对工况及井下情况做简要描述：钻井液处理情况，包括每次处理时的处理剂名称、数量要详细填写。

7. 井下故障、复杂情况及电测故障

凡影响钻井进度的井下故障复杂情况均应填写，可由项目部附打印报告。

8. 实验室对现场钻井液性能检测

按实验室检测结果，由钻井液工程师或主管部门如实填写，也可附检测报告。

9. 材料消耗

全井消耗包括计量误差和地面消耗，按材料单上单价计算出金额；数量、单位填写清楚，单位均应采用法定计量单位。

10. 油气层保护

填写揭开油气层前的钻井液性能。

11. 电测、下套管、固井作业情况

填写电测前、下套管前、固井作业前钻井液性能及钻井液处理措施。

12. 技术总结

根据生产情况完整、翔实地对施工井进行总结。具体内容包括：本井的基础数据，对设计、施工预案的认识。在技术管理工作中的经验、教训、体会，对上级部门的建议，技术措施的制定及落实情况，分析得失。平台井应该有同一平台不同井技术对比，及时找出

同一区块不同井的差距，对技术指标的影响，经济效益的影响。新工艺、新技术实验。测井、固井采取哪些措施等。各类故障的原因分析、经过等。如果是大位移井、水平井要写明定向造斜点的位置；分支井必须写明主眼井深、各分支井段、导眼段等；报废井要求标注清晰；如果有填井要求，填写清晰重复井段或报废井段；所有井的电测类别必须标明。

二 准备工作

①准备钻井设计、地质设计、钻井液设计、钻井、录井、钻井液各种原始资料。

②准备计算器、记录笔、钻井液完井总结空白记录。

三 操作步骤

①填写基本数据。

②填写地层及岩性。

③填写钻井液设计。

④填写工程简况。

⑤填写钻井液类型、水质及滤液分析。

⑥填写钻井液日志。

⑦填写井下故障、复杂情况及电测情况。

⑧填写实验室对现场钻井液性能检测情况。

⑨填写材料消耗记录。

⑩编写技术总结。

⑪ 整理使用的资料、器具。

四 技术要求

①工程、地质资料要与相关方内容一致。

②确保填报资料真实、准确。

第八节　钻井液废弃物管理

钻井液废弃物指的是钻井液配制和使用过程中可能存在的产品包装、含钻井液的钻屑以及具有污染性的钻井液流体漏出后的物品，本节将简单介绍这些物品的管理措施及建议。

①以矿物油为连续相配制钻井液所产生的钻井岩屑和废弃钻井液已列入《国家危险废

物名录》，应该高度重视，从源头开始控制。建立钻井液固相废弃物现场处理技术，尽可能减少危险废物的产生量。

②制订管理计划。制定水基钻井液的回收处理、循环利用及管理，现场回收工艺要求。

③选用环保友好的钻井液处理剂，尽可能降低废弃钻井液危害成分。

④危险废物，必须交由有资质的处置企业进行安全处置，严格遵照相关法律法规执行，防止环境污染事故发生。

⑤做好钻井液废弃物处理处置工作，实行钻井液不落地工作，将钻井现场固控设备优化整合和“钻井液不落地”服务方的地面废弃物接收与装卸装置整合到位，做好钻井液技术工艺和分井段钻井液体系优选，钻井液抑制性与处理剂优选工作。钻井全过程“钻井液不落地”环节紧密接合、统一协调、缺一不可。

⑥建立健全完善的管理制度、台账、应急预案等，严格加以管理。

⑦改革钻井液工艺，积极探索降低污染物产量的控制措施和方法。

思考题

1. 固控设备安装有哪些要求？
2. 简述编写钻井液技术方案的内容。
3. 钻井液完井总结编写要求有哪些？
4. 钻井液工交接班的要求有哪些？
5. 巡回路线的检查内容有哪些？
6. 要填写的钻井液各类报表与资料有哪些？
7. 安装和使用洗眼器的要求有哪些？

扫一扫
获取更多资源

参考文献

[1] 鄢捷年. 钻井液工艺学 [M]. 青岛：中国石油大学出版社，2006.

[2] 中国石油天然气集团公司人事服务中心. 职业技能培训教程与鉴定试题集：钻井泥浆工 [M]. 青岛：中国石油大学出版社，2004.

[3] 中石化胜利石油工程有限公司. 员工岗位技能提升教程：钻井液工 [M]. 青岛：中国石油大学出版社，2022.

[4] 杨晓华. 钻井液安全使用必读 [M]. 北京：中国石化出版社，2020.

[5] 郭保雨. 胜利钻井液工艺技术 [M]. 青岛：中国石油大学出版社，2015.

[6] GB/T 16783.1—2014 石油天然气工业 钻井液现场测试　第 1 部分：水基钻井液 [S].

[7] GB/T 16783.2—2014 石油天然气工业 钻井液现场测试　第 2 部分：油基钻井液 [S].

[8] SY/T 5523—2000 油气田水分析方法 [S].

附录

附录 1 钻井液相关计算

一 质量分数的计算

计算公式：

$$W=\frac{W_1}{W_1+W_2}\times100\%$$

式中 W——溶液中溶质的质量分数；

W_1、W_2——分别为溶质质量和溶剂质量。

例：把 40g NaCl 溶解于 120g 水中，求溶液中 NaCl 的质量分数。

解：W= 40/(40+120) × 100%=25%

答：溶液中 NaCl 的质量分数为 25%。

二 溶液稀释的计算

计算原理是稀释前和稀释后溶质质量相等。

例：欲将 100kg 质量分数 30% 的烧碱水稀释至 10%，需加水多少千克？

解：稀释前烧碱质量：100 × 30%=30（kg）

稀释后溶液质量：30 ÷ 10%=300（kg）

需加水量 = 稀释后溶液质量 – 稀释前溶液质量 =300–100=200（kg）

答：需加水 200kg。

三 处理剂加量计算

例：某井循环钻井液 200m^3 要处理，其中加入的质量浓度为 0.1t/m^3 的烧碱水在钻井液中的体积分数为 2%，固体铵盐在钻井液中的质量浓度为 0.3t/m^3，计算处理剂需要的量各是多少？

解：烧碱水的加量：200 × 2%=4（m^3）

固体铵盐的加量：200 × 0.3=0.6（t）

答：需用质量浓度为 0.1 t/m^3 的烧碱水 4m^3、固体铵盐 0.6t。

四 混浆计算

混浆密度公式：

$$\rho=\frac{\rho_1 V_1+\rho_2 V_2}{V_1+V_2}$$

混浆体积公式：

$$V_2=\frac{V_1(\rho-\rho_1)}{\rho_2-\rho}$$

式中 ρ_1——井内钻井液密度，g/cm^3；

ρ_2——混入钻井液密度，g/cm^3；

ρ——混合后的钻井液密度，g/cm^3；

V_1——井内钻井液体积，m^3；

V_2——混入钻井液的体积，m^3。

例 1：某井中有密度为 $1.35g/cm^3$ 的钻井液 $150m^3$，均匀混入密度为 $1.50g/cm^3$ 的钻井液 $40m^3$ 后，混合后的钻井液密度是多少？

解：ρ=(1.35 × 150 × 10^6+l.50 × 40 × 10^6)/(150 × 10^6+40 × 10^6 ≈1.38（g/cm^3）

答：混合后的钻井液密度是 $1.38g/cm^3$。

例 2：某井中有密度为 $1.35g/cm^3$ 的钻井液 $150m^3$，储备钻井液的密度为 $1.75g/cm^3$，欲将井内钻井液密度提高到 $1.45g/cm^3$，问需要混入多少储备钻井液?

解：V_2 = 150 × (1.45 × 10^{-6}–1.35 × 10^{-6})/(1.75 × 10^{-6}–1.45 × 10^{-6})=50(m^3)

答：需要混入 $50m^3$ 储备钻井液。

五 当量循环密度计算

计算公式：

$$\rho=\rho_1+\frac{\tau_0}{18.3(D-d)}+\frac{\eta V}{30.6(D-d)^2}$$

式中 ρ——当量循环密度，g/cm^3；

ρ_1——钻井液静密度，g/cm^3；

τ_0——动切应力，Pa；

η——塑性黏度，mPa·s；

V——环空返速，m/s；

D、d——分别为井眼直径和钻杆外径，cm。

例：某井钻井液静密度为 $1.30g/cm^3$，用 8½ in 钻头，5in 钻杆钻进，环空钻井液返速为 0.8m/s，塑性黏度为 20mPa·s，动切应力为 7.66Pa，求当量循环密度是多少?

解：根据公式：

$$\rho=\rho_1+\frac{\tau_0}{18.3(D-d)}+\frac{\eta V}{30.6(D-d)^2}$$

$$=1.30+\frac{7.66}{18.3(21.5-12.7)}+\frac{20\times0.8}{30.6(21.5-12.7)^2}$$

$$=1.35(g/cm^3)$$

答：当量循环密度为 1.35 g/cm^3。

六 抗钙、镁污染处理计算

计算公式：

$$W=\frac{V_C M_a}{V_a M_C}\times10^{-3}[C]V\varphi$$

式中 W——消除污染物所需处理剂的质量，kg。

V_a、M_a——分别为处理剂离子的化合价和处理剂的相对分子质量。

V_C、M_C——分别为污染物离子的化合价和污染物的相对分子质量。

[C]——污染物的质量浓度，mg/L。

V——污染钻井液体积，m^3。

φ——钻井液组分的体积分数。

例：某井钻井液经组分分析，其中水相占 75%。滤液分析，[Ca^{2+}]=1050mg/L，[Mg^{2+}]=1890mg/L，钻井液体积为 180m^3。理论计算沉除 Ca^{2+}、Mg^{2+} 应加纯碱、烧碱各多少？

已知：[Ca^{2+}]=1050mg/L，[Mg^{2+}]=1890mg/L，Ca^{2+}、Mg^{2+} 化合价为 +2 价，OH^- 为 −1 价，CO_3^{2-} 为 −2 价；相对分子质量 Ca=40，Mg=24.3，NaOH=40，Na_2CO_3=106。

解：沉除 Ca^{2+} 需加 Na_2CO_3 的质量为：

$$W_{Na_2CO_3}=\frac{2\times106}{2\times40}\times10^{-3}\times1050\times180\times0.75\approx376(kg)$$

沉除 Mg^{2+} 需加 NaOH 的质量为：

$$W_{NaOH}=\frac{2\times40}{1\times24.3}\times10^{-3}\times1890\times180\times0.75=840(kg)$$

答：需加纯碱质量为 376 kg，需加烧碱质量为 840 kg。

七 配浆计算

计算公式：

$$W_{土}=\frac{V_{泥}\rho_{土}(\rho_{泥}-\rho_{水})}{(\rho_{土}-\rho_{水})}$$

$$V_{水}=V_{泥}\frac{W_{土}}{\rho_{土}}$$

式中 $W_{土}$——配浆用膨润土量，t；

$V_{水}$——配浆用水量，m^3；

$\rho_{土}$——配浆膨润土密度，g/cm^3；

$\rho_{水}$——配浆水密度，g/cm^3；

$\rho_{泥}$——预配制膨润土浆密度，g/cm^3；

$V_{泥}$——预配制膨润土浆量，m^3。

例：预配制密度为 $1.05g/cm^3$ 的膨润土浆 $200m^2$，需要 $2.4\ g/m^2$ 的膨润土多少 t？需要淡水多少 m^2？

解：

$$W_{土}=\frac{V_{泥}\rho_{土}(\rho_{泥}-\rho_{水})}{(\rho_{土}-\rho_{水})}$$

$$=\frac{200\times 2.4(1.05-1.0)}{2.4-1.0}\approx 17.1t$$

$$V_{水}=V_{泥}-\frac{W_{土}}{\rho_{土}}=200-\frac{17.1}{2.4}=192.86m^3$$

答：需要膨润土 17.1 t，需要淡水 $192.86m^3$。

八 井眼容积的计算

计算公式：

$$V=\frac{\pi}{4}D^2H$$

式中 D——井径，m；

H——井深，m；

V——井眼容积，m^3。

例：某井深 2000m，使用 $9\frac{3}{4}$ in 钻头，计算井眼容积是多少？

解：根据题意及 1in=25.4 mm 知：

$$V=\frac{\pi}{4}D^2H$$

$$=\frac{3.14}{4}\times\left(\frac{9.75\times 25.4}{1000}\right)^2\times 2000$$

$$=96.3(m^3)$$

答：井眼容积为 $96.3m^3$。

附录

九 管柱内容积的计算

计算公式：

$$V_{容}=\frac{\pi d^2 l}{4000}$$

$$V_{体}=\frac{\pi(D^2-d^2)l}{4000}$$

式中 $V_{容}$——管柱内容积，m^3；

$V_{体}$——管柱体积，m^3；

D——管柱外径，cm；

d——管柱内径，cm；

l——管柱长度，m。

例：某井深3000m，钻具结构为：钻铤 8 in × 100m ＋钻铤 7 in × 100m ＋钻杆 5 in × 2800m，计算钻具内容积和钻具体积各是多少？（已知 1in=2.54cm；8in 钻铤内径为 7.144cm；7in 钻铤内径为 7.144cm；5in 钻杆内径为 11.8cm）

解：根据题意可知：

8 in 钻铤内容积 $V_1=\frac{3.14\times7.144^2\times100}{4000}=0.4(m^3)$

7 in 钻铤内容积 $V_2=\frac{3.14\times7.144^2\times100}{4000}=0.4(m^3)$

5 in 钻杆内容积 $V_3=\frac{3.14\times11.8^2\times2800}{4000}=30.6(m^3)$

钻具内总容积 $V_{容}=V_1+V_2+V_3=0.4+0.4+30.6=31.4(m^3)$

8 in 钻链体积 $V_4=\frac{3.14\times(20.32^2-7.144^2)\times100}{4000}=2.84(m^3)$

7 in 钻链体积 $V_5=\frac{3.14\times(17.78^2-7.144^2)\times100}{4000}=2.08(m^3)$

5 in 钻杆体积 $V_6=\frac{3.14\times(12.7^2-11.8^2)\times2800}{4000}=4.85(m^3)$

钻具总体积 $V_{体}=V_4+V_5+V_6=2.84+2.08+4.85=9.77(m^3)$

答：钻具内总容积为 31. 4 m^3，钻具总体积为 9.77 m^3。

十 管柱外环空容积的计算

计算公式：

$$V_{环}=\frac{\pi(D^2-d^2)l}{4000}$$

式中 $V_{环}$——环空容积，m^3；

D——管柱外径，cm；

d——管柱内径，cm；

l——管柱长度，m。

例：某井深1800m，井眼直径24.4cm（9¾ in），钻具结构为：钻铤7in×80m＋钻杆5in×1720m，计算环空容积是多少？

解：7in钻铤外环空容积：

$$V_1=\frac{3.14\times(24.4^2-17.8^2)\times 80}{4000}=1.75(m^3)$$

5in钻杆外环空容积：

$$V_2=\frac{3.14\times(24.4^2-12.7^2)\times 1720}{4000}=58.6(m^3)$$

环空总容积：

$$V_{环}=V_1+V_2=60.35(m^3)$$

答：环空总容积为$60.35m^3$。

十一 钻井液流速的计算

计算公式：

$$v_{内}=12.74\times\frac{Q}{d_{内}^2}$$

$$v_{外}=12.74\times\frac{Q}{D^2-d_{外}^2}$$

式中 $v_{内}$、$v_{外}$——钻井液在钻具内、外的流速，m/s；

$d_{内}^2$、$d_{外}^2$——钻具的内、外直径，cm；

D——井眼直径，cm；

Q——泵排量，L/ s。

例：某井用直径为24.4cm的钻头和直径为12.7cm的钻杆进行钻井，泵排量为25L/s，求钻井液在环空中的上返速度？

解：根据题意可知：

附录

$$v_{外}=12.74\times\frac{25}{24.4^2-12.7^2}=0.73(\text{m/s})$$

答：钻井液在环空中的上返速度是 0.73 m/s。

十二 循环周的计算

计算公式：

$$T=\frac{V}{60Q}$$

式中 $V=V_{井}+V_{地}-V_{柱}$

T——钻井液循环一周所需时间，min；

$V_{井}$——井眼容积，L；

$V_{地}$——循环钻井液量，L；

$V_{柱}$——钻柱体积，L；

Q——泵排量，L/s。

例：某井钻至井深 2000m，使用 Φ216mm 钻头，使用壁厚为 11mm 的 Φ141mm 钻杆 1850m，Φ177.8mm 钻铤 150m，泵排量为 21.4L/s，地面循环钻井液 50m^3，求钻井液循环一周所需时间？

解：由已知数据查出每米井眼容积、钻杆体积、钻铤体积为：

$$V_{井}=36.31\times2000=72620\text{（L）}$$

$$V_{柱}=V_{杆}+V_{铤}$$

$$=4.503\times1850+20.835\times150=11455.8\text{（L）}$$

代入公式：

$$T=\frac{72620+80\times1000-11455.8}{60\times21.4}=86.58\text{min}$$

答：钻井液循环一周所需时间为 86.58min。

十三 加重计算

计算公式：

$$W_{加}=\frac{V_{加}\rho_{重}(\rho_{加}-\rho_{原})}{\rho_{重}-\rho_{原}}$$

或：

$$W_{加}=\frac{V_{原}\rho_{重}(\rho_{加}-\rho_{原})}{\rho_{重}-\rho_{加}}$$

式中　$W_{加}$——加重剂用量，t；

$V_{加}$——加重钻井液体积，m^3；

$V_{原}$——原钻井液体积，m^3；

$\rho_{重}$——加重剂密度，g/cm^3；

$\rho_{加}$——加重后钻井液密度，g/cm^3；

$\rho_{原}$——原钻井液密度，g/cm^3。

例 1：将原浆密度为 1.18 g/cm^3，配成密度为 1.25g/cm^3 的钻井液 150 m^3，问需要用密度 4.2g/cm^3 的重晶石粉多少吨？

解：$W_{加}=\dfrac{V_{加}\rho_{重}(\rho_{加}-\rho_{原})}{\rho_{重}-\rho_{原}}$

$=\dfrac{150\times 4.2\times(1.25-1.18)}{4.2-1.18}=14.6(\text{t})$

答：需要用密度 4.2g/cm^3 的重晶石粉 14.6t。

例 2：某井有密度为 1.18g/cm^3 的钻井液 150m^3，欲将其密度加重提高至 1.25g/cm^3，问需要用密度 4.2g/cm^3 的重晶石粉多少吨？

解：$W_{加}=\dfrac{V_{原}\rho_{重}(\rho_{加}-\rho_{原})}{\rho_{重}-\rho_{加}}$

$=\dfrac{150\times 4.2(1.25-1.18)}{4.2-1.25}=14.95(\text{t})$

答：需要用密度 4.2g/cm^3 的重晶石粉 14.95t。

十四　降低密度计算

计算公式：

$$X=\frac{V_{原}(\rho_{原}-\rho_{稀})}{\rho_{稀}-\rho_{水}}$$

式中　X——所需水量，m^3；

$V_{原}$——原钻井液体积，m^3；

$\rho_{稀}$——稀释后的钻井液密度，g/cm^3；

$\rho_{水}$——水（或低密度钻井液）的密度，g/cm^3。

例：井内有密度 1.20 g/cm^3 的钻井液 150m^3，要将其密度降低为 1.15g/cm^3，问需要加多少水？

解：$X=\dfrac{V_{原}(\rho_{原}-\rho_{稀})}{\rho_{稀}-\rho_{水}}$

$=\dfrac{150\times(1.20-1.15)}{1.15-1.0}=50(m^3)$

答：需要加水 50m^3。

十五 流变参数计算

计算公式：

表观黏度：$AV=\frac{1}{2}\phi600$（mPa·s）

塑性黏度：$PV=\phi_{600}-\phi_{300}$（mPa·s）

动切力：$YP=0.4788(\phi_{300}-PV)$（Pa）

动塑比值：YP/PV

流性指数：$n=3.322\lg\frac{\phi_{600}}{\phi_{300}}$

稠度系数：$K=0.4788\times\frac{\phi_{300}}{511^n}\text{Pa}\cdot\text{s}^n$

卡森极限黏度：$n_\infty=5.83(\sqrt{\phi_{6000}}-\sqrt{\phi_{300}})^2$（mPa·s）

卡森动切力：$\tau_c=0.2465(2.45\sqrt{\phi_{100}}-\sqrt{\phi_{600}})^2$（Pa）

初切力：G_1=0.5ϕ_3Pa（ϕ_3为 10s 最大值读数）

终切力：G_2=0.5ϕ_3Pa（ϕ_3为 10min 最大值读数）

例：某井钻井液测得 ϕ_{600}=30，ϕ_{300}=18，高搅静止 10s 测得 ϕ_3 最大读数为 2，高搅静止 10min 测得 ϕ_3 最大读数为 11，求流变参数。

解：

$$AV=\frac{1}{2}\phi_{600}=\frac{30}{2}=15(\text{mPa·s})$$

$$PV=\phi_{600}-\phi_{300}=30-18=12(\text{mPa·s})$$

$$YP=0.4788\times(\phi_{300}-PV)=0.4788\times(18-12)=2.87(\text{Pa})$$

$$n=3.322\lg\frac{\phi_{600}}{\phi_{300}}=3.322\lg\frac{30}{18}=0.74$$

$$K=\frac{0.511\phi_{300}}{511^n}=\frac{0.511\times18}{511^{0.74}}\approx0.911(\text{Pa·s}^{0.74})$$

$$G_1=\frac{1}{2}\phi_3=\frac{2}{2}=1(\text{Pa})$$

$$G_2=\frac{1}{2}\phi_3=\frac{11}{2}=5.5(\text{Pa})$$

答：流变参数表观黏度 AV=15mPa·s、塑性黏度 PV=12mPa·s、动切力 YP=2.87Pa、流性指数 n=0.74、稠度系数 K=0.911 Pa·s$^{0.74}$、初切力 G_1=1 Pa、终切力 G_2=5.5 Pa。

十六 膨润土质量浓度的计算

计算公式：

膨润土质量浓度（g/L）　　$E_{BE.A}=14.25\times\frac{V_{mb}}{V_{df}}$

例：某钻井液取样 1mL，用亚甲基蓝标准溶液滴定至终点，消耗亚甲基蓝溶液 10mL，计算钻井液中的膨润土的质量浓度含量是多少？

解：　$E_{BE.A}=14.25\times\frac{V_{mb}}{V_{df}}=14.3\times\frac{10}{1}=142.5(\text{g/L})$

答：钻井液中膨润土含量为 142.5g/L。

附录 2　钻井液方案及总结模板

××井钻井液技术方案

一　地质设计概况

1. 地质岩性描述
2. 地层压力情况及复杂情况提示
3. 地质设计对钻井液的要求

二　工程设计概况

1. 井型、井身结构
2. 井控、井身质量相关要求
3. 钻井液设计要求
4. 同地区井施工复杂概况

三　钻井液施工技术难点（其中部分）

1. 井壁稳定技术难点
2. 井眼净化技术难点
3. 润滑防卡技术难点
4. 油气层保护技术难点
5. 钻井液污染控制技术难点
6. 钻井液性能控制技术难点
7. 防漏堵漏技术难点
8. 其他技术难点

四　钻井液施工措施

1. 钻井液配方及材料准备

2. 钻井液性能控制措施

3. 钻井液配制维护要点

4. 钻井液防塌、防漏、防喷、油气层保护、环境保护及处理措施

5. 仪器设备使用规范

××井钻井液完井总结

1. 基础数据

以工程报表数据资料为准，成本数据不填（等口井结算完成后填写），其他各项数字均应与井史报表数字相符。包括：地理位置、构造位置、井口坐标、补芯海拔、各开次日期、完钻日期、完井日期、钻井周期、完井周期、设计井深、实际井深、目的层、完钻层位、钻井目的、完井方法、钻机月速、平均机械转速、取芯进尺、岩芯收获率、最大斜度 / 井深、造斜点、导眼个数及总进尺、分支个数及各分支井段总进尺、最大井斜、最大水平位移、水平段长度、钻井液实际成本等。

2. 地质简况、实际地层及岩性描述

地层、深度、岩性要详细写清楚（以地质录井、测井数据为准），特别是主要分段岩性描述必须准确。如沙三段：~2550m 泥岩；~2880m 玄武岩等。

3. 钻井液设计

填写钻井工程中钻井液设计部分和施工中设计变更的补充设计部分，可粘贴原件或复印件。

4. 工程简况和工程质量

包括井身结构、固井质量、钻头使用情况、测斜记录和井径记录。井身结构图可手绘，也可粘贴；固井质量应与井史一致；钻头写明序号、尺寸型号（mm）、钻进时间、进尺、井深等，应与井史一致；井斜数据应以测井连斜数据为准与井史相符，可粘贴数据表；井径数据应与工程报表、井史相符，可粘贴测井提供的数据表。

5. 钻井液类型、水质及滤液分析

钻井液类型按开次、实际应用填写；水质分析、滤液分析按施工中实际检测次数如实填写。

6. 钻井液日志

按日期依次填写每天的主要钻井液性能，每班至少填写两套全套性能，垂深超过 2500 m 后，同时填写加温性能；对工况及井下情况做简要描述；钻井液处理情况，包括每次处理时的处理剂名称、数量要详细填写。

7. 井下故障、复杂情况及电测故障

凡影响钻井进度的井下故障复杂情况均应填写，可由项目部附打印报告。

8. 实验室对现场钻井液性能检测

按实验室检测结果，由钻井液工程师或主管部门如实填写，也可附检测报告。

9. 材料消耗

全井消耗包括计量误差和地面消耗，按材料单上单价计算出金额；数量、单位填写清楚，单位均应采用法定计量单位。

10. 油气层保护

填写揭开油气层前的钻井液性能。

11. 电测、下套管、固井作业情况

填写电测前、下套管前、固井作业前钻井液性能及钻井液处理措施。

12. 技术总结

根据生产情况完整、翔实地对施工井进行总结。具体内容包括：本井的基础数据，对设计、施工预案的认识。在技术管理工作中的经验、教训、体会，对上级部门的建议，技术措施的制定及落实情况，分析得失。平台井应该有同一平台不同井技术对比，及时找出同一区块不同井的差距，对技术指标的影响，经济效益的影响。新工艺、新技术实验。测井、固井采取哪些措施等。各类故障的原因分析、经过等。如果是大位移井、水平井要写明定向造斜点的位置；分支井必须写明主眼井深、各分支井段、导眼段等；报废井要求标注清晰；如果有填井要求，填写清晰重复井段或报废井段；所有井的电测类别必须标明。